第一次學 數位行銷就上手 第二版

SEO x FB
IG x Pinterest
YouTube x LINE
整合大作戰

作者序

多年前有某授課單位對筆者提出能否規劃個實戰的課程，內容是針對有志創業者能透過網路行銷低成本做微型創業，畢竟在同樣的行銷策略下，由7-Eleven、麥當勞這些的知名品牌來做行銷，因為有品牌光環與集團資源，自然會比中小或微型企業更容易成功。而當時筆者也想嘗試看看，是否能使用行銷學理與免費網路服務，在人力時間成本有限的情況下，真能由無到有成功創業，因此彙整自身創業經驗與相關授課講義後，就是這本書內容的由來。

筆者也很榮幸看到不少訓練單位採購該書做教材，但原書出版兩年多，面臨網路服務有頗大的介面更新等改版變化，也有更多新服務竄起，筆者一路在教育與寫作圈持續走來，也來到五十而知天命的年紀，始終思考著是否能多補充自己所知給有需要的人，因此有了改版更新的念頭，也就是您手上這本書。

本書的內容範疇，主要是 B2C 企業透過網路宣傳產品或服務給消費者，全書大多使用筆者經營的金魚專賣店來做主要範例，希望能讓讀者感覺更貼近實戰真實面，第一章使用較淺顯易懂的方式來做學理的說明，正確的觀念方向還是必備基礎，本書第二到七章，分別介紹了 Google Blogger、Search Console、我的商家、YouTube、FB 專頁、IG、LINE 官方帳號…等網路服務（這次還新增 Pinterest），其實單一兩種服務若做深入介紹，都能是一整本書的內容了。因此本書主要著重在如何讓上述服務進行搜尋曝光或舉辦活動吸引客戶，做生意總是要先能有人潮才比較容易有後續的商機，這也就是全方位 SEO（Search Engine Optimization）搜尋行銷優化的思維，第八章則是轉做私密封閉性的服務，讓透過前面章節管道匯集來的人潮變成顧客後，再將顧客轉為熟客，打造 LINE 與 BAND 會員制的系統平台再次銷售，第九章則是製作電子書，來成為網路活動裡的贈品，增加客戶來訪的誘因。

而「元宇宙」是近年來倍受討論的新議題，大家都覺得有商機，卻往往感到霧裡看花難以接觸，所以第十章介紹接觸元宇宙世界的幾種代表性平台，只是要當某行業裡的先驅者，一開始進入新興市場的人難免比較辛苦，但相對未來收穫可能也大，由於本書篇幅有限，第十章會以電子書形式加贈給本書讀者，請記得前往下載閱讀。

時常發現有人對網路行銷總是抱持著很簡單與低成本的心態，因此既不想要花錢（買廣告），也不想花時間（寫內容、做設定），總想要偷吃步詢問有沒有暗黑密技可以偷懶，只產生一點內容或經營單個平台，就幻想能把所有的受眾一網打盡…，其實網路服務必須多元的經營與管理，更要踏實持續產生出原創性的內容才是王道。期望本書所規劃的知識，能讓讀者培養正確的觀念與節省摸索的時間，對未來在網路行銷上能有所幫助。

創意眼資訊 蘇東偉

2023 年 5 月

書內網址、程式碼、範例檔及電子書下載：

本書介紹許多網站，其中有些網址較長，為了擔心讀者輸入時打錯，因此附上 ch1 到 ch10.txt 為第一章到第十章裡所有顯示的網址。

ch2-code.txt 則為 2.4 小節與 2.7 小節中所需要的程式碼，可以方便讀者複製運用。

ch9 資料夾裡，則為第九章製作的電子書 epub、pdf 兩個檔案格式成品，以及電子書中所用文字與圖片，提供給讀者做對照參考，若讀者要做練習但缺乏素材時，可使用此圖文做練習，但請勿做商業用途或發佈到網路上供人下載，以免觸法。

ch10「佈局進軍元宇宙」是加碼贈送的電子書，提供給讀者下載閱讀。

下載網址：

http://books.gotop.com.tw/download/ACV046500

目錄

CHAPTER 1 市場的分析與企劃

CHAPTER 2 官網搜尋行銷

CHAPTER 3 Google 我的商家在地化行銷

CHAPTER 4 YouTube 影音行銷

CHAPTER 5 Facebook 粉絲專頁行銷

CHAPTER 6 Instagram 與 Pinterest 視覺行銷

CHAPTER 7 LINE 官方帳號行銷

CHAPTER 8 LINE 與 BAND 社群會員行銷

CHAPTER 9 電子書行銷

CHAPTER 10 佈局進軍元宇宙 PDF 電子書，請線上下載

第1章

市場的分析與企劃

筆者在講授職訓課程時，常發現學員聽到學理內容時，容易會下意識忽略，總想要快速學習某種系統的操作，但後面詢問或發生的問題，經常都是一開始概念與策略面沒好好釐清，往往變成在錯誤道路企劃瞎闖一通的操作，雖然大部分人不喜歡閱讀太多學術理論，但學理有其研究的數據與科學的印證，是前人歸納可以遵循的大方向，建議仍依此路線去思考與訂定目標方向，才會更容易取得事半功倍的效果。

本章會使用比較淺顯舉例的方式，摒除過於艱深的觀念，使用簡單的方式去思考分析企劃，並帶領您認識常見的行銷模式，以及利用相關工具取得資料。

1.1 行業的研究分析與選定

一、已有企業（產品）者建議的方向

若已經成立企業或繼承家族事業，想要繼續經營（或無法脫離）這個行業別，在現有的基礎上，仍是建議再釐清一次產品本身的 STP（企業定位、目標市場、市場區隔），並導入 SWOT 強弱危機分析，尤其希望導入網路市場來突破目前經營範疇者，更要去思考市場經營路線，分析產品的優缺點，找出有記憶點的特色產品與市場定位，並培養自己在此領域的專業性（最好還能成為興趣並享受成就感），自然就比較容易在行銷上得到佳績。

即使不是擔任主管或老闆等經營高層，只是受聘僱做基層事務的員工，工作上難免也會面臨要推行舊產品或開發新產品，了解學習 STP 跟 SWOT 分析規劃，仍是一件很重要的事情。

> STP 與 SWOT 請參考下面兩個小節的說明。

二、初創業者建議的方向

建議由自己專長或有興趣的行業開始發想（兩者能兼具更佳），沒有專長也沒關係，可以從興趣中來培養，人對有興趣的事物才會熱衷且有熱情，同時培養自己對這個興趣持續愛好的毅力，尤其要透過網路做宣傳銷售，需要能長期持續產生出優質的內容（文章、圖片、影片），必須自己有經歷過當產品的消費者、玩家（資深使用者）、專家等階段，才能更知道客戶的想法，推出更貼近客戶需求的產品與文宣內容，當然，後續仍須導入 STP 與 SWOT 為宜。

例如筆者小時候家裡有飼養幾年金魚的經驗（一般普通的消費者），長大後又恢復了這個飼養金魚的興趣，並且購買更多種類與更高單價的金魚來飼養，逐漸變成多年狂熱的玩家（進階、高階商品的消費者），也開始接觸到更多店家甚至上游的廠商，類似這樣的情境，其實就是一個很好的商業模式的切入點，因對這個行業並不是從零開始，有一定的熟悉度（降低不懂貨被騙之類的風險），未來也比較會有持續投入的熱情及源源不絕的發文動力，這才是寶貴的核心價值。

再舉一個例子，有一次筆者去聽場演講，上下兩場的演講者都是大型知名企業的高層主管，而上半場的演講者為專業經理人（不是老闆），雖然講的四平八穩沒什麼缺漏，並在規定時間內結束，但相較下半場來說，下半場演講者（創辦人、老闆）在演講中所散發出來的熱情與眼中的光芒，以及對現場群眾的感染力，明顯高於前者許多，甚至超過預訂的演講時間，演講者跟現場觀眾的互動都還是欲罷不能。這種精神上的差異，主要就是對自己熱誠事物的喜愛，一路以來的箇中酸甜苦辣滋味，對創業者來說都是一種樂在其中的享受與成就感。

不要只單純覺得某行業比較好賺錢，在自己還不熟悉前就迅速投入。一個工作如果只是為了容易賺錢而做，通常很難長久維持，而您的創業經營之路也將會因為沒有熱誠興趣而過得很痛苦，未來被取代性也高。

三、什麼類型行業比較適合做小企業的經營與結合線上銷售

❶ B2C 模式會比較容易切入

B2C（Business to Consumer）就是企業透過網路銷售產品或服務給個人消費者，這也是最常見的網路銷售模式，例如成立店家自己的購物網站，或是透過行動行銷導引到實體店面消費（O2O 行銷）。

- B2B（Business to Business）在網路上進行企業對企業之間的交易。
- C2B（Consumer to Business）集合多個消費者跟企業團購，例如團購網站。
- C2C（Consumer to Consumer）消費者跟消費者之間的交易，例如網拍。
- O2O（Online To Offline）一種新的電子商務模式，指線上行銷帶動線下實體店的消費，本書將透過多個小節講述如何實作。

❷ 高齡化社會

提早退休但壽命普遍延長，健康、保健、養身、環保、長照、銀髮族相關行業產品或此族群的休閒嗜好。

❸ 少子化社會

不婚族、頂客族、同性婚姻等族群，會帶動名牌奢侈品或寵伴（寵物陪伴）市場的盛行，例如很多人飼養貓狗，會將情感投射在貓女兒、狗兒子身上，很捨得花費在寵物週邊商品，名牌的貓狗衣物甚至比人穿的還貴上許多。

❹ 智慧型手機等行動裝置的盛行

一般上班族下班後，大多不會願意在自己的手機上處理公事，下班花大量時間滑手機，主要範圍還是屬於個人興趣嗜好，例如追劇追星、公仔或古董等各類收藏品。

❺ Instagram 等平台帶來的影響

圖片視覺內容平台盛行，對於潮流時尚、新奇有趣玩意、視覺唯美設計、客製化作品、旅遊美景等行業，將會更有利！

以上這些類型方向提供給讀者做參考，也許可以從中找到一些有興趣的商機，當然有些行業是重疊到不同類型，例如養魚可能是長輩需要做陪伴與精神寄託，不婚族可能是把養魚當兒女照顧、但也有人蒐集研究許多品種魚類當作下班後舒壓的嗜好，所以筆者是因為上述原因分析，而決定創業的行業為自己熟悉與喜歡的水族業（建立一間金魚專賣店）。本書後面章節很多會以此為案例來跟讀者進行說明，希望透過這樣的呈現方式，能有實際的案例來幫助理解與學習。

1.2 TA 與 STP 概念

一、TA（Target Audience）

先來談 TA 目標受眾的概念，以筆者為例，如果為了行銷自己的金魚專賣店，印製了一大堆 DM 傳單到菜市場去發送，而會去菜市場的都是家庭主婦為主，買菜的媽媽們拿到傳單可能會問這魚好不好吃或者是否便宜（但我賣的是較高單價不能吃的觀賞魚啊～），這樣的行銷效果與業績一定很差，因為根本就行銷錯了族群，這就是一個目標受眾錯誤的例子。正確應該是到相關的水族論壇與社群發布訊息、購買廣告、談合作置入等，那邊出沒的族群才是筆者的潛在客群（購買意願與成交率高）。

做行銷，通常必須先決定產品或服務的適當受眾，例如某個年齡層、性別、婚姻狀況、地區等因素，才能再進行後續的發展。

再舉一個例子，例如經營行銷一個女性化妝品的 Facebook 粉絲專頁，辛苦發了很多圖文與宣傳後，結果發現洞察報告數據中吸引到的客群居然男性比例非常高，那就代表要去檢視一下發文的內容，也許是照片裡穿著太過性感清涼，吸引到許多醉翁之意不在酒的男性瀏覽（幾乎不會消費購買），這樣的 FB 粉專即使吸引按讚訂閱的人數再多，對產品的實質銷售也不會有太大的幫助（虛胖無效的粉絲數）。

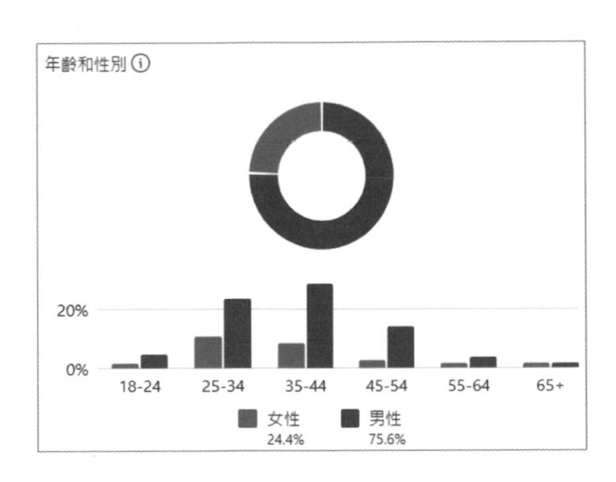

二、STP（Segmenting Targeting Positioning）

瞭解了 TA 的概念後，接著再延伸來談 STP。市面上本來就有很多元不同的客群需求，一個企業裡的單一產品或服務，很難同時滿足所有的需求，因此可依據不同的功能、尺寸、價格、地區等方式去做市場區隔細分，例如先主打男性上班族的目標市場，未來行有餘力或業績面臨瓶頸，需要有大幅突破時，再去嘗試依據市場族群的特性，微調現有產品或另行推出新產品做因應。

❶ S 市場區隔細分

可能的區分方式有很多，例如：國內外、國籍、城市地區、交通、年齡、性別、職業、收入、社會階層、婚姻、宗教、政治、教育程度、個性、品味、使用習慣、品牌忠誠度、質感、價格…等。

❷ T 選擇目標市場

透過第一階段市場區隔細分，將有助於明確第二階段的目標市場，即可擬定相對應的產品（服務），滿足某個或其中幾個目標市場的消費者需求。

❸ P 市場定位

第三階段市場定位，指的是企業在消費者心裡的認知定位，消費者會依據企業之前做的市場區分與選定目標市場，以及市面上其他類似產品的競爭者（競爭定位），構成消費者對此產品（產品定位）在市場上所處的位置，例如覺得這個品牌的產品都是高質感但是昂貴的，或是覺得便宜耐用的，也會構成消費者對此企業在心中的印象（企業形象定位），如果大部分消費者對此企業的市場定位跟原本企業設定的不同（甚至是負面的），通常代表前面兩階段的設定或執行有錯誤，宜再修正，反之若消費者認同企業的市場定位，通常對於銷售會有正面的助益。

下表為筆者當初為金魚專賣店制訂的 STP 策略，提供給您參考！

	簡述	說明
S 市場區隔	金魚專賣店 特殊品系魚種 國內市場銷售	• 一般水族館，大都是綜合性魚種，較少專門販售金魚的專賣店。 • 金魚品系很多，但一般水族館通常只有販售常態性某幾種。 • 活體少量零售很難寄送到國外（檢疫證、報關等成本問題），以國內銷售市場為主。
T 目標市場	金魚愛好者 休閒舒壓嗜好	• 學生、初接觸水族者、年輕上班族、附近地緣關係→初期不考慮此族群，等後期業績穩定，才引進少量非金魚類的小型魚，較為低價，培養興趣未來可升級養金魚。 • 小家庭、壓力大的上班族、主管、老闆、藝術設計類工作者→提供中、高單價魚隻（銷售主力）。 • 金魚玩家發燒友→提供高品質高單價款或另行客訂。 • 少子化、銀髮族→可吸引到此類客群。
P 市場定位	精緻路線 多元化 專業知識	• 採取較高單價策略（不拼低價），讓店內所進魚隻平均水準與健康狀況高於一般水族館，都會地區空間有限，中小型精緻較高單價的魚接受度高，仍可產生商機。 • 冷門品種與特殊花色的金魚也會有，營造出魚種多元豐富的品牌形象。 • 一般水族館，通常對金魚的知識與專業度不佳，可加強此處的售前售後服務來提升品牌形象。

1.3 SWOT 優劣危機分析

SWOT 是一種很容易理解與使用的商業分析方式，透過分析優勢優點（Strength）、劣勢缺點（Weakness）、機會（Opportunity）、威脅危機（Threat）這四個影響因素，來釐清企業制定商業策略時，潛在的發展方向與風險，但使用此方式，重點在於必須仔細思考後再條列出來，並且誠實填寫，尤其是真實的寫出缺點與威脅。

> 筆者在講授較長期課時，看過很多次學員繳交的作業報告，SWOT 分析往往都是報喜不報憂或草率敷衍填寫，這樣其實就失去了分析的意義。

SWOT 簡單來說可以由此表開始產生起，先分別填寫出企業內部的優勢（S）與劣勢（W），以及企業外部的機會（O）與威脅（T），填寫完這四格後，接著再去做交叉組合，例如優勢與威脅交叉，就可填寫到 ST 策略這一格、劣勢與威脅交叉，就可填寫到 WT 策略這一格，依此類推，透過這樣的排列組合與思考，就容易找到思維上的盲點，制訂起相對的四種因應策略。

外部 ＼ 內部	內部優勢（S）	內部劣勢（W）
外部威脅（T）	ST 策略	WT 策略
外部機會（O）	SO 策略	WO 策略

大家都希望一開始創業或開發新產品時，就有豐富的資金與人力時間，以及很多友人幫忙與家人支持，但在現實生活裡，這些條件往往很難全數達成，這就跟打牌一樣，最理想的境界就是把把都好牌，只有您一家獨贏，但這當然是很難達成的，所以我們要做的就是務實一點，將手邊已拿到的牌（現有資源），盡可能排列組合出一個比較有勝率的牌面（找出自己的優點、修補自己的缺點、降低威脅、創造更多機會），也就是盡力提高勝出的機率。

下表為筆者為金魚專賣店做出的 SWOT 分析後，分別對應出解決的 ST、WT、SO、WO 因應策略，簡單來說就是善於發掘自己的優勢，盡力克服自己的劣勢，降低外部的威脅，增加外部的機會。

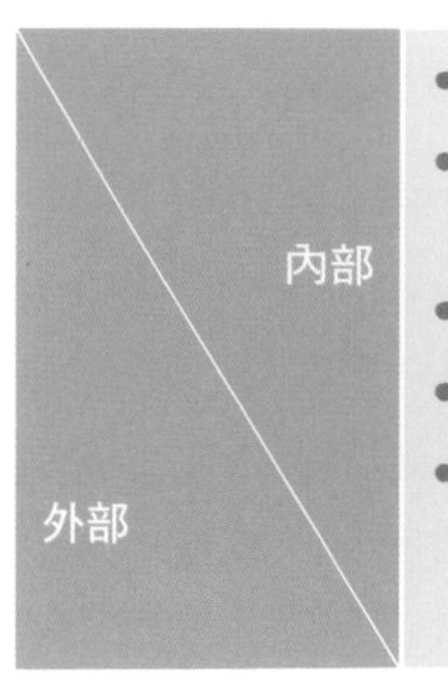	• 優勢（S） • 多年玩家身份，懂得消費者需求 • 魚隻鑑賞知識 • 營業地點為自宅成本較低 • 電子商務與網路行銷知識	• 劣勢（W） • 沒實際營運過水族業 • 新店家，知名度與品牌認同度不足 • 兼職副業經營，人力時間不足，無法維持固定時間開店 • 自宅院子改裝，非正規店面 • 魚病處理技術

威脅（T）	ST 策略	WT 策略
• 其他金魚實體店家與網路店家競爭 • 商務營業繳稅問題	• 提供精緻、特殊、符合消費者需求的魚種，拉大與競爭者差異 • 檢疫才出售，提供購買後三天內死亡免費補魚，一週內折抵一半價格（同業因成本考量，很少願意這樣做） • 可透過 SEO 與 O2O 的搜尋優化與導流技術創造銷售業績 • 申請辦理商行與部分水電為商業用	• 初期知名度不足時，可先由網路宣傳與寄送為主，前期先求熟悉營運模式，只要不虧損有小獲利即可，慢慢累積品牌與消費者信心 • 增加與其他金魚專賣店或水族同業合作的機會，例如與中南部同業交流彼此庫存魚隻，同業不一定只是競爭者 • 努力進修與交流，充實自己水族專業知識，降低活體折損率
機會（O）	**SO 策略**	**WO 策略**
• 正職為講師工作，有機會可以全台走透透 • 增加水族產品販售 • 尋找更多上游供貨管道	• 可以利用講課的會，到中南部盤商現場選，拉大與北部競爭同業的魚種差異 • 線上購魚寄送，可採用便利超商金流付款方式交易，增加沒見過面的網路首購族信任 • 店面為市區且交通方便，有利於實體營運 • 建立熟客會員機制，提高會員忠誠度，強化再次回購銷售 • 主要賺取利潤為販售魚隻獲利（定價較高），所以販售的水族週邊產品提供熟客會員低於市價優惠（定價較低） • 尋求認識更多上游盤商與養殖場支持，尤其年輕盤商或第二代經營者等 E 化觀念較高者的認同與合作，取得特殊貨源	• 想法可脫離水族業傳統舊思維，以網路行銷為出發點，再發展實體店行銷 • 營造隱藏在巷弄中的私房小店形象與風趣親切的人設，讓顧客覺得是自己好友開店要多來串門子捧場的感覺 • 網站公告開店日期，除特殊活動外，平時不做低價格戰，透過社群機制，以培養熟客會員為主 • 跟金魚界的達人或媒體保持友好關係，增加曝光機率 • 長期規劃培養自己成為金魚領域的專家，並盡力促成媒體報導或相關專欄寫作，營造專業感

1.4 基礎的行銷概念與定價策略

一、基本的賣方行銷 4P

❶ 產品（Product）

產品是指於市場通路上，可提供需求或滿足慾望的任何事物，其中包括實體產品、無形的服務（例如勞務形式的駕駛、按摩或租賃形式的線上遊戲點數、承租虛擬主機），產品是行銷組合中最重要的要素，想想哪些客戶會買什麼？要賣客戶需要的東西，或者是開拓新市場。

❷ 價格（Price）

價格策略包括價格高低策略與價格變動決策，例如價格的高低、折扣、變動時機、變動幅度、變動頻率等，思考要走怎樣的定價路線。

❸ 通路（Place）

通路也有地點（Path）的說法，行銷通路可以是由一群相互關聯的組織所組成，這些組織將促使產品或服務能夠順利的被使用或消費，而各個通路所在的地點與位置是一項非常重要的考慮因素，若方便顧客前往，則有利於刺激消費。

❹ 推廣（Promotion）

可再細分成廣告或促銷活動兩種，廣告是指給付酬勞為代價，獲得媒體推廣各種產品與服務，包括電視、電台、雜誌、書報、網路等都是廣告媒體，思考購買怎樣類型的廣告會有利於銷售，如果您的商品夠特別，或許還可以找媒體做報導。促銷活動是一種短期內刺激購買力的方法，提供購買產品的誘因（例如折扣、分期零利率付款、加送贈品、買一送一、第二件半價、延長保固…），在活動的舉辦期間吸引顧客前往消費（提升購買量）。

筆者金魚專賣店的行銷 4P

產品	• 金魚（主力商品） • 小型魚 • 水族週邊產品
價格（新台幣）	• 金魚 200~7,000 元（以 500 到 2,000 元左右的價格區段為主） • 小型魚 30~2,000 元 • 水族週邊產品 30~4,000 元
通路	• 單一實體店 • 網路
推廣	• 以網路 SEO 搜尋優化行銷為主（沒有購買廣告） • 實體店以行動行銷 O2O 導入人潮 • 以集點卡與會員制等增加顧客黏著度，進行熟客再行銷 • 春節與不定期舉辦促銷活動

二、賣方 4P 與買方 4C

行銷 4P 是由賣方觀點所制定，強調的是運用行銷組合去影響目標客群，但從買方觀點來看，顧客在意的是利益組合，因此制定行銷組合時，行銷人員宜站在買方觀點揣摩顧客需求，如此結合 4P 與 4C 行銷組合，才能有效傳達利益給目標客戶。

賣方 4P	買方 4C
產品（Product）	顧客問題解決（Customer Solution）
價格（Price）	顧客成本（Customer Cost）
通路（Place）	便利性（Convenience）
推廣（Promotion）	溝通（Communication）

例如要行銷一個汽車遙控門鎖，賣方想到的詞彙與想表達的是：「我們 XX 牌遙控器是用電磁波開關車門的裝置，具有很多先進高科技的強大功能…」，但

賣方敘述過多專業術語，不見得能讓買方理解與認同，且功能敘述過多會分散買方的注意力與缺乏記憶點，或許可以改為：「XX 牌遙控器讓車主開車門，不必使用鑰匙浪費時間，尤其下雨天時更為方便」，這樣的訴求好記易懂，若能搭配說明圖示或是影片示範等方式，比較能得到買方認同（之前經歷過下雨天不好的體驗），至於其他細節規格與專業功能，可以附在次頁或在網路上做附檔下載即可。

筆者金魚專賣店的行銷 4P 再延伸對應 4C

4P	內容	4C	內容
產品	• 金魚（主力商品） • 小型魚 • 水族週邊產品	顧客問題解決	• 做好幾日基礎檢疫才販售、不賣病魚，若不幸仍買到問題魚，提供換魚或部分貼補，顧客購買安心 • 售後諮詢服務，教導提升鑑賞力與如何養好魚，顧客買回後放心 • 相關養魚工具器材便宜兼售與代為現場組裝測試，免除顧客臨時購買或規格錯誤問題
價格	• 金魚 200~7,000 元（以 500 到 2,000 元左右的價格區段為主） • 小型魚 30~2,000 元 • 水族週邊產品 30~4,000 元	顧客成本	• 魚隻價格雖平均比競爭者高，但因有顧客問題解決的隱性服務，以及挑選優質魚隻等級，可被某些客群所接受 • 透過後續會員制的交流互動，當顧客把您當朋友，價格就不是唯一考量點（情感的行銷） • 水族用品大多比競爭者便宜，以此回饋客戶
通路	• 單一實體店 • 網路	便利性	• 沒有購買純逛純聊也無妨，營造無購買壓力環境 • 自己覺得好用的水族用品才有販售，可於來店順便購買與使用經驗分享，特殊或高單價用品亦可先預訂 • 提供場地讓顧客彼此之間可以交換魚隻或二手商品

推廣	溝通
• 以網路 SEO 搜尋優化行銷為主（沒有購買廣告） • 實體店以行動行銷 O2O 導入人潮 • 以集點卡與會員制等增加顧客黏著度，進行熟客再行銷 • 春節與不定期舉辦促銷活動	• 現場諮詢，皆盡力回覆與誠實告知，不隨意敷衍打發顧客 • 整理常見問題，供會員熟客隨時系統上可查詢，新顧客洽詢時亦可快速複製貼上回應 • 線上諮詢因有人力時間成本考量，疑難問題以「新客戶快速但簡單回、舊客戶找空檔詳細回」的原則處理 • 顧客飼養環境若不適合，會提醒顧客不要購買，或是告知解決方法

三、服務業的行銷 8P

產品、價格、通路、推廣為前述的基本行銷 4P，服務業可再擴張成為行銷 8P，主要是從推廣中，再細分出來以下新行銷 4P。

❶ 人員銷售（Personal Sales）

服務人員所提供的服務品質，服務人員往往是接觸顧客的最重要第一線，而顧客對服務品質的觀感，往往會反映在最終是否購買的決定上。

❷ 公共關係（Public Relation）

如何做好與電視、報紙、雜誌、廣播、網站等媒體的公關。

❸ 現場環境管理（Physical Environment）

實體環境與情境的影響，重視現場環境的視覺布置，例如大賣場、PUB、百貨公司專櫃、超市…等，均必須強化現場環境、展示櫃的擺置與行走的動線來帶動行銷，但對於無實體店面的行業（例如網拍、網遊），此點較難深入著墨，只能從虛擬的門面的美編或拍攝的品質來做情境影響。

❹ 流程管理（Process Service）

將客戶服務的作業流程，藉由制定規範制度予以監督、追蹤，達到一致性與標準化，避免因不同的服務人員而有不同的程序或不同的結果。

筆者金魚專賣店的新行銷 4P

人員銷售	• 提出專業的飼養經驗，真誠的為顧客著想 • 不擺臭臉與不耐煩語氣催促
公共關係	• 把握媒體邀請機會，例如配合媒體影片錄製報導、無稿酬撰寫媒體文章（置入行銷） • 出版金魚書籍或是時常更新網站內容，提高被媒體注意到的機會
現場環境管理	• 控制水質與玻璃缸明亮、降低異味 • 問題病魚集中一處管理 • 現場備有座椅，讓顧客能夠舒服坐著慢慢悠閒看魚
流程管理	• 預訂魚隻或商品，一律統一流程來店領取時再付款，避免收錯或找錯錢的問題 • 常見的問題蒐集整理在系統裡，可隨時回覆一致性的正確內容（KM 知識管理系統的概念）

四、定價策略

價格是消費者接觸產品時候購買的考量原因之一，價格直接區分了不同的客群，到底定價需要考量的因素有哪些？怎麼樣制定有競爭力的價格呢？銷售者必須在品質和價格上的定位做出決策，例如區分為最高檔、豪華、特別需要、普通、便利、類似品、純便宜價格導向…等，各種定位互相之間並不直接競爭，主要是在其近似領域裡直接競爭。

確定產品價格的六個步驟：

❶ 選擇定價目標

思考要以生存、利潤、業績、領先等其中一個條件當做最主要的目標。

❷ 確定需求

如已經營運，可以由過往的營運統計分析過去的價格、銷售數量和其他因素的數據來估算，瞭解購買者在不同的價格水平裡，將會買多少產品，若是新創業，則可略過此點，等之後營運開始有數據經驗再調整。

❸ 估計成本

原本固定成本，可能因為生產經驗、技術精進而下降（例如麵包師傅因為製作經驗多，導致烘焙出現燒焦或不良品的機率下降），或是大量進貨降低原物料成本…等因素，此部分也許可以造就低價優勢，或是可以推出買二送一優惠促銷的競爭優勢。

❹ 分析競爭者成本、價格

分析在市面上主要的競爭者的優缺點，記錄競爭者以前到現在的優惠促銷價格起伏，進而推估其商品可能的成本、利潤，以及銷售方式。

❺ 選擇定價方法

定價方法有許多種，列出幾種比較常見的定價法供您參考，成本加成定價法（固定成本再加上固定幾成或幾倍的利潤）、目標利潤定價法（此方式通常適用在營運較久且有規模的企業，預估總銷量後，再訂定一個預期的利潤）、認知價值定價法（當產品定價與消費者對此產品價值的理解趨近相同時，消費者就能接受的價格）、通行價格定價法（採取跟市面上類似競爭品接近的價格，例如比市場上領導的龍頭廠商價格略低 10%的價差，一旦領導廠商價格調整，就跟進維持 10%的價差）。

❻ 選定最終價格

依據前述的五個步驟，分析出各種定價的利弊得失，才能制定出因應的策略，制定出一個有競爭力的商品價格。

思考商品在市場上要採取的價格與品質的策略

	價格高	價格中	價格低
品質高	溢價策略	高價值策略	超值策略
品質中	高價策略	普通策略	優良策略
品質低	騙取策略	虛假經濟策略	經濟策略

若是要將產品進行網路宣傳行銷，採取如上表的「普通策略」，其實這樣的中間價位，比較高機率反而會難以推動（沒有突出特點），而「超值策略」雖然看似完美，但要能實現，有時候會有實際上執行的難度，例如一個人做費時手工的產品，花了一週做出一個品質高的藝術品，只賣幾百元自然喜好者會搶著要買，但這樣的價格是無法維持正常營運的。如果只想要以超便宜堪用為訴求的「經濟策略」，例如剛創業的小家電販售業者，一台小電風扇進價成本為 200 元，想要賣 220 元的低價做競爭，但一樣的商品某連鎖大型的家電業者，因為大量採購，平均每台小電風扇進價成本為 170 元，所以此大業者的零售價可以賣跟小業者的進價一樣價格（甚至更低），更何況大業者還有品牌光環與維修點多等優勢，如果有這類的情況發生，自然得納入需考量的變因了。

> 如果採用價格低的「超值策略」或「優良策略」，由於屬於薄利多銷模式，未來要進行後面章節的活動折扣促銷時，可能就沒有太多給予優惠折扣的空間，會減少對消費者的誘因。

消費者對於奢侈品的價格容忍度通常會比較高，奢侈品指的是非基本的民生必需品，例如遊戲、寵物、藝術品、潮牌精品等，例如要販售的是普通香皂，就很難將價格採用溢價策略的高單價販售，因為消費者心中認知普通香皂價值可能就是 20 元左右，您就很難將價格標示成 30、40 元或更高價成功販售，所以想要賣較高價，必須要產品有突出的特點，也許是特殊造型、超強抗菌力或是特殊護膚成分的香皂，能抓出不同的特色優點，才會有行銷主打的重點，消費者也才願意付出較高的代價購買。

建議網路行銷的產品，以非民生必需品的銷售會比較容易，若能找到具有差異化的特色，才會不容易進入低價的價格戰而影響獲利，例如筆者金魚專賣店就是以販售金魚（休閒嗜好的奢侈品）為主，走的是溢價或高價策略，這樣雖然來店逛的人數可能不多，但由於是比較精準的客源（後面章節會提到精準行銷），可以確保購買成交率與購買金額較高，一樣可以帶來可觀的收益。

1.5 網路行銷與行動行銷

網路行銷（Online Marketing）也稱為線上行銷或者電子行銷，是一種使用網際網路模式，運用數位化資訊和網路媒體互動性，以達成行銷目的，具有低成本、易統計分析…等特性，為現今主流的行銷方式之一，網路行銷包括了：搜尋引擎行銷、廣告行銷、會員行銷、內容行銷、病毒式行銷、影音行銷、口碑行銷、視覺行銷…等方法。

行動行銷（Mobile Marketing），可視為是網路行銷的再延伸與變化，是一種透過手機等行動裝置，加上無線網路的技術，能讓消費者人不在電腦前，同樣可在外面觀看到網路上的資料，只是畫面呈現需適合手機等小螢幕裝置觀看與使用，在網頁設計層面上，則可規劃成專屬的行動版網頁或是製作可隨著不同螢幕解析度自動調整網頁寬高的 RWD（Responsive web design）響應式網頁設計，進而帶來與創造更多行動商務的商機。而行動行銷裡有頗大的比重是在做 O2O（Online To Offline）行銷，也就是把行動裝置上面的人潮，透過無線網路（Online）搜尋導引到線下（Offline）的實體店面帶來商機，屬於一種在地化行銷，更適合有實體店的本土商家使用。

科技成長的速度日新月異，目前有各式各樣的方式可以迅速建立一個網站（或建立一個社群媒體平台），也就是所謂的自媒體時代開始盛行，而建立的網頁內容，如何能讓瀏覽者觀看得到呢？其中最主要的流量來源就是透過搜尋引擎（Search engine）與各社群媒體平台內搜尋的曝光。

而搜尋引擎市場以何為主流呢？可以到 https://gs.statcounter.com 進行查詢，按下「Edit Chart Data」鈕。

statcounter 是全球知名的網站流量分析廠商，提供了包含計數器等相關的工具，可免費查詢網路上累積的數據（2009 年到目前最新的年份）。

「Statistic」請挑選「Search Engine」，「Statistic」因為我們想要查詢台灣地區，所以請挑選「Taiwan」，「Period」請挑選您要查詢的起始年與結束年後，按下「View Chart」鈕。

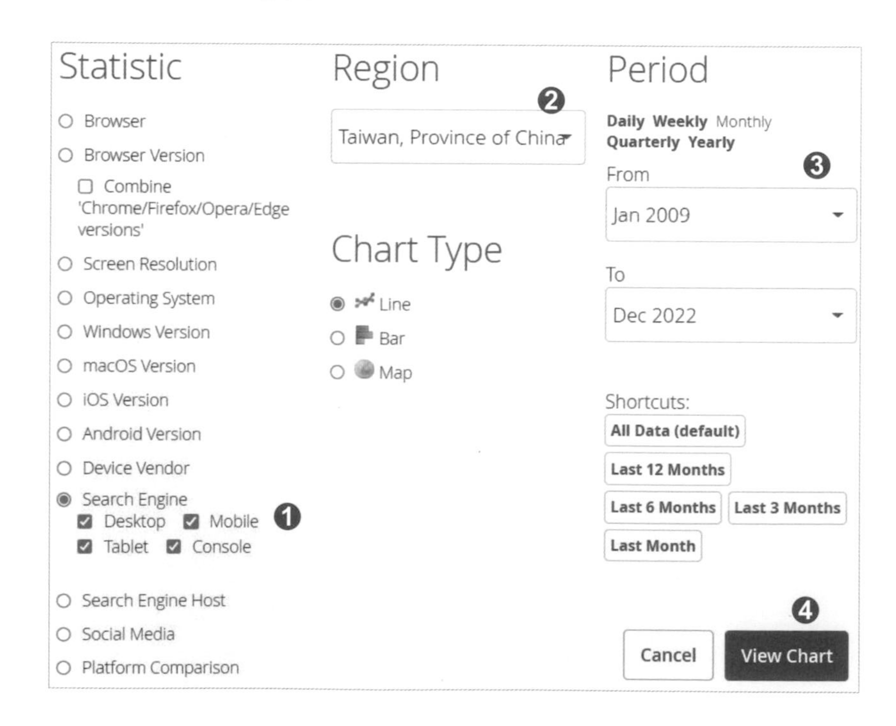

即可呈現出台灣地區搜尋引擎目前的市佔率，Google 搜尋引擎近年在台灣是高達九成以上的驚人市佔率，可以得知在台灣若要做搜尋引擎行銷，無庸置疑必須首選 Google。

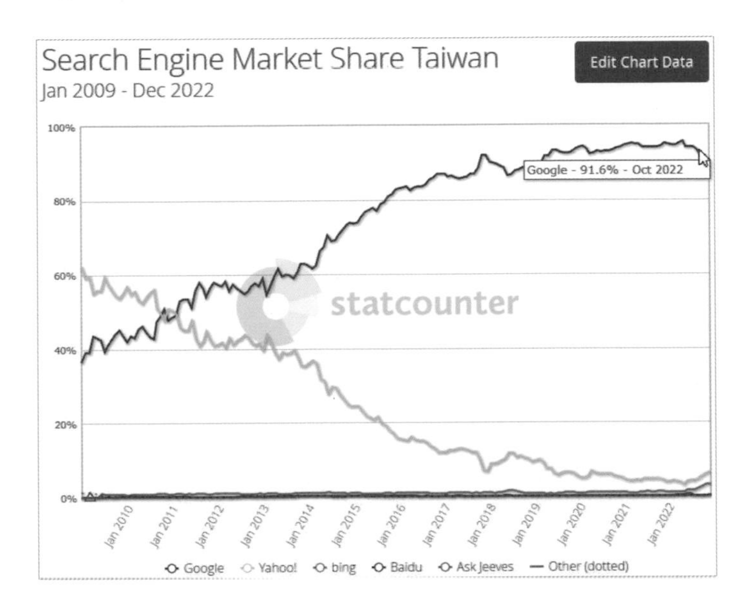

1.6 全方位 SEO 搜尋行銷優化

要讓自己的網站在搜尋引擎鍵入相關行業的關鍵字後，在 SERP（Search Engine Results Pages）搜尋結果頁能夠有好的排名，又可以分成關鍵字點擊付費廣告（Pay Per Click）與自然搜尋（Organic Search）兩種方式，而自然搜尋雖然需要費時較久才有可能影響搜尋結果，但若您能有這些觀念與技巧，也會有助於網站在搜尋引擎上某些關鍵字的排名提升，且這些排名的提升與曝光，是不需要支付費用給搜尋引擎或廣告商，這個技巧就叫做是 SEO（Search Engine Optimization）搜尋引擎優化行銷。

在 Google 搜尋「搜尋引擎最佳化 (SEO) 入門指南」，即可找到 Google 原廠編寫說明文件，能當作 SEO 優化觀念的延伸閱讀參考資料。

搜尋引擎的一個關鍵字搜尋結果，往往都是有幾十萬、甚至百萬、千萬以上的資料筆數，根據研究結果顯示，接近六成的網友只會看前 5 頁 (也就是前 50 筆資料)，超過四成的網友只會看前 3 頁的搜尋結果，所以若要做 SEO 搜尋自然排序行銷時，一定要爭取到排名前 30 名，才會達到比較好的曝光效果。

當網友搜尋某個關鍵字對結果不滿意時，尤其前幾頁沒有找到所要的資料，通常不會持續往下找，而會改為以下幾點操作行為：

- 換一個全新的關鍵字，例如「水族」改成「金魚」。
- 修改目前的關鍵字，例如「水族」改成「水族館」。
- 複合式的用兩個或兩個以上的字詞做搜尋，例如同時搜尋「金魚」與「水族」。
- 改用地區或知名地標加上關鍵字做搜尋，例如同時搜尋「台北」與「金魚」、「中正區」與「金魚」、「台電大樓站」與「金魚」。
- 改用主要關鍵字加上輔助關鍵字做搜尋，例如同時搜尋「金魚」與「專賣」。
- 有時候網友輸入錯別字，搜尋引擎會出現校正的關鍵字，也有可能會改點選這些被搜尋引擎推薦的正確關鍵字，例如在 Google 打錯字搜尋成「金魚沈底飼料」實際上正確的字應該是「金魚沉底飼料」，這種錯誤的字詞若能為我們帶來潛在客群流量，其實也可以考慮納入網站裡設定的關鍵字。

SEO 是一門範圍很廣的技術（市面上也有許多收建置費與後續維護費，專門幫人做 SEO 優化的廠商)，大致上可以分成如下圖的五大面向與相關重點，本書後續章節將會提到部分內容的觀念與實作。

設計符合優化架構網站	關鍵字策略	產出內容	網站推廣	分析與改善
1. 搜尋引擎最佳化(SEO) 入門指南 2. 網站問題檢查 3. 使用者介面優化	1. 關鍵字研究調查 2. 範圍設定	1. 內容行銷 2. 內文密度堆砌 3. 標題與文案設計	1. 搜尋引擎登錄提交 2. 自然搜尋排名提升 3. 增加好的反向外連結 4. SMO社群媒體優化	1. 觀看統計數據分析 2. 進行改善修正 3. 進行追蹤查看成效 4. 再次改善修正

所以 SEO 並非只是做一、兩件事情就能搜尋排名前面，需要很多層面要素去累積出來，簡單來說就是少犯錯（例如不要在同一篇文章裡面放連續重複的關鍵字這類的惡意方法）就不會被 Google 扣分，多做對的事（例如持續產生優質原創的內容、正確 SEO 字詞的選定）就會被 Google 加分，SEO 是各種要素加加減減起來，最後結算總分造成的排名優先順序。

如果是一間以販售金魚為主的店家，主要 SEO 關鍵字為何不要專攻「金魚」這個字詞，而是做「金魚專賣」會比較好呢？因為在 Google 搜尋「金魚」這個關鍵字約有兩千多萬筆資料，首先數量範圍太廣，除了競爭難度過高之外，一般網友通常也比較少搜尋這樣短的字詞（因為搜尋出來的資料量太龐大，不好篩選與命中實際想要查的），而且一個字詞在不同的行業或族群裡可能代表的意義不同，雖然大部分人對於金魚這個字詞聯想到的是在水中游的金魚，但在同志、同性戀族群裡，金魚可能也是他們另一種隱喻的代表字詞，所以在搜尋結果可以看到有同志酒吧；而在美食族群裡，金魚這個字詞代表的是一間以金魚為名稱的知名日式料理。對這三種族群來說，金魚這個字詞的定義與解釋是不同的（並沒有誰對誰錯的問題），所以 Google 會將這些不同族群的認知較為平均分佈在搜尋結果裡（Google 搜尋第一頁裡，我的商家 1 或 3 筆、自然搜尋 10 筆），也是合理的考量。

而如果在 Google 搜尋「金魚專賣」跟同時將「金魚」與「專賣」這兩個字詞之間加空格進行搜尋，搜尋出來的資料量就會有差異，這是因為兩個字詞間加空格，Google 會視為 OR 搜尋，讀者可以用此方式進行搜尋來練習理解一下，可以看到在這兩種搜尋結果的第一頁，筆者的金魚專賣店就佔了 9 個連結點（如下圖框選所示），包含 1 筆 FB 粉絲專頁、1 筆官網、1 筆 IG、1 筆 Google 我的商家（包含評論行銷）、1 筆 Google 我的商家內建網站、1 筆 FB 或 YouTube 影片、1 筆 LINE 官方帳號網頁、1 筆網路書店的金魚書介紹、1 筆 Pinterest，這是個蠻驚人的數字比例（沒有花錢買廣告），這樣的效果應該是大部分行業都會要的。

Google
金魚專賣
全部 地圖 圖片 新聞 影片 更多 工具
約有 592,000 項結果 (搜尋時間：0.59 秒)
創意眼金魚坊-台北金魚專賣店、水族專門店 - Facebook
Facebook粉絲專頁
創意眼金魚坊-專營精緻金魚、特殊金魚、買金魚、找金魚、賣 ...
官網、部落格
創意眼金魚坊-金魚專賣店、台北精緻金魚 - Instagram
Instagram專業版
創意眼金魚坊- 台北市中正區的金魚專賣店，緊鄰大安區，捷運 ...
Google我的商家網站
影片
創意眼金魚坊-台北金魚專賣店、水族專門店on Facebook Watch
FB或YouTube影片
創意眼金魚坊 - Line
LINE官方帳號網頁
金魚事典：從認識、飼養到觀賞，寵物金魚的綺麗圖鑑 - 博客來
其他網路媒體平台
Pin by 創意眼金魚坊-台北金魚專賣店 - Pinterest
Pinterest企業版
創意眼金魚坊
網站 行車路線 儲存
5.0 135 則 Google 評論
金魚店
新增缺少的資訊
問題和解答
網路上的評論
4.9/5
評論
由「創意眼金魚坊」提供
Google我的商家
其他人也搜尋了以下項目

SEO 優化的搜尋排名原本就是會動態變化（會隨著新網站的加入、舊網站的調整、日期、地點…等變動因素而有不同），所以您在測試時，有可能排名的名次會有些許落差，這是很正常的浮動變因，也是督促網站經營者未來要不斷持續努力優化與更新內容。

讀者若有興趣可繼續查詢「台北金魚專賣」、「台北金魚專賣店」、「買金魚」、「賣金魚」、「中正區金魚」、「金魚專門」、「金魚專門店」、「特殊金魚」、「金魚水族」、「金魚水族館」、「金魚水族店」、「金魚寵物」…等相關的字詞，或再加以字詞之間的排列組合、前後對調或加空格等運用，皆可以發現筆者的金魚專賣店都有相關名列前茅的曝光，而要做到這樣的程度，則需要瞭解目前更新的觀念是「全方位 SEO 搜尋行銷優化」，就是除了傳統的企業官方網站要進行 SEO 優化之外，連知名的社群媒體平台（Facebook、Instagram、YouTube…等）也要進行排名優化，必須懂得更多與建立不同平台管道，才能達成更大的行銷效益。

Google 的搜尋技術，目前還導入了 AI 人工智能（例如我們前面提到搜尋後的錯字校正詢問），Google 會嘗試回答使用者輸入搜尋框的問題，這又分為兩種模式，一種是 Google 系統會自動產生的知識圖譜（Knowledge Graph），例如可以在 Google 搜尋框裡輸入「美國總統」，則 Google 會在搜尋結果的上方或右方第一筆會直接顯示美國現任總統（歷任總統會在稍下方），但這種必須是名人（明星、政要、球星）或是知名機構組織（例如 FBI、紐約洋基隊），跟一般企業做網路行銷沒有直接關係；但另一種 Google 精選摘要（Featured snippets）就值得企業進行 SEO 行銷時多加注意，這種被稱為搶佔第 0 筆的排名（比自然搜尋第一頁第一筆資料還要排更上面），因為網友大多習慣從上往下看搜尋結果，如果一開始顯示的資料觀看後，就已經符合他的需求（解決問題了），則再繼續點選查找其他筆資料的機率就會大幅降低。

Google 精選摘要主要用問題式的關鍵字搜尋，例如搜尋「頭皮癢怎麼辦」，就會在搜尋結果頁的最上方，出現一則 Google 從搜尋引擎資料庫裡最能夠回覆此問題的超連結，若您是賣止頭皮癢洗髮精的業者或是皮膚科診所，會搜尋這樣問題的消費者，很高的機率會是潛在客群，如果這個位置被競爭者所佔據，也會影響您的商機，若您很覬覦這個位置，可以去分析競爭者的網頁內容，想辦法寫的內容比他更豐富，讓 Google 認可您的內容更好，這樣當之後再有人搜尋「頭皮癢怎麼辦」時，Google 就會將這個精選摘要的搜尋結果，改推薦成您的網頁。

所以問題式的關鍵字，會帶來更精準的客戶流量，這不也是一種「精準行銷」的概念嗎？以筆者的金魚專賣店來說，想養金魚的顧客中會有部分人想要知道金魚的尺寸（也許要確認家裡是否養得下、要準備多大飼養空間），所以會搜尋「金魚尺寸」這樣的關鍵字，就可以看到筆者寫的一篇網頁文章，在兩百多萬筆搜尋結果的第一頁最上頭（可說是最好的曝光位置）。

再來討論一下，主打的 SEO 搜尋關鍵字怎樣發想會比較好，例如以筆者經營的店來說，講「金魚專賣」與「金魚專門」這兩個字詞都可以，但這兩個字詞如果要找一個出來當作主打的關鍵字（甚至是整個商店名稱），到底哪一個比較好？因為專賣店跟專門店都有人在講，此時不宜帶入個人主觀的想法，講白話一點就是「這間店不是開給自己高興就好」，應該要去重視網友的搜尋經驗，看哪個字詞的搜尋量比較多，最能代表大多數人會搜尋的習慣（這樣才客觀）。

可以藉由 Google 搜尋趨勢（Google Trends），來查詢不同關鍵字的熱門程度，請到 https://trends.google.com/trends/，在首頁搜尋框裡先輸入第一個關鍵字做查詢。

系統轉到次頁後，可以先調整好要查詢的國別地區、時間範圍（最久可由 2004 年開始）、類別、搜尋類型等條件後，按下「比較」，輸入第二組關鍵字。

底下就會依據查詢的條件，呈現出這兩組關鍵字的長條圖與折線圖，以此例來說，很明顯「專賣」的藍色線條遠遠超過了「專門」的紅色線條，可見「專賣」在大部分人的搜尋習慣來說，搜尋比例是比較高的，若還有其他要一起比較的關鍵字，則可繼續按下「新增比較字詞」，即可再產生更多組字詞顏色的比較線條。

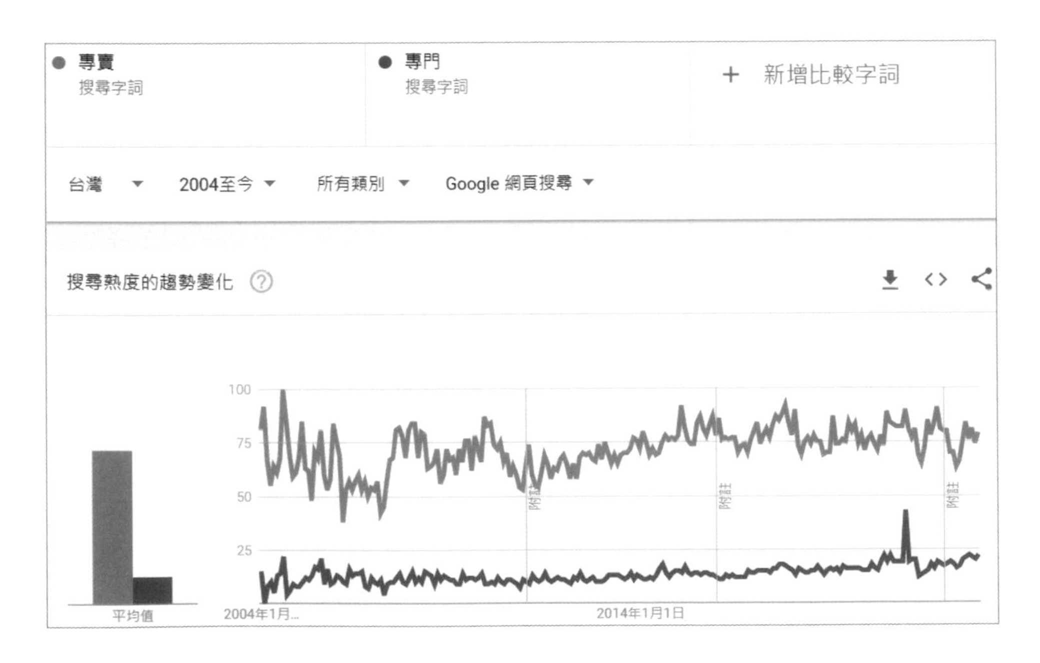

1.7 O2O 在地化行銷

近幾年來熱名的名詞「新零售」裡，往往也會提到一個名詞，叫做「O2O」，所謂 O2O（Online To Offline）是一種新型態的電子商務模式，讓線上行銷帶動線下實體店經營與消費，可以視為傳統實體店多了一種線上的在地化行銷方式。

> 維基百科對於新零售的定義，是指以消費者體驗為中心，利用人工智慧、物聯網、大數據技術，來支援線上的資訊流、金流、商流，以及線下的服務體驗及物流配送的一種全通路零售模式。

目前各知名資訊大廠的網路服務，都紛紛推出或加入了 O2O 的功能，例如 Google 我的商家、FB 與 IG 打卡地標及搜尋、LINE 熱點…等，本書後面的章節會逐一說明與實作建立這些服務。

本小節以目前 O2O 功能最為完整的「Google 我的商家」來做舉例，先來模擬一個使用者的情境，假如一位業務人員由高雄北上跟客戶洽談專案會議，原本預計會議要開一整天的時間，沒想到洽談超乎預期的順利，才半天會議就結束了，此時這位業務人員偷得浮生半日閒，既然難得大老遠跑來台北一趟，這多出來半天時間如果要做私人活動，很有可能是找個人的興趣嗜好，由於這是臨時性不在原本的規劃（出門在外，人生地不熟，時間有限也不能跑太遠），此時可以拿出手機（需開啟 GPS 功能定位），在手機瀏覽器裡輸入想找或逛的嗜好關鍵字，例如「水族」、「水族館」、「金魚」…，就能找到離他比較近的相關店家。

可以看到網友對這家店的評價，這就是一種評論行銷，對於完全陌生的店家，獲得好評數量多與分數高，自然會更容易吸引人前往參觀消費。

也可以按下「網站」造訪店家的官網或是點選「相片」，看看這個店家的商品或環境是否符合預期，也可以按「進行即時通訊」發送私訊，或是直接按「致電」撥打電話，詢問店內某商品是否有現貨或特殊規格，若決定前往可按下「規劃路線」。

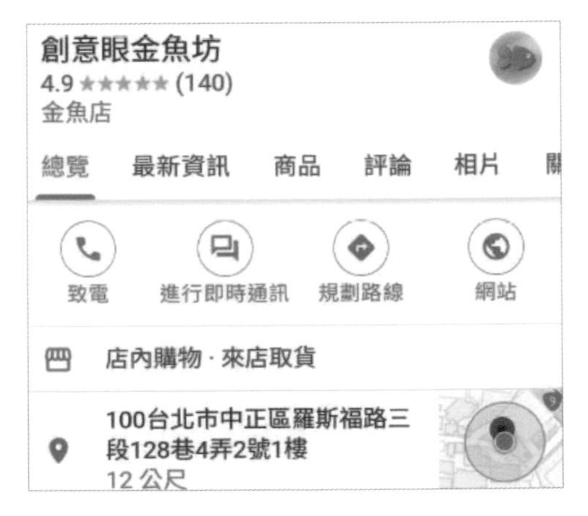

此時可以選擇「開車」、「騎摩托車」、「大眾交通工具」、「走路」、「呼叫 Uber」、「騎腳踏車」等方式前往，預估到達的時間與距離，並按下「開始」鈕。

就會轉換到 Google 地圖的畫面，依指示即可將顧客由導引到實體店面去做參觀消費，這種由手機線上導引到線下實體店的 O2O 在地化行銷，也是一種行動行銷的運用方式。

1.8 內容行銷與病毒式行銷

一、內容行銷

內容行銷指的是以文字、圖片、影片…等方式，創造出能引起顧客情感共鳴性的高價值內容，傳達給潛在客群某些理念，進而影響顧客的消費行為，可作為企業品牌長期行銷的營運策略。

內容行銷能提高客戶主動搜尋度，提升產品曝光度，已發佈的內容可持續產生效益，長遠的行銷成本可逐漸降低。就商業層面上來說，亦能提升企業品牌價值，進而提升客戶信任度，維繫並加深與客戶之間的關係，甚至是讓客戶願意轉載分享或推薦。

筆者在授課時，常常遇到學員拿某知名部落客的文章羨慕說，我搜尋 A 關鍵字、B 關鍵字、C 關鍵字，發現都排在搜尋引擎第一頁（其實是不同篇文章分別排在不同關鍵字的搜尋結果第一頁，但學員誤解為只寫少數一、兩篇文章就可以達到這樣的效果），這位部落客也不是什麼資訊行銷背景，也沒有用什麼 SEO 的技巧與買廣告，為什麼他能排名在前面？其實他掌握了內容行銷與搜尋引擎都喜歡的最大重點，就是長期持續產生出大量原創性的內容，但所謂知易行難，即使清楚這個道理，也很少有人能連續寫了五年、十年以上，每週（甚至是每日）不斷更新，而且寫的都是言之有物的優質內容。

以撰寫文章來說，可以帶入一些 SEO 搜尋引擎優化的觀念，會更有行銷曝光效益，提供以下幾點建議：

❶ **具有原創性**：原創性的內容才是王道，不管是自己寫或是花錢請別人寫，勿抄襲與大量複製別人已發過的內容，尤其是花錢請寫手代寫時，請先將內容發佈在您的網站裡，過幾天寫手網站上再發相同的內容導流回您的網頁，讓搜尋引擎認定您的網站是原創首發，以免花錢得不到應有的搜尋排名效益，還被搜尋引擎認為是抄襲的內容而扣分。

❷ **主題明確**：一篇文章專心在某個方向敘述，最好一篇文章抓兩三個主要關鍵字，再輔佐兩三個次要關鍵字就好，在這幾個主與次要關鍵字排列組合，能得到良好的搜尋排名即可，例如撰寫介紹洗潔精的文章，不要為了

偷懶想省事，想把所有功能特色都寫在同一篇文章裡，過多的關鍵字只會分散搜尋引擎對各關鍵字的排名提升的難度，可以分開幾篇文章來敘述同一產品不同層面的主題（參考下表）。

	主要關鍵字	次要關鍵字	說明
第一篇文章	洗潔精	超強、強力、去污、去汙	此篇文章只要把超強洗潔精、強力洗潔精、去污洗潔精、去汙洗潔精等層面主軸，寫的吸引這方面族群喜愛，並取得搜尋引擎在相關的關鍵字組合排名提升。
第二篇文章	洗潔精	不傷手、不傷皮膚	此篇文章只要把不傷手洗潔精、不傷皮膚洗潔精等層面主軸，寫的吸引這方面族群喜愛，並取得搜尋引擎在相關的關鍵字組合排名提升。
第三篇文章	洗潔精	超值、便宜、CP 值高	此篇文章只要把超值洗潔精、便宜洗潔精、CP 值高洗潔精、高 CP 值洗潔精等層面主軸，並取得搜尋引擎在相關的關鍵字組合排名提升。

❸ **正確通順**：寫完文章可以自己默唸一遍，往往可以找到一些語意不通順或錯別字，不要讓人覺得這篇文章錯字連篇，懷疑作者程度不佳，搜尋引擎也會存在類似的字詞語意合理化判別。

❹ **時常更新**：相信沒有人喜歡看到一個網站，最新的文章訊息是兩三年前甚至更久，會讓人覺得這個網站（企業）是沒營運還是出問題了，造成不好的觀感，相同的道理，搜尋引擎也是模擬人的喜好行為，對常更新的網站會有較高的評價（包含舊的文章內容再補充或更正），常更新雖是很淺顯易懂的道理，可是要有恆心與保持持續不斷更的毅力，確實是不容易。

❺ **精闢的專業知識**：對某個議題有專業精闢深入的見解，或是能深入淺出，寫出詳細又容易讓人理解的專業文章，值得 Google 搜尋引擎把您的文章取代原本某精選摘要的推薦連結。

❻ **文學素養**：文章起承轉合、情節生動、妙筆生花，吸引人感興趣持續閱讀下去，訓練自己廣泛的閱讀並多涉略各式知識，觀摩領先競爭者的文章，亦可參加寫作方面的訓練班。

❼ **注意細節**：留意撰寫內容的合理性，尤其是教學類的文章，若寫的內容過於跳躍性思考或是漏了某些步驟，對一位初學者來說，可能不容易閱讀與理解。

❽ **要有特色與情感延伸**：行銷主要是要打動人的某種情感，可以寫的方向例如八卦文、爭議（打臉、討戰）文、可愛文、爆笑文、溫馨感人文、美食文、旅遊文、實用的教學文…等，也可以撰寫不同篇文章後，再寫一篇整理文（懶人包），例如寫了趨勢 PC-cillin、諾頓…等多篇防毒軟體的測評文章、可以再寫一篇針對各家防毒軟體的整理文，裡面可依價格、免費付費、掃毒速度、偵測率、攔截率、誤判率…等做不同的排行與分析，這樣的文章很容易受歡迎（幫瀏覽者省事，能依照自己喜歡的條件快速篩選），還可以在這篇文章裡，做超連結連到之前寫的各篇防毒軟體舊文，達到帶動舊文點擊率的效果。

❾ **流行議題**：若有時勢議題剛好跟您的營運內容有關聯，可以嘗試撰寫相關議題的文章，例如開一家牛肉麵店，但遇到進口牛肉瘦肉精的食安問題，也許可以撰寫本店一律採用安全性高的本土牛肉、通過某單位食安檢驗合格等訊息文章，降低業績不佳的損害，反而更能藉此賺一波流量機會財也說不定，但切記要真的有關聯性與言之有物，不要只是找一個最近很紅但跟您完全沒有相關的議題去硬做關聯。而如何得知最近流行議題呢？除了多看相關新聞之外，也可以查看 Google 搜尋趨勢裡的「每日搜尋趨勢」功能（https://trends.google.com.tw/trends/trendingsearches/daily），或使用 Email 等方式去訂閱每天網路上的熱搜關鍵字。

❿ **數據資料**：有很多人寫文章，喜歡引用一些數據報表來佐證，但很多數據報表會有取得的難度（需付費、不允許引用）或是公信力問題，可以在 Google 搜尋趨勢裡，在比較過後的長條圖與折線圖的右上角點選「嵌入」。

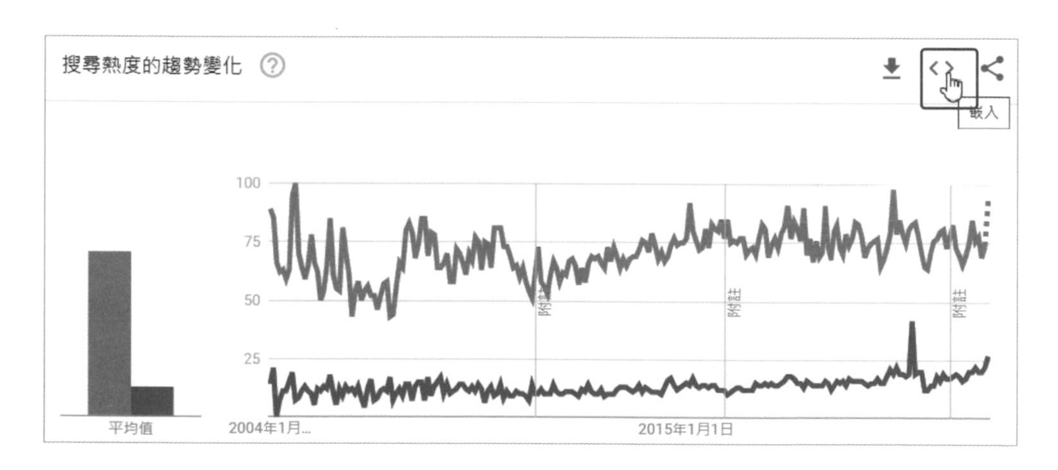

會產生嵌入的程式碼，將程式碼放入到文章裡（平台要有支援貼程式碼的功能），這些內容可以隨時點選連回至 Google 搜尋趨勢，用來證實引用內容的真實性。

⓫ **專長**：思考自己有哪些專長，將專長轉化成專業知識，去表達分享出來，例如有程式設計的專長，可以寫特殊用途的語法供人參考；很喜歡畫圖就可以分享如何做素描構圖或是繪製有趣的圖示讓網友下載。

⓬ **興趣**：從自己的興趣出發，喜歡吃吃喝喝，不妨拍美食與分享品嚐後的心得，放 Google 地圖標示美食位置，除了可接觸到更多同好，因為是自己感興趣的事，在產生內容時也會感到快樂，自然容易常更新且有毅力持續下去。

⓭ **學校或職場經驗**：從學校所學或職場工作當成撰寫的開始，分享在專題或工作上遇到的問題，並提供如何解決的經驗或所得到的啟發與教訓，這些內容也有可能被遇到一樣問題的人做搜尋。

⓮ **冷門領域**：普羅大眾很多人寫的主題，雖然代表這個市場族群較大，但一方面如果寫的沒有特色或文筆不好，也很容易被淹沒忽略在網海中，或許

選擇稍冷門主題來發揮也是一個辦法（競爭者少比較容易凸顯），實體世界上形形色色的人都有，在網路上也是一樣，非主流的方向還是能找得到同好，例如早期某個電腦遊戲，若能寫出玩這個遊戲的特殊秘技或破關攻略，還是有機會能吸引懷舊遊戲的同好。

⑮ **延伸法**：寫了受歡迎的 A 主題後，可以寫類似或跟延伸的 B 主題，變成相關系列文章，例如寫了一篇關於個人資安的注意事項，或許下一篇就可以寫網站資安、防毒軟體、防火牆、駭客常見攻擊手法等相關系列的主題。

二、著重散播與感染力的病毒式行銷

人是感情的動物，激起人的某種情感、情緒的延伸，就是一種情感的行銷，病毒式行銷並不是真的有病毒，而是指用創意或聳動元素（例如很好笑、很新奇、很感人、實用資料整理…），將這些元素穿插融入在商品或服務中，並透過網路方式進行傳播，內容往往因此而一傳十、十傳百像感冒病毒一樣，很快就傳染散播出去，這種靠人引發出的積極性和人脈網路間分享的行銷方式，就是病毒式行銷（Viral Marketing）。

病毒式行銷通常會在內容最後加上「歡迎轉寄轉載」、「好東西請與好朋友一起分享」等字眼，甚至是製作轉寄的程式機制，讓收到者很快便可將資料再轉發出去，是一種透過極低的轉移成本，傳遞商品訊息並產生類似保證背書的效果，也因為是親朋好友傳來的訊息，會比較信任與進行閱讀，進而點擊到銷售網站產生購買等商業行為，以達成行銷的目的及效果。但病毒式行銷同時也是一把雙刃劍，稍不留意不但無法致勝，反而會誤傷自己。建議大品牌企業在採用上需要比較謹慎，以免弄巧成拙傷害到品牌形象；沒有包袱與預算的小公司則使用病毒式行銷，需要顧慮的層面較小，並建議放手一搏，使用較大膽聳動、不按牌理出牌的 KUSO 元素去多方嘗試，也許能開創出另外一條新的銷售族群與管道。

病毒式行銷常有的架構：電子郵件（社群轉載）＋網站＋故事性行銷

病毒式行銷與電子郵件行銷的最大不同，在於電子郵件行銷可能是大量發送廣告信件或針對電子報訂閱戶做一對一行銷，但病毒式行銷則可藉由網友的轉寄轉載的力量，把內容傳遞的規模擴大，更容易讓人願意開啟閱讀，而且病毒式行銷與故事性行銷的最大不同，在於故事性行銷是著墨在產生好的文宣內容，而非在散佈的管道。

如何能產生病毒感染般的行銷效果：

❶ 需創造有感染力的元素，這個元素稱之為「病源體」，至少找出一個讓人感到有興趣的爆點，讓其成為爆炸性傳播話題（或是跟上八卦事件等流行話題，比較能流傳得快）。

❷ 努力找尋指標性人物（KOL）來成為病毒最初感染者和傳播者，無論在實體或網路虛擬層面上，總是存在著許多指標人物，藉由他們說出來的話或行為，往往能影響到特定族群的喜愛，例如聯繫到某位知名的部落客，並能說服他在部落格上推薦（付費業配也算是一種推薦），這可能造成他的粉絲轉發等再傳播效益，又例如能說服一位老師，在課程中介紹您的產品內容，自然也能間接影響到這位老師的學生們。

> 關鍵意見領袖（Key Opinion Leader）簡稱 KOL，KOL 代表在某一個專業領域上，言論足以影響群眾觀感的人，不一定只是指在網路上受到歡迎的網紅（Internet celebrity）。

❸ 找到對味的族群，釋出善意與發文打動他們的心，有可能引發社群力量，成為行銷上最佳的免費業務員。

❹ 多擴展其他的「感染途徑」，例如贊助各項活動、舉辦研討會、與其他行業合作聯盟、加入類似工會或社團組織等。

❺ 文章內容（病原體），最好是註明「版權沒有、歡迎轉發」，不要過度注重與保護您的文章版權（甚至是做很多防止複製的機制），切記做病毒式行銷主要宗旨就是希望大家轉發多曝光，只需規範轉者必須保留全文，並註明來源出處即可。

病毒式行銷的三要素：

❶ **環境**：可以透過網際網路的環境與平台來達成，在這三個要素當中應該是較容易達成的條件。

❷ **病原體**：一篇文章、一部影片、一張圖片都有機會成為好的病原體，但要做出一個具有感染力的病原體（內容）並不簡單，需要多方嘗試累積經驗，在這三個要素當中應該是最不容易達成的條件。

❸ **傳播者**：找到潛在客群領域裡面的專家、大師、領導者，能夠感染這樣的 KOL，往往能產生更大的行銷效益。

1.9 媒體的合作運用

一位具有影響力的 KOL，不一定是家喻戶曉，但在他的粉絲（Fans）與追隨者（Followers），會對其言行有高度的認可甚至是模仿（足以影響購買消費行為）。

相同的，各類媒體也有類似的情況，不同的網路、電視、報章雜誌、廣播⋯等媒體，本來接觸到的受眾（Audience）就各有差異，長期報導內容的走向，會吸引不同的性別、年齡層、工作、經濟能力、興趣嗜好⋯的受眾。

所以不管是跟 KOL 或是媒體合作，能夠吸引到潛在客群才是最重要的，例如一間餐廳，如果能把自己經營成一位人氣美食部落客，再來推薦店內的美食，是不是會更有說服力且具有優勢？但您可能要忙於經營店務與研究菜色，是否能長期空出固定時間，去思考題材寫文章拍影片？寫的文章或影片是否內容又能受歡迎？懂不懂得相關平台的操作與營銷？還有會不會反而讓人覺得文章或影片全部都是為自己的店打廣告，造成外界觀感不佳？

最簡單跟媒體合作的方法，就是購買廣告，例如刊登 Google Ads 關鍵字廣告 https://ads.google.com 或是 Facebook 廣告 https://business.facebook.com/adsmanager/ ⋯等方式，或是聚焦您的潛在客群會出沒的平台購買廣告，例如一間嬰幼兒產品的企業，可以跟 BabyHome 寶貝家庭親子網 https://

www.babyhome.com.tw 之類的網站購買廣告，會更容易命中到想要的受眾，在有會員制的媒體網站裡，能洽談需要 20 到 50 歲的女性族群，代發一封電子報或站內訊息的價格是多少，或是協商一起合作舉辦活動（對方集客提供機制），您提供活動獎品（當作贊助商）。

有很多媒體有做收費的廣編稿（Advertorial），廣編稿是由廣告（Advertisment）及編輯的（editorial）兩字所組成，也就是將廣告編輯成一篇像正常新聞的文章，能降低讀者將其視同廣告忽略不看的機率，其本質算是一種置入性行銷（Placement marketing）。

可藉由跟媒體的合作（藉力行銷），達成異業合作雙方（甚至是多方）共贏，跟媒體或企業進行合作提案時，建議多站在對方的立場思考，這個合作提案對他有什麼好處，因為合作提案最忌諱只有想到對自己有利，若其他人只是無償付出或是低獲利，自然這種合作提案就容易破局了。

舉例如說，筆者之前出版的一本書籍裡，因為書裡有章節要介紹在域名機構如何設定對應網域，因此直接跟域名廠商談合作，造成多方共贏：

❶ **對廠商**：書裡置入介紹廠商網站裡的設定介面，對其域名宣傳與銷售有幫助，此書並提供一頁廣告頁。

❷ **對讀者**：書裡有實際到一個域名廠商的介面，做設定操作（會更容易理解），可憑書裡通關密碼（截角），獲得購買域名百元折價券，會買此書的讀者，很大機率會需要購買域名，就可以多省一點錢。

❸ **對出版社**：廠商協助此章節校稿、並提供網站廣告與電子報行銷，增加本書的曝光率與附加價值，會更好銷售與獲利。

❹ **對作者**：得到更多版稅獲利、出版社喜愛、廠商後續專題演講邀約與重視。

之前廠商幫此書發送給其會員的電子報行銷頁面。

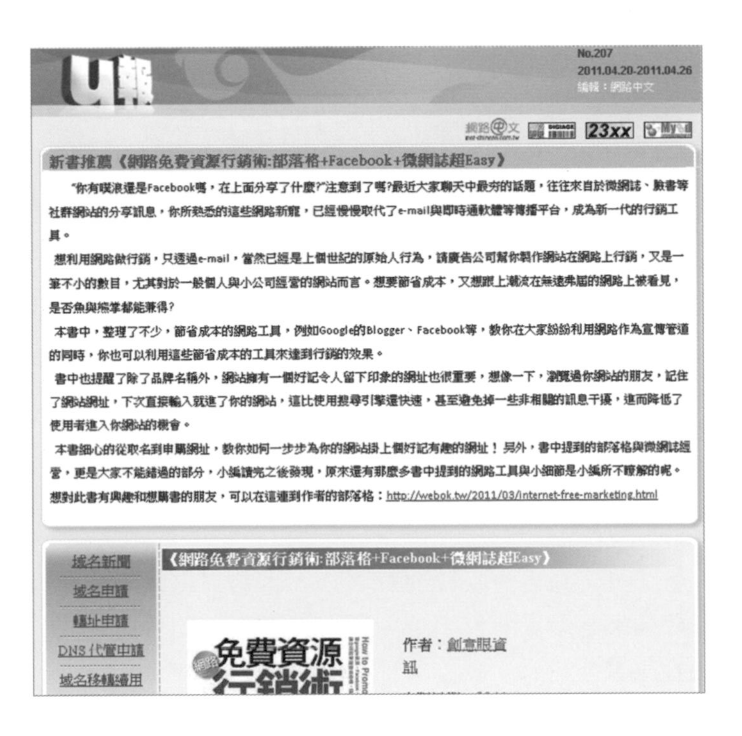

No.207
2011.04.20-2011.04.26
編輯：網路中文

新書推薦《網路免費資源行銷術:部落格+Facebook+微網誌超Easy》

"你有噗浪還是Facebook嗎，在上面分享了什麼?"注意到了嗎?最近大家聊天中最夯的話題，往往來自於微網誌、臉書等社群網站的分享訊息，你所熟悉的這些網路新寵，已經慢慢取代了e-mail與即時通軟體等傳播平台，成為新一代的行銷工具。

想利用網路做行銷，只透過e-mail，當然已經是上個世紀的原始人行為，請廣告公司幫你製作網站在網路上行銷，又是一筆不小的數目，尤其對於一般個人與小公司經營的網站而言。想要節省成本，又想跟上潮流在無遠弗屆的網路上被看見，是否魚與熊掌都能兼得?

本書中，整理了不少，節省成本的網路工具，例如Google的Blogger、Facebook等，教你在大家紛紛利用網路作為宣傳管道的同時，你也可以利用這些節省成本的工具來達到行銷的效果。

書中也提醒了除了品牌名稱外，網站擁有一個好記令人留下印象的網址也很重要，想像一下，瀏覽過你網站的朋友，記住了網站網址，下次直接輸入就進了你的網站，這比使用搜尋引擎還快速，甚至避免掉一些非相關的訊息干擾，進而降低了使用者進入你網站的機會。

本書細心的從取名到申購網址，教你如何一步步為你的網站掛上個好記有趣的網址！另外，書中提到的部落格與微網誌經營，更是大家不能錯過的部分，小編讀完之後發現，原來還有那麼多書中提到的網路工具與小細節是小編所不瞭解的呢。

想對此書有興趣和想購書的朋友，可以在這連到作者的部落格：http://webok.tw/2011/03/internet-free-marketing.html

域名新聞
域名申請
轉址申請
DNS代管申請
域名移轉續用

《網路免費資源行銷術:部落格+Facebook+微網誌超Easy》

作者：創意眼資訊

以筆者的金魚專賣店為例，之前接受理財周刊的專題邀約影音採訪（媒體需要報導的內容有特殊性），就是一個不錯的媒體露出機會，也許這種報導不會直接產生購買消費行為，但換個角度來想，等於免費幫店裡錄製一個專業形象影片，還可以將這些資料用在自己的官網內容，對第一次看到的消費者，營造出「有知名媒體報導，應該不錯」的品牌印象。

以筆者的金魚專賣店為例，自由時報這種大型的媒體，近年來也因應社會風氣的演變，推出寵伴（寵物陪伴）的單元，需要比較專業與豐富資料的文章（筆者有出版過金魚書籍），筆者跟出版社與自由時報三方，洽談將書裡部分文字與圖片內容的刊登授權，對三篇報導內容進行部分改寫，筆者一樣用前面提過的多方共贏的概念來思考。

❶ **對自由時報**：可以免費取得專業的圖文內容（採訪是沒有費用預算的），增加其報導內容深度，每位記者負責的採訪文章如果點閱率不好，內部考績就會差，所以記者會重視負責報導的內容水準品質。

❷ **對出版社**：增加書籍的曝光量，提升銷售量與獲利，三篇文章都有連結博客來網路書店對此書的銷售頁面。

❸ **對筆者**：除了可得到更多版稅獲利之外，因為自由時報這類大型網站，在搜尋引擎裡被視為優質內容網站，所以搜尋引擎的重視度高，報導文章就會有不錯的搜尋排名。

除了網路搜尋排名好之外，三篇內文都會有筆者店名與超連結到官網，這樣除了對店家的曝光有幫助之外，重點是大型網站頁面上，有超連結點連到店家官網，會讓搜尋引擎產生大型網站願意超連結到這個網址，這個網址「應該也不錯」的搜尋引擎排名便能提升，這個就是 SEO 裡「產生好的外部超連結」的概念。

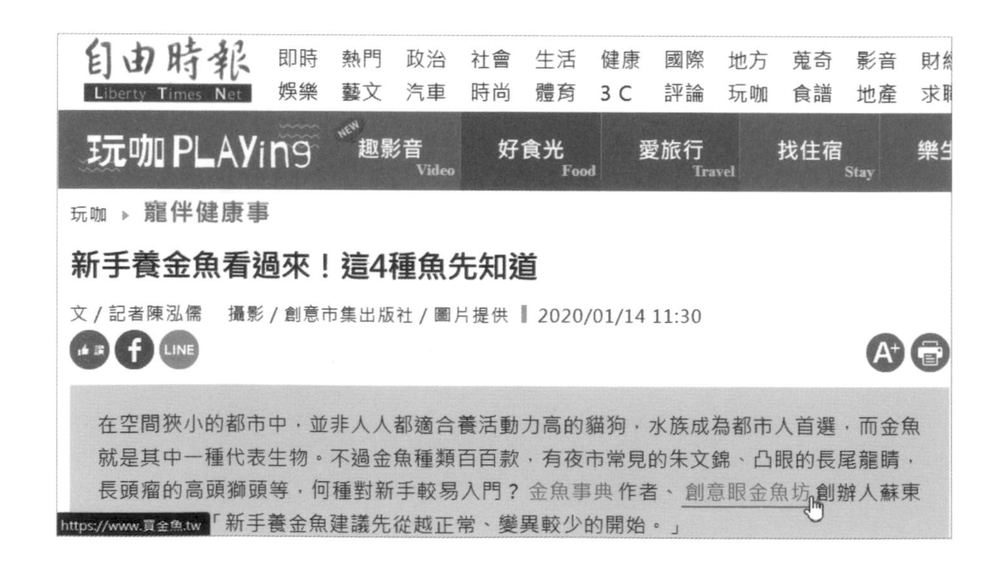

前面有提到，一位具有影響力的 KOL，可能不一定家喻戶曉，例如在金魚界就有一個金魚快訊網站成立了 10 幾年，站長在金魚界是一位重量級人士（但對於沒有接觸過金魚的人，可能完全沒聽過），這就是很典型某領域裡的 KOL（其網站瀏覽者就是筆者想要的潛在客群），筆者主動與其聯繫，雙方可各取所需。

❶ **金魚快訊**：希望有等級較高或特殊的金魚可以拍攝報導，豐富網站內容，維持報導的圖文有一定水準。

❷ **筆者**：提供優質或特殊金魚讓金魚快訊拍攝，拍攝內容會標注店家名稱與連結聯絡資訊，除了增加曝光率之外，這類無營利的第三方報導，有時會讓消費者覺得更有公信力與推薦信任度。

> 讀者可以多去尋找開發符合您行業別的媒體或 KOL，想辦法達成互惠合作，創造共贏佳績！

1.10 打造自己成為某領域的專家

自行創業或是企業多增加服務項目與產品，多半是希望增加更多的營收，而能有「名」通常就比較容易有「利」，如果願意花時間經營自己成為 KOL（在潛在客群裡能出名），將自己塑造成某領域的專家（達人、大師），也許過程會比較辛苦，需要付出更多時間讓自己的專業能深入更進階，也必須產出更多實質內容讓人認可，這雖然是件不容易的事（且無法短期回收獲利），但也因此能踏入較高的門檻裡，跟您的競爭者拉大差距（不容易被追上，建立特殊優勢），同時也能獲得更多邀約合作機會，如果發展的好，甚至反過來您還可以收費做業配。

打造自己成為某領域的專家的方法：

❶ **對媒體投稿**：有些媒體有專欄投稿的管道，一經採用，除了有稿費之外，也可以在您的相關網站上揭露這些文章訊息。

❷ **購買媒體廣編稿**：透過廣編稿這樣圖文報導式的置入性行銷，闡述您的論點知識。

❸ **接受媒體採訪或邀稿**：若有與眾不同的創意服務或產品，容易引起媒體興趣來採訪。

❹ **在相關的社群論壇裡時常回覆問題**：回答經營的時間累積久了，能得到這方面領域的人認可甚至是推崇，在一些社群論壇裡，一旦您的回答被選為最佳解答，就有累積加分升級的機制，慢慢當帳號由初級升級成專家等高階榮譽時，您的言論自然更容易獲得別人的信任，各領域通常都可以找到相關的討論區、留言板、FB 社團可以供您發揮。

❺ **年資、經歷與事蹟**：就是個人的經歷履歷，例如現任某金融單位資訊部經理，具有電子商務相關工作 15 年以上經驗，曾經主導解決某知名資安事件。

❻ **參加各類認證獲得證書**：尤其是熱門難考的證照，或是特殊證照開放的前幾批，也容易獲得媒體的訪問邀約機會。

❼ **參加比賽得到名次**：比賽本身就比較容易引起注目與流量，也是很好的行銷機會，例如 2023 年牛肉麵節比賽冠軍。

❽ **擔任講師、評審委員、顧問**：可先從自家內訓或自家活動參與開始做起，慢慢再接觸外界的機會。

❾ **撰寫書籍**：自費出版或找出版社出版實體書籍或電子書，雖然寫書獲得的利潤可能有限，但很多單位找講師、與會專家、審核委員等，找書籍作者來擔任也是一個管道，筆者藉由這樣的管道，獲得很多陌生單位的合作邀約。

❿ **擔任展場主持人、與會貴賓**：例如跟其他廠商合作活動，藉由由活動之便，在活動展場上擔任主持人或與會分享嘉賓。

⓫ **成為自媒體工作者**：例如部落客、YouTuber 等網紅，在下列的網址中，可以看到知名網紅的排行榜，查找您原本設定的類型方向中目前仍活躍在線上的成功者，作為自己內容規劃上的參考。

https://tw.noxinfluencer.com
https://socialblade.com/youtube/top/country/tw/mostsubscribed

當然以上這些方式，有些是彼此有相關的，且為了讓更多人知道，難免還是得老王賣瓜自賣自誇一下，將這些事蹟或經歷納入您的網站資料或履歷當中，對外營造出專家高手的形象，並顯露歡迎外界多聯繫合作提案的訊息。

做各行各業本職學能領域內的知識，原本應該就是基本必備的，例如販售手工肥皂的賣家，很多人喜歡強調「保證純天然」材質之類的字眼宣傳，而事實上在做手工皂時，幾乎都會用到椰子油起泡劑成分，這種成分其實是人工合成物質（雖然並非人工合成就是有毒不能用，但自相矛盾總是不好），這種知識是很容易在網路上就可以查得到的，如果一位自己號稱很專業的手工肥皂賣家，用這種保證天然的文宣字眼來行銷，對比較懂的消費者來說，會不會懷疑其誠信與專業？這種賣家本職學能專業度的知識，應該要自我積極充實提升才是，否則行銷就變成用唬用騙的，要是被競爭者檢舉爆料就更不好了，容易影響品牌形象與商譽。

筆者因為擔任職訓班級的講師與廠商的輔導顧問之故，可以看到很多學員的行銷企劃書（專題作業）或廠商的簡介文宣，裡頭多半會強調自己的專業與產品的優勢，但如果問到細節，像是能否列舉專業的例證，如資格證照、通過檢核標準標章、專業原理或法規條款時，很多學員或廠商自己就心虛了。有時候專業是需要有外人或其他單位來當作輔助認可的，而不是流於「自己覺得很專業」的鴕鳥心態，或其實是做不出來反而把缺點當作特點來吹噓，建議仍是需要真誠的面對，認清己方的優缺點，一開始基礎正確踏實，後續的分析發展與行銷規劃才有意義。

以筆者曾撰寫出版過一本金魚書籍來作案例探討：

這本金魚書當初規劃時的優勢（消費者購買產品的誘因）：

❶ **符合台灣飼養環境**：台灣市面上的金魚書，幾乎都是日本或大陸翻譯書，主因是翻譯書取得授權成本比較便宜且省事，（前一位台灣本土正規出版管道的金魚專書作者要追溯到快 20 年前，但養殖的設備技術其實已有差異），所以可以標榜百分百符合台灣飼養習慣及環境。

❷ **符合市場實際潮流**：台灣的金魚主要是仰賴進口為主，造就了台灣是屬於特殊的陸系、泰系及日系三系金魚並存的市場，市售其他本金魚書，少有這樣多元的介紹。

❸ **一本抵多本的划算度**：不僅只是一本鑑賞圖鑑，還包含育養技術及專業環境分析、治療，書裡涵蓋的內容，可能是其他好幾本書的範圍。

其實單純以撰寫這本金魚書投入耗費的人力、時間、人脈成本來說，一開始完全是從零開始寫，包含蒐集特殊魚種拍攝、部分小節的內容還請此領域的廠商或達人幫忙提供資料與校稿，且需要插畫繪製等準備，其實獲取的投資報酬率是不划算的。但是筆者著眼的是可以塑造成為金魚專家 KOL 身份，從原本金魚專賣店的老闆，再加上金魚書籍作者的身份，兩者相加更提升專業度形象，會更有利於銷售業績與洽談相關合作。

而這本金魚書出版後帶來後續效益有（回收的甜美果實）：

❶ **增加客源**：增加不少因書帶來的新購魚客源，這是筆者原本接觸不到的新管道客群，甚至有遇過好幾次客戶自帶金魚書來店要求簽名的情形，當客戶把您視為專家，除了態度上會更尊重，價格便宜與否就不是唯一考量，自然也就容易銷售（兩家條件差不多的店，一家有出版專書，您會比較相信誰？）。

❷ **增加媒體採訪機會**：上一小節提到的自由時報主動聯繫合作機會，對筆者金魚店有後續 SEO 流量曝光的幫助。

❸ **合作廠商另眼相看**：合作的廠商看過贈送的公關書之後，比較能夠理解與願配合筆者的挑魚標準出貨。

❹ **其他額外的商機**：例如本書獲得大陸出版社的青睞，取得授權出版簡體中文版。

❺ **業界無形地位的提升。**

筆者在講授職訓課程時，會特別建議想要創業的學員持續寫網路文章或出書拍影片等方式當 KOL，有些學員會沒耐心只想偷懶，有些學員則是沒有信心，說他寫不出來、做不到或是不會，其實事在人為，要有足夠的決心與執行的毅力，加上努力吸收此領域相關的知識，所謂吾心信其可行，則移山填海之難，終有成功之日。世界上沒有不勞而獲的事，若不願意一點一滴先付出，嫌難嫌麻煩嫌花時間，只有羨慕別人成功，甚至抱怨自己只是時運不濟，老是想要簡單走捷徑速成，如果只有抱持這樣的心態，即使有好機會降臨，也難有足夠實力把握住，無論是創業或是做產品企劃，自然很難獲得好成績，這些觀念思維，與讀者共勉之～！

第 2 章

官網搜尋行銷

也許有些讀者認為直接申請 FB 粉專之類的網路服務來當作官網行銷就好了，但仍建議要建立專屬網域名稱的網站，牢牢將網路數位品牌掌握在自己手裡，若未來不幸發生問題，可以將此域名轉換到其他平台或另行建站（累積的網路品牌效益不至於歸零重來），畢竟官網能自行掌控調整的細節還是比較多，而其他網路服務，我們仍可多加入做曝光與導流。

2.1 Blogger 申請與基本設定

一、為何建議使用 Google Blogger 來做網站

- **免費**：Blogger 服務是完全免費，一個 Google 帳戶可以同時申請多個網站。

- **穩定與安全**：系統穩定度與速度表現佳，安全性也高。

- **空間大、無流量限制**：文章發表數量無限制（短期大量發文，例如連續密集發表大量文章，才可能會暫時受到 Google 阻擋），亦無限制流量，圖片空間採用 Google 相簿服務（預設為 Google 帳號的 15GB），影音空間使用 YouTube（容量趨近無限）。

- **可自訂專屬網域名稱**：一開始申請時是子網域，但可支援在域名機構購買的專屬網域名稱（對 SEO 也有幫助），網址所有權掌握在自己手裡。

- **Google 搜尋排序佳**：Blogger 同為是 Google 體系產品，較能符合新的 SEO 規範，Google 搜尋上會稍有優勢。

- **容易擴充串連 Google 眾多服務資源**：Google 有眾多服務可以互相整合，Google 相簿（網路相簿服務）、Google 雲端硬碟（線上 Office 軟體、建立表單、上傳存放檔案）、Google Analytics（流量統計與報表分析）、Google AdSense（網站放廣告賺取收益）、YouTube（影音分享）。

- **系統預設無廣告**：不需要擔心被放一堆不相干的廣告影響閱讀與形象，但可自行決定是否加入 Google AdSense 廣告來賺錢。

- **支援多人共筆和其他方式發表文章**：可支援高達 100 人共筆更新，也可以用寫 E-Mail、APP（可到 Google Play 或 App Store 裡，搜尋「Blogger」並安裝使用）…等方式撰寫文章，維護更新方便。

- **資料支援自行備份與還原**：內建手動備份與還原機制，允許匯出或匯入文章、頁面與留言，亦可自行上傳還原。

- **開放前台版型自訂與可下載套用**：主題設計工具讓能讓版面調整更為容易，若不喜歡預設的美編樣式並懶得自行修改，網路上有許多免費資源提供各類版型可自行下載套用。
- **內建行動版或 RWD 網頁功能**：手機等行動裝置觀看會自動轉換適當版面，對行動行銷與 SEO 優化有幫助。
- **內建 SSL**：包含獨立網域也可以免費使用 SSL 傳輸安全協定功能，對 SEO 優化有幫助。

> - 其實使用 WordPress 來做官網也是不錯的選擇（網路上常被拿來跟 Google Blogger 做比較），但純線上申請的版本限制較多，比較不好修改細節，若您的預算許可（需有虛擬或實體主機託管），可使用功能比較強與修改度高的安裝版本，但學習難度也會較高（需有網頁設計基礎為宜），而使用 Google Blogger 的建立成本跟學習曲線相對比較低，對於小型、微型企業或個人嘗試創業會更適合，因此本書介紹用 Blogger 來建立官網。
> - 本書二、三、四章所介紹的網路服務，都必須先申請免費的 Google 帳戶才可以使用，建議您先申請並登入好 Google 帳戶，請到 https://www.google.com，於右上角按下「登入」鈕進行申請。

二、申請 Google Blogger

❶ 請到 https://www.blogger.com 按下「建立網誌」鈕。

❷ 輸入網站標題，按下「下一步」鈕。

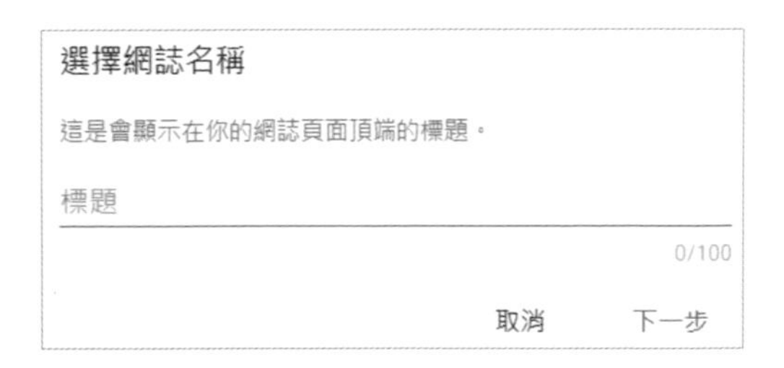

輸入網址（此為內建的子網域名稱，不能跟之前的申請者一樣名稱，請使用半形的英文或數字，特殊符號可以使用 - 符號，但 - 符號不能放在第一個或最後一個字），按下「儲存」鈕。

網址之後可以改成您購買的自訂專屬網域名稱。

三、管理後台基本設定

進入 Blogger 管理後台時，建議點選左下角的「瀏覽網誌」，此時會多開啟一個前台的瀏覽器視窗，這樣會比較方便操作不會混亂（例如後台更新後，可到前台視窗重新載入頁面，查看修改後的變更）。

在 Blogger 管理後台，選擇左方選單裡的「設定」，點選「標題」，在此輸入整個網站的名稱，並接著輸入此站主要關鍵字（字詞不可重複），越重要的關鍵字寫在越靠左邊，此處可填寫最多 100 個字元（建議輸入 50、60 個字即可）。

「說明」裡，則可以輸入所在縣市地區、交通方式、營業項目或主要產品、次要的關鍵字…等句子式的描述，越重要的字一樣寫在越靠左邊，此處雖然可填寫最多 500 個字元，建議填寫字數在 300 字以內即可。

「網誌語言」裡，請選擇這個網站主要的語系，以台灣本土在地經營的網站來說，就選擇 Chinese（Taiwan）- 中文（台灣）。

「讓搜索引擎檢索」裡，請務必要啟用「允許搜尋引擎找出您的網誌」，若此處是關閉的，就是跟搜尋引擎宣告請勿抓取本站資料，會達不到做搜尋行銷的目的。

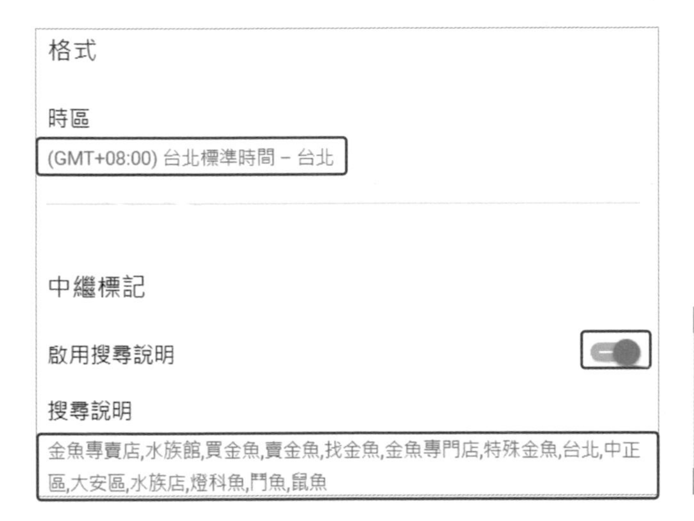

「讀者存取權」請務必設定成「公開」，否則一般網友將會沒有辦法觀看本站內容。

第一次建立 Blogger 時，因為預設的時區是（GMT-07:00）太平洋時間 - 洛杉磯，會造成文章發佈日期與時間問題，建議改為當地日期時間，例如（GMT+08:00）台北標準時間 - 台北。

請記得開啟「啟用搜尋說明」，在「搜尋說明」裡可輸入最多 150 個字（建議 100 個字左右即可），可以輸入所在縣市地區、交通方式、營業項目或主要產品、次要的關鍵字…等句子式的描述，越重要的字（前 50 個字）一樣寫在越靠左邊，此在處文字在 Google 搜尋結果頁（SERP）裡，會顯示前 50 字。

若沒有開啟「啟用搜尋說明」，則之後在新增修改文章時，文章右下角就會無法出現「搜尋說明」的欄位可以使用。

Blogger「標題」與「搜尋說明」裡的文字設定，其實就是 Google 搜尋引擎在搜尋結果頁（SERP）裡搜尋到我們網站首頁時的超連結標題文字（顯示約前 30 字）與兩行說明文字（顯示約前 60 字），這關係到網友是否有意願點擊進去觀看，所以盡可能輸入有關聯與明確吸引力的字詞為宜。

2.2 專屬域名設定與 SSL

一、專屬域名的概念

無論是個人或企業、實體或網路虛擬，行銷上都建議要有易於記憶識別的品牌名稱，而網路上有一種數位品牌要建立，叫做「專屬網域名稱」，因為在相同屬性的域名裡，其名稱有獨特性，例如筆者申請 webok.tw 這個 .tw 的域名，他人就不能申請一模一樣的域名，若仍要申請 webok 這樣的名稱，就得轉往其他屬性的域名並查詢是否可以申請，例如改申請 webok.com.tw 或 webok.club.tw。

「域名」的完整說法為「網域名稱」(Domain Name)，也有人稱為「專屬網址」或「獨立網址」。

有專屬域名對於 SEO 來說是件很重要的事，而申請的域名，最好是跟您行業別相關字詞會更好，如果是要顯示出所在地區，可以考慮申請結尾為 .tw 的台灣域名，若主要客群以國外市場為主，建議可以申請英文域名，若以在地化本土市場為主，則建議可以申請中文域名。

二、專屬域名、次目錄、網頁檔名的結構階層

在 SEO 網址結構層面裡，有專屬域名加分權重最大，次目錄加分權重次之，網頁檔名加分權重再次之，這三者都顧及到能加分自然是最好。專屬域名有年資累積的概念（一個用了一年的域名跟用了三年的域名，後者會更好），建議網站次目錄不要超過兩階層（如果網站架構不大，次目錄建議一階層即可，若能修改目錄名稱，建議可將目錄名稱改成對應網站單元的英文單字為宜），每個網頁的檔名，最好是符合該網頁主要內容的英文字詞，字詞最好以簡單通俗為主，建議以最多不超過四個英文單字當作檔名，字詞之間以 - 符號區隔串連。

Google Blogger 系統的次目錄固定是以年與月做成兩階層，無法讓我們自訂次目錄名稱，而網頁檔名的修改，在後面小節會再實作。

三、專屬域名申請與對應設定

以到域名機構「網路中文」申請為例，請到 https://www.nct-chinese.com.tw，輸入想要查詢的域名，勾選想要的域名屬性（例如 tw），按下「查詢」鈕，若查結果為不可註冊，則代表此網域已被別人購買，請改輸入其他域名或勾選其他域名屬性，能夠購買的域名會出現「加入購物車」鈕，按下後會出現需要註冊帳號訊息，請依其導引完成後續購買動作。

一個 .tw 域名的一年費用約為新台幣 800 元左右。

回到 Blogger 管理後台，選擇左方選單裡的「設定」，點選「自訂網域」。

輸入之前已購買的域名（包含例如 .tw 的屬性），域名前面的前綴名稱建議輸入最常見的全球資訊網「www.」為宜，再按下「儲存」，會出現如此圖訊息，第一筆名稱固定是 www，目的地：ghs.google.com，但第二筆名稱與目的地，每個域名系統會顯示不同值，請實作時記得以自己畫面中產生的值為準，並將此系統畫面視窗先保留著。

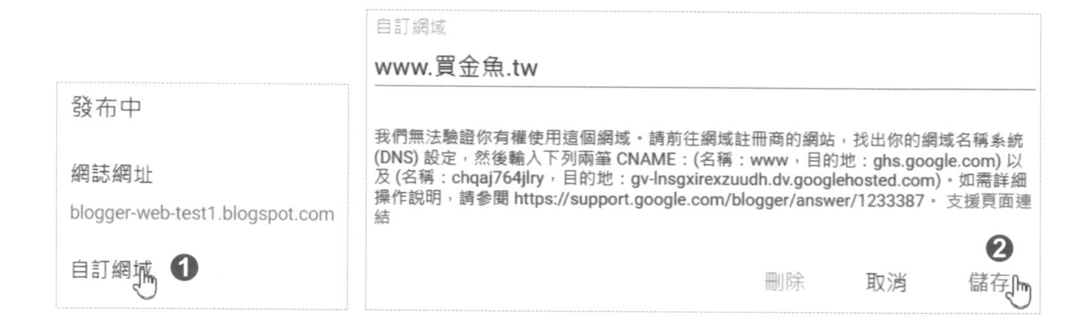

如果您不輸入域名前綴名稱（例如 www.），則系統會出現此訊息阻止：無法使用裸名網域 (例如 yourdomain.com) 代管網誌，請新增頂層網域 (www.yourdomain.com) 或子網域 (blog.yourdomain.com)。

請另開一個瀏覽器視窗，到域名機構「網路中文」https://www.net-chinese.com.tw 的網頁，登入您之前申請的帳號與密碼後，選擇「域名管理」中的「域名總覽」，找到之前購買的域名後，點選其右方的 DNS 設定圖示。

一開始畫面裡，請選擇「DNS 代管：使用網路中文 DNS 主機」，按下「儲存」鈕後，再點選「記錄設定」。

❶ 新增一列，記錄類型：A，主機名稱 / 別名：不填寫，IP/ 域名：216.239.32.21

❷ 新增一列，記錄類型：CNAME，主機名稱 / 別名：www，IP/ 域名：ghs.google.com

❸ 新增一列，記錄類型：CNAME，主機名稱 / 別名：請輸入您 Google Blogger 系統顯示的值，IP/ 域名：請輸入您 Google Blogger 系統顯示的值

以上三點填寫完畢後，按下「儲存更新」鈕。

回到 Blogger 管理後台原本的畫面裡，按下「儲存」，可能需要幾分鐘到十幾分鐘左右的時間，系統偵測到才能儲存。

儲存後「自訂網域」裡會顯示您購買設定的域名，若設定的是中文域名，此時會出現您不認得的英文數字符號，這是因為中文域名非網路正規格式，系統必須轉為 punycode 編碼的域名（實際是可對應到的，英文域名則會正常顯示，不會轉為 punycode），此時會進入 DNS 廣播生效期，快則約 1 個多小時、慢則要 24 小時（視您上網 ISP 的 DNS 伺服器解析速度而異），此時請勿慌張要有耐心等待（若 24 小時後仍然無法對應到新域名，請再去檢查之前的相關設定是否有誤），順利對應到新域名後，可再回來系統裡，將「重新導向網域」啟用。

四、SSL 對 SEO 的影響與設定

Google 2015 年開始以 SSL(https) 網站作為優先索引收錄的頁面條件之一，在 2018 年演算法更新裡，更注重網站安全性資料的處理問題。

若設定完專屬域名後，在 Google Chrome 瀏覽器網址列裡，此域名會顯示不安全的訊息，除了會影響 SEO 排名之外，也會讓來此網站的消費者有疑慮與不安。

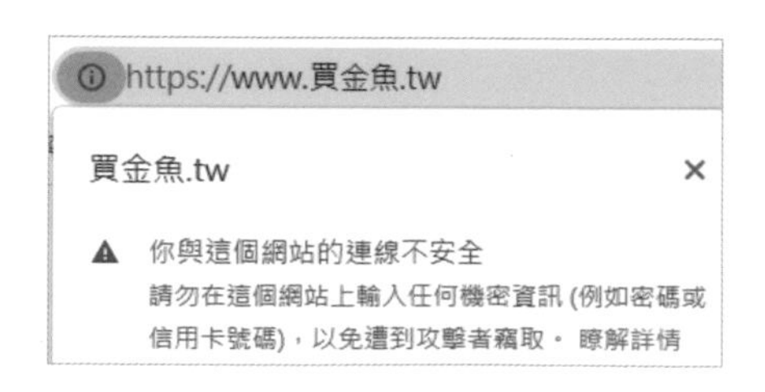

回到 Blogger 管理後台的「設定」，將「HTTPS 可用性」與「HTTPS 重新導向」都啟用，此時需要大約幾十分鐘的系統轉換時間。

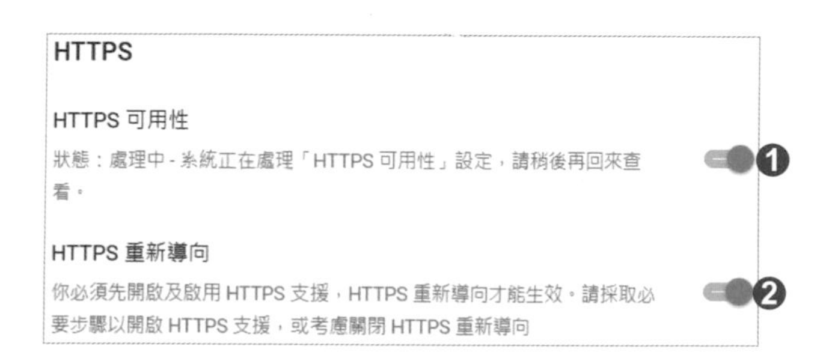

完成轉換後，顯示畫面訊息（如下方左圖）。

系統轉換設定完成後，在 Google Chrome 瀏覽器網址列裡，此域名會顯示安全的鎖頭圖示，表示以 https 安全連線方式進行資料傳輸了（如下方右圖）。

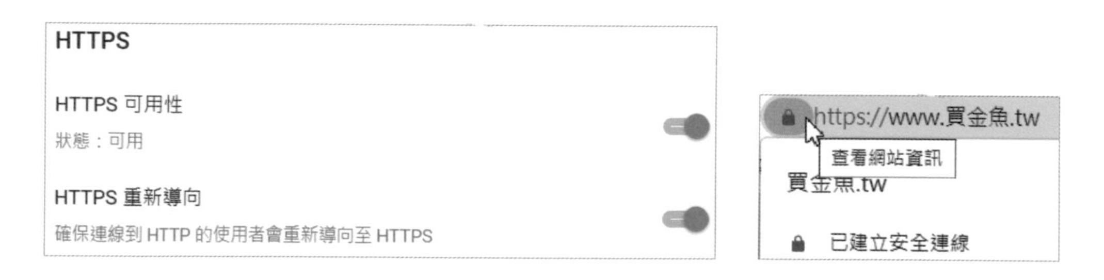

> Google Blogger 是市面上少數同時支援專屬域名又有免費 https 傳輸模式的網路服務，否則需要另外購買 SSL 憑證，一年可能需要花費上千元甚至幾萬元的費用（價格視不同品牌憑證公司而異）。

2.3 如何寫一篇帶來精準流量的文章

本節筆者以一篇標題為「金魚常因魚鰾病翻肚栽頭嗎？有三款金魚沉底飼料試試看能否有改善幫助吧～！」的文章，在 Google 搜尋「金魚沉底飼料」，二十多萬筆搜尋結果裡，排名在一頁（前 10 筆）為範例，介紹如何規劃一篇 SEO 排名優化的文章，並簡介 Blogger 文章操作界面，若要寫一篇行銷宣傳某產品的文章，可以參考這樣的寫法與思維。

先去思考為什麼網友要去搜尋這個主要關鍵字（飼料），這個主要關鍵字是誰或哪個地方需要用的（金魚），它的特殊點（沉底），用了它能解決什麼問題或效果（翻覆、翻肚、栽頭），並簡介一些原理或使用上的比較，這樣就構成一篇要吸引這方面需求的文章了，這類潛在客群將會為我們產品帶來比較精準流量（洽詢、購買率的提升）。

進入 Blogger 管理後台，按下左上角的「新文章」鈕。

文章右邊的「標籤」，可以新增一個標籤名稱（文章的分類）。

文章右邊的「發佈日期」裡，可以選擇「設定日期和時間」，預設是目前的日期時間，若您想要制訂排程發文，可以設定一個未來的日期時間，則此篇文章會等到設定的日期時間才會自動發佈出去。

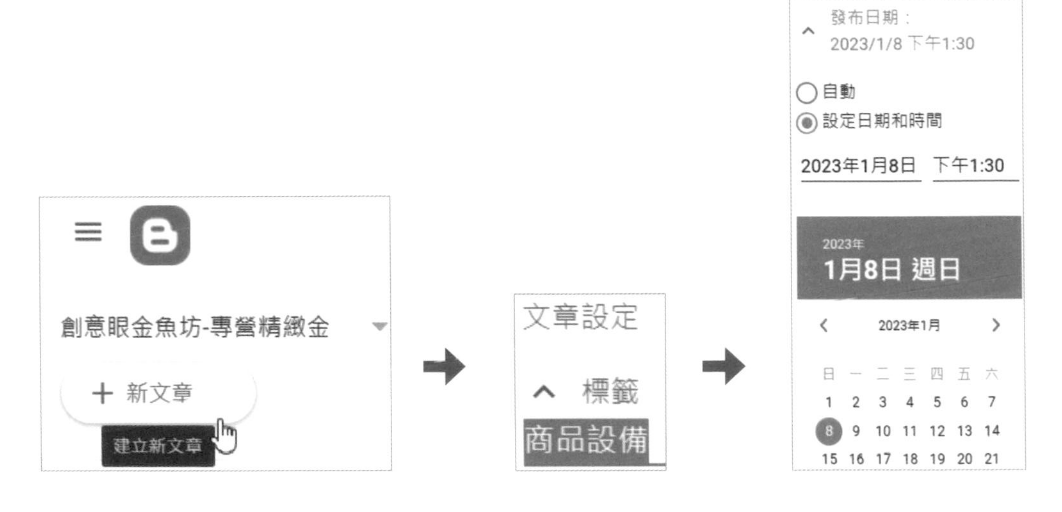

文章右邊的「永久連結」裡，請選擇「自訂永久連結」，輸入主要內容相關的英文字詞（盡量使用簡單通俗的英文單字），建議以最多不超過四個英文字詞當作檔名，英文字詞之間以 - 符號區隔串連。

「自訂永久連結」裡，若您輸入中文或其他語系文字，系統將會自動把檔名改成 blog-post 之類的無意義英文名稱，就會達不到應有的 SEO 行銷曝光效益。

文章右邊的「搜尋說明」裡，可以輸入相關的關鍵字，關鍵字之間以半形的逗號做區隔，類似的字詞請分開輸入，例如沉底飼料、下沉式飼料、下沉飼料、沉水飼料，這幾個字詞都可能會有人搜尋，若有些錯字有搜尋量，則也應該加入，例如「沉底」常被人誤植為「沈底」。

搜尋說明
金魚沉底飼料,下沉式飼料,下沉飼料,金魚下沉飼料,金魚下沉式飼料,金魚沈底飼料,金魚栽頭,金魚翻覆,金魚 沈底,
131/150

如果文章右側沒有看到「搜尋說明」欄位，請參考 2.1 小節最後的設定說明。

請將最主要的關鍵字放到文章的「標題」，標題裡可以補上一些次要但相關的關鍵字（例如金魚、魚鰾病、翻肚、栽頭、改善），增加不同搜尋排列組合時的曝光率。在內文裡的主要關鍵字，可以加粗體、斜體、底線、顏色、底色等，讓搜尋引擎知道這些字詞「相對」比較重要（請勿把全部或整段文章做加粗體等設定）。內文撰寫盡量正常語意化，不要為了增加某個關鍵字在此文出現的密度而故意連續且大量放入相同的字詞，這將會導致搜尋引擎認為您在惡意炒作某個關鍵字，導致受到搜尋引擎的處罰（排名下降，甚至列入黑名單不收錄）。建議一篇文章至少要超過 500 個字，一千多到三、四千字左右的文章長度會比較受到搜尋引擎歡迎，但如果文章字數很多（超過萬字），則可以切割成不同篇文章，也可以根據不同文章再規劃其他的關鍵字，增加搜尋曝光機率。

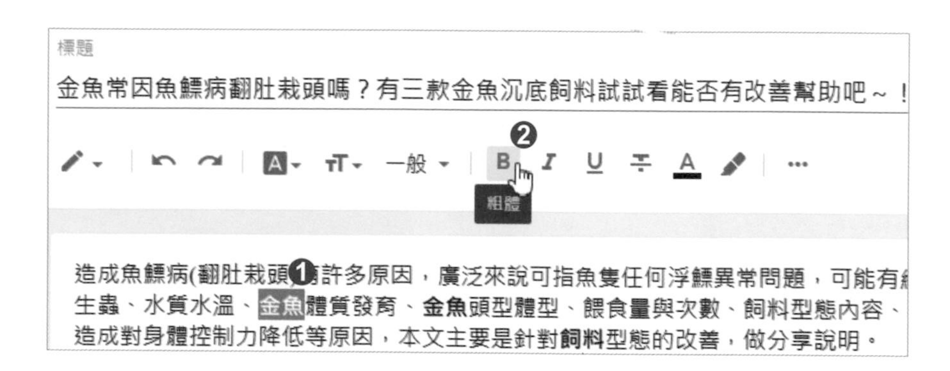

文章裡如果有次標題，可以將文字反白後，點選「一般」，改成「標題」。

一篇文章裡，最好除了文字，還要有圖片（甚至是影片），讓搜尋引擎覺得這篇文章內容很豐富，先透過滑鼠游標點選文章中要置入的位置後，按下「插入圖片」鈕，選擇「上傳電腦中的圖片」。

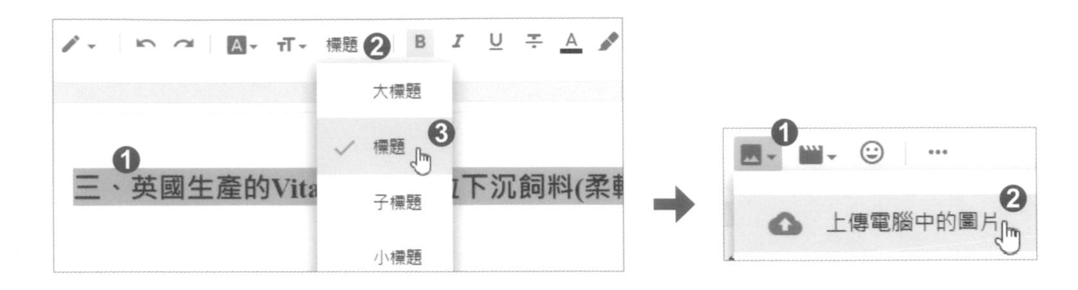

圖片請盡量自己拍攝，如果使用圖庫或是原廠提供的圖片，請留意其著作權，建議最好能再編輯做些調整處理，讓搜尋引擎認為此圖片是原創的。

圖片上傳時，記得檔名也盡量命名成有意義的英文單字（3 ~ 4 個），中間一樣用 - 符號作區隔，上傳完成請按下「選取」鈕。

圖片插入到文章後，點選此圖片會出現一排功能表，請點選右邊齒輪圖示的「變更」鈕。

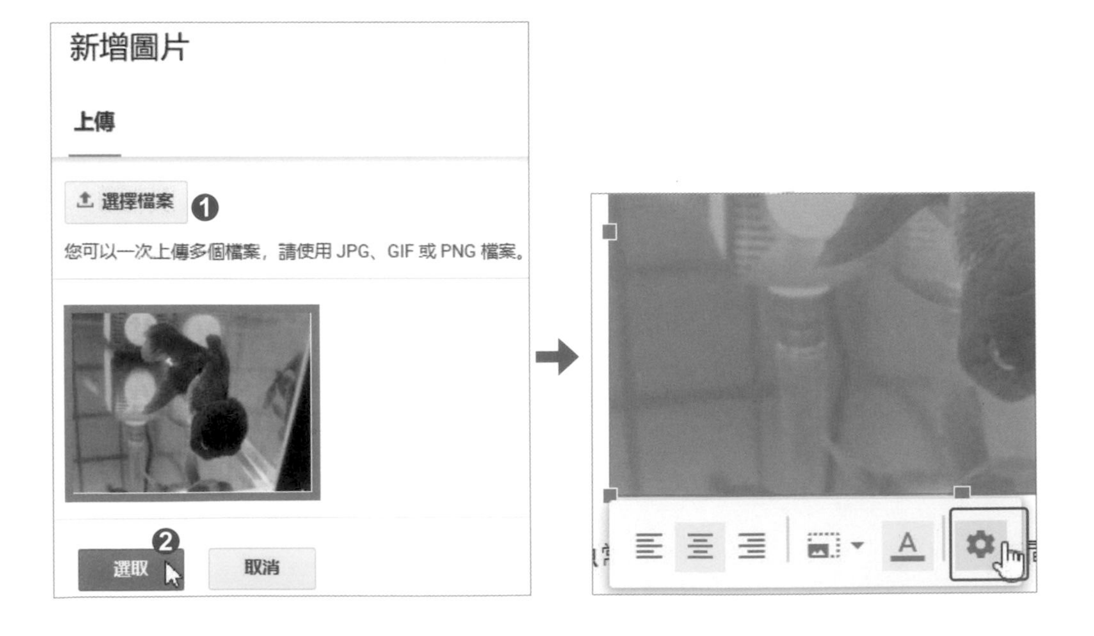

會出現「編輯圖片」設定視窗，請在「說明文字」與「標題文字」裡輸入關鍵字（字詞請勿重複），關鍵字之間以半形逗號做區隔，建議輸入文字不要超過 150 個字，重要字詞建議放前面一些。也可以在此設定圖片大小，完成後按下「更新」。

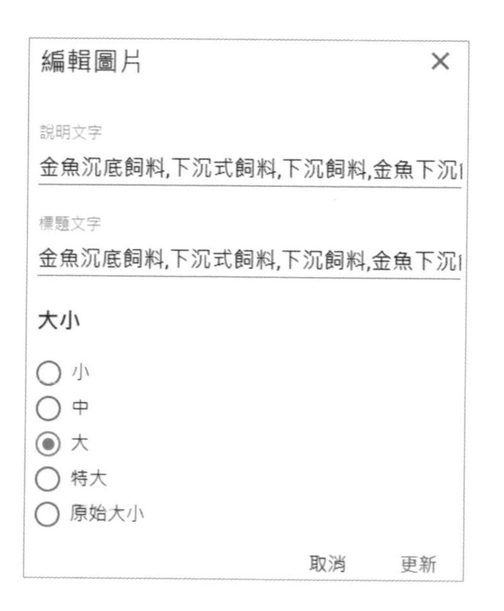

Blogger 管理後台左方有一個「網頁」的選項，使用方式跟「文章」大致相同，「網頁」的次目錄階層只有一層（文章次目錄階層有兩層），「網頁」可以用在例如公司簡介、營業項目、聯絡我們等單元頁，「文章」比較像是發佈最新消息的用途，兩者還是有用途上的區分與不同的。

2.4 搜尋優化設定與工具

一、增強 Bing 跟 Yahoo 奇摩搜尋引擎的 SEO 優化

請將底下這一段程式碼準備好並複製，裡面的關鍵字請置換成您網站需要的關鍵字，可以是多組關鍵字，每個關鍵字之間請以半型的逗號做區隔，建議文字維持在 100 個字元左右為宜（不要超過 150 個字），越重要的放在越左邊。

```
<meta name='keywords' content=' 金魚 , 金魚專賣店 , 金魚專門店 , 找金魚 , 買金魚 , 賣金魚 , 養金魚 , 水族館 , 台北 , 中正區 , 大安區 , 魚店 , 精緻金魚 , 特殊金魚 , 水族店 ' />
```

在 Blogger 管理後台「主題」，點選「自訂」右方的「往下箭頭」圖示，在彈出選單裡，選擇「編輯 HTML」。

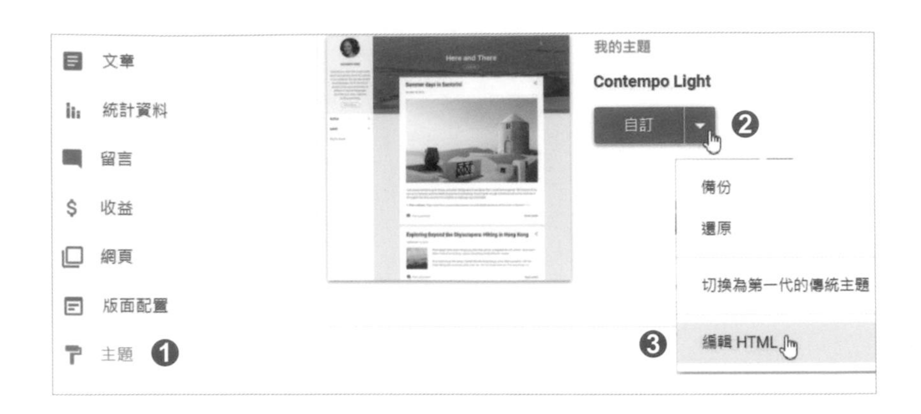

將剛剛複製的程式碼貼到 <head> 與 </head> 之間的位置，再按下「儲存」鈕。

此處的設定，跟 Google 搜尋引擎 SEO 優化沒有直接關係，而是增加 Bing（微軟公司推出的搜尋引擎）和 Yahoo 奇摩搜尋引擎會讀取的語法，提升這兩個搜尋引擎的排名曝光。

二、行動版網頁對 SEO 的重要性

Google 過去僅索引電腦版網站和搜尋結果，但已經逐漸轉移為索引行動裝置網站和搜尋結果為主，也就是行動裝置版的優先索引（Mobile-first index），簡單來說就是 Google 搜尋的優先順序已出現變化，擁有行動版網頁的網站，搜尋排名會因行動版網頁友善而有更好的提升。

請到此網址 https://www.google.com/webmasters/tools/mobile-friendly/ 做行動裝置相容性測試，輸入網站的網域名稱後（亦可輸入不同頁面分別做測試），按下「測試網址」鈕。

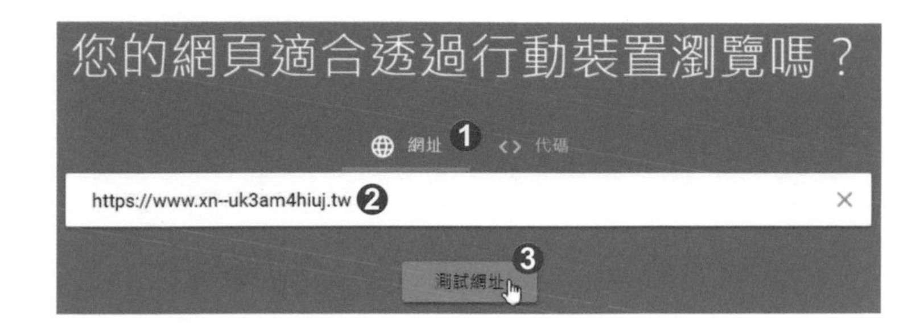

由於我們是使用 Google Blogger 系統，只要沒有去變更刪除到主架構程式碼，或是貼入不當的程式碼，原則上應該都會顯示出「網頁適合在行動裝置上使用」的訊息，若裡面有出現建議修改的事項，則可做適當的調整變更。

三、測試網頁的載入速度

一個網頁內容顯示的速度如果太慢，會被瀏覽者所厭惡，所以若搜尋引擎偵測到網頁載入速度過慢，也會影響排名，可以使用 Google PageSpeed 服務 https://developers.google.com/speed/pagespeed/insights/，輸入要查詢的頁面完整網址後，按下「分析」鈕，系統會附上可以修改的建議。

四、檢視網頁的 SEO 品質分數

Google 以前有公開一個 PageRank 數值，是 Google 搜尋引擎用來衡量網頁「重要性」的指標（0 ～ 10 分），後來 Google 停止公開這個值（實際演算上還是有相關），我們可以透過 Lighthouse 服務來做部分查詢，請使用 Google Chrome 瀏覽器到 Chrome 線上應用程式商店網址 https://chrome.google.com/webstore/，搜尋「Lighthouse」，找到後按下「加入到 Chrome」鈕。

安裝完成後，可以在 Chrome 瀏覽器網址列輸入您要測試的網址，第一次使用時，需要將此功能釘選上瀏覽器才能使用，請按下瀏覽器的拼圖圖示（擴充

功能），再按下清單裡「Lighthouse」右方的圖釘圖示（固定），將此功能釘選到瀏覽器的工作列上。

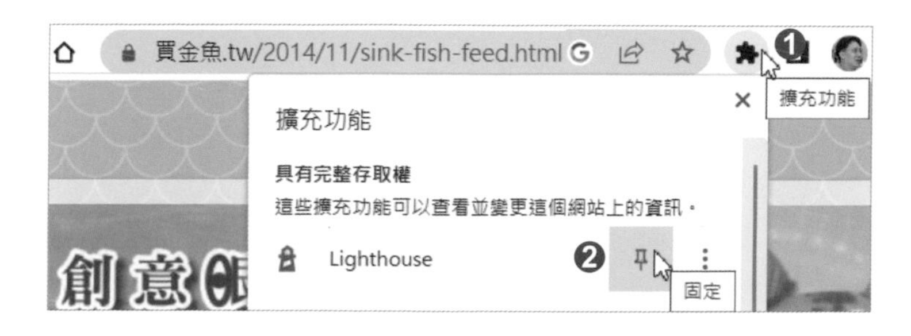

按下已釘選到瀏覽器工作列上的「Lighthouse」圖示鈕。

會出現幾個分數，我們主要是看 SEO 的分數，建議要超過 80 分為宜，系統會顯示相關訊息，提醒您如何改進。

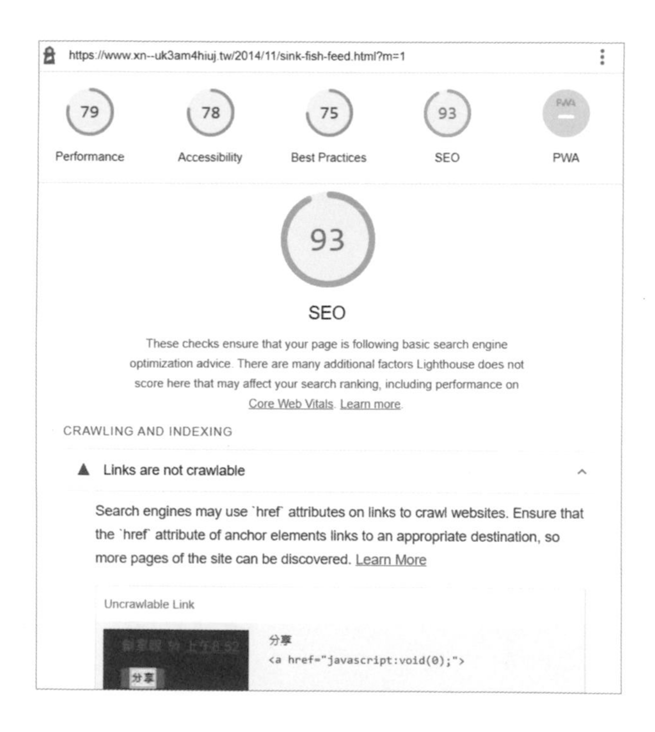

2.5 評估關鍵字熱門程度

經過前面的說明，可以瞭解找到有流量的關鍵字是一件很重要的事情（低流量或一般人不會查詢的關鍵字排在第一頁第一名也沒意義），在本書 1.6 小節已經有介紹使用 Google 搜尋趨勢（Google Trends）進行不同字詞之間的搜尋量比較，但有時候主要關鍵字跟輔助關鍵字的發想，自己想難免會有些思維盲點，沒有想到應該要列入的字詞，本節將帶領您使用一些方法與工具，盡可能多挖掘到可使用的關鍵字。

一、使用搜尋框查詢相關字詞

相信有不少讀者留意到在 Google 搜尋框裡輸入關鍵字時，Google 會在底下回應我們 9 個與這個字詞搭配的相關輔助關鍵字（如下方左圖），這就是 Google 查詢比對搜尋資料庫後，回應出來最常被這樣搭配搜尋的相關字詞（大部分網友會這樣搜尋，自然都有一定搜尋量）。

如果還想要觀看到更多這樣的相關字詞，可以使用 Google Keyword Suggest Tool，請到 https://pagerank.tw/google-suggest/，同樣在搜尋框輸入相同的關鍵字，會出現另外 19 個相關的輔助字詞（如下方右圖），提供您再多加思考是否能夠加以運用。

二、觀看排名較佳的同業網站裡關鍵字

使用 Google Chrome 搜尋您的主要關鍵字，點選排名在前幾頁的同業網站，在其網頁上按滑鼠右鍵選擇「檢視網頁原始碼」。

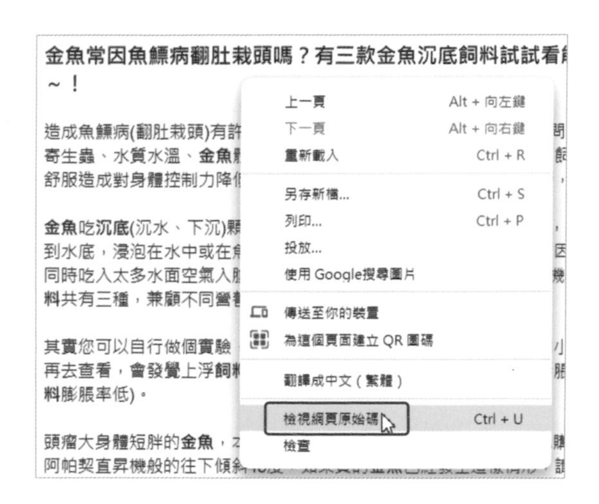

找一下網頁 code 裡，<head> 與 </head> 標籤之間通常會有 <meta name='keywords'/> 與 <meta name='description'/> 這兩個標籤，裡面「content」屬性中應該會有相關的字詞，可以由此查看，也許能多找到可以販售產品或服務的新字詞。

```
1 <!DOCTYPE html>
2 <html class='v2' dir='ltr' xmlns='http://www.w3.org/1999/xhtml' xmlns:b='http://www.google
  xmlns:data='http://www.google.com/2005/gml/data' xmlns:expr='http://www.google.com/2005/gm
3 <head>
4 <link href='https://www.blogger.com/static/v1/widgets/2975350028-css_bundle_v2.css' rel='s
  type='text/css'/>
5 <meta content='金魚,金魚專賣店,金魚專門店,找金魚,買金魚,賣金魚,養金魚,水族館,台北,中正區,大安區,
  尾,朝天眼,水泡眼,壽星,貓獅,皇冠珍珠,土佐金,繡球,魚店,精緻金魚,特殊金魚,水族店' name='keywords'/>
6 <meta content='金魚沉底飼料,下沉式飼料,下沉飼料,金魚下沉飼料,金魚下沉式飼料,金魚沈底飼料,金魚栽頭
7 料,金魚倒頭栽,金魚浮鰾,金魚浮標,金魚顛覆,金魚翻肚,金魚緩沈飼料,SAK金魚,Vitalis金魚,魚標,沉水飼料,
8 name='description'/>
```

三、查詢延伸關鍵字

使用 Keyword Tool 服務，請到此網址 https://keywordtool.io，可以選擇 Google、YouTube、Bing…等平台，例如我們挑選「Google」，在搜尋框裡輸入要查詢的關鍵字（支援中文），再按下「Search」鈕。

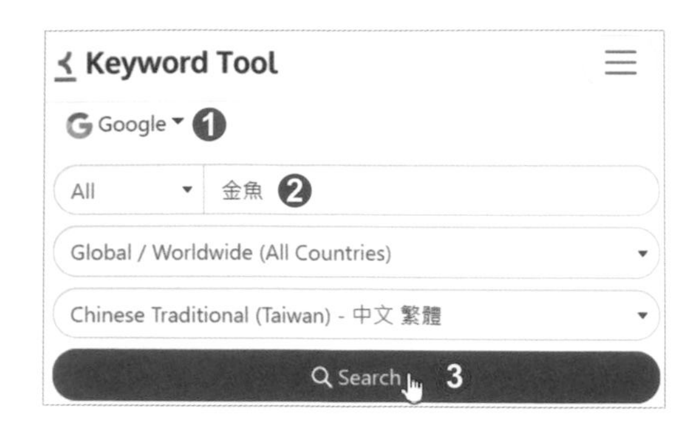

雖然免費版無法看到詳細數據，但可顯示出查詢的相關字詞，還分成一般關鍵字（keyword）、問題式的關鍵字（Questions）、前後介詞關鍵字（Prepositions）。

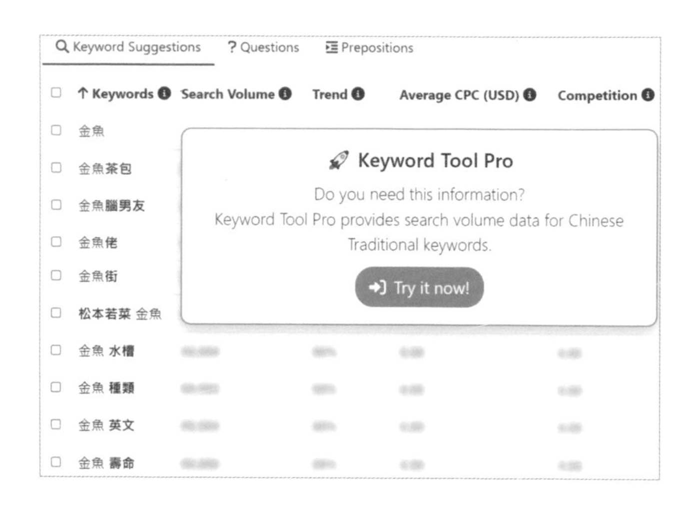

四、查詢關鍵字三大面向與反向連結

使用 Neil Patel 服務，請到此網址 https://neilpatel.com，輸入您的網站域名，再按下「ANALYZE WEBSITE」鈕。

左上方的語系可切換為「簡體中文 (CN)」，有些免費服務仍是要在右上方登入您的 Google 帳戶才可使用（部分功能需要付費），點選左方的「關鍵詞建

議」，在上面輸入框裡，輸入一個想要查詢的關鍵字，挑選「繁體中文 / 台灣」，按下「搜尋」鈕。

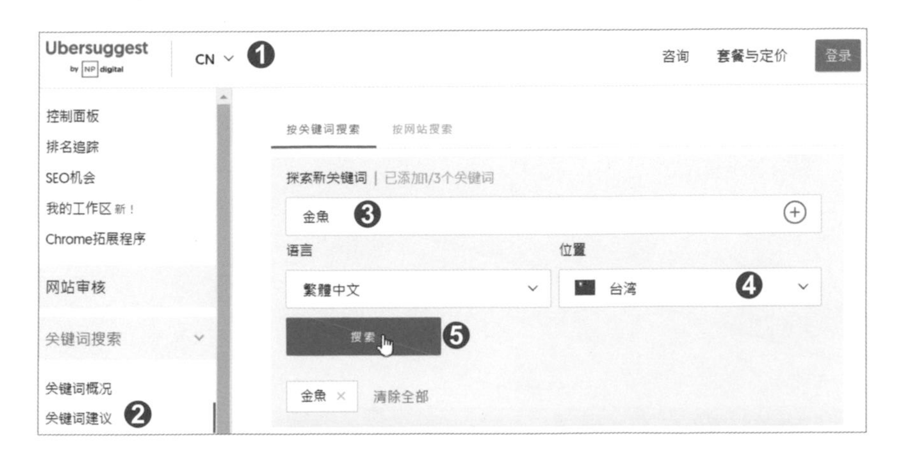

可以在此看到此搜尋關鍵字的三大面向：搜尋量與難度（數字越高競爭力越強）、此字詞表現比較好的其他參考網頁、其他相近建議的關鍵字，以供您參考。

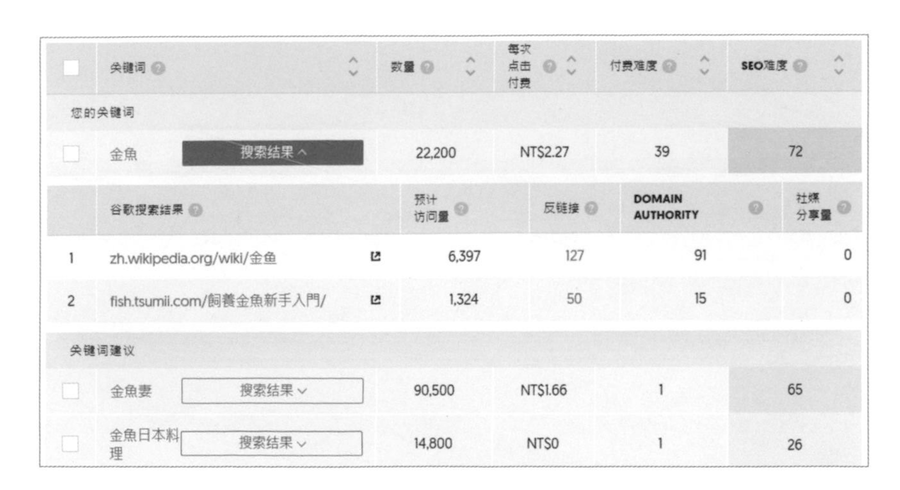

Neil Patel 提供的功能比較多，可以選擇左方選單裡的「反向鏈接概況」，在上方輸入網域名稱，再按下「搜尋」鈕。可以看到反向連結的數字（本例為 781），若在其他網站（尤其 Google 認可 SEO 品質分數比較好的）有超連結到您的網址，則會被視為是一個好的外連結，如果外連結多，Google 會覺得這麼多網站裡都有介紹連結您，代表您的網站應該也不錯，在 SEO 上也會有

排名的提升，努力跟別的網站洽談交換連結，讓自己網頁內容受到大家喜歡而主動連結介紹，都是增加網站外連結數量的方式。

將此報表往下捲動，還可以看到在哪些網站上有超連結的清單。

其他可以查詢網站外連結數量的網路服務，還可以到 https://majestic.com 或 https://moz.com/researchtools/ose/ 去查看，但各家偵測的技術與方式不同，得到的外連結數難免也會不同，若要使用進階功能也是需要另行付費的。

五、使用關鍵字規劃工具

請到 Google Ads 帳戶網址 https://ads.google.com，需登入您的 Google 帳戶才能進去使用，雖然這是付費買關鍵字廣告的系統，但我們是利用裡面免費查詢的功能，請點選右上角「工具與設定」/「規劃」/「關鍵字規劃工具」。

點選「尋找新的關鍵字」這個選項。

選擇「以關鍵字開始」，輸入想要查找的關鍵字（可同時輸入多個關鍵字），若多輸入網站網址結果會更精準，按下「取得結果」鈕。

系統顯示的「擴大搜尋」裡會給予其他更大範圍的搜尋關鍵字建議，而底下的「關鍵字提案」會產生相關延伸字詞的報表清單，裡面有「平均每月搜尋量」可供參考，「競爭程度」的低中高以及「首頁頂端出價」，這是代表如果要透過 Google Ads 系統購買關鍵字廣告的競爭難易度與需要付出的價格，通常也代表您使用 SEO 技巧時，做這個關鍵字自然搜尋排名提升的難易度。

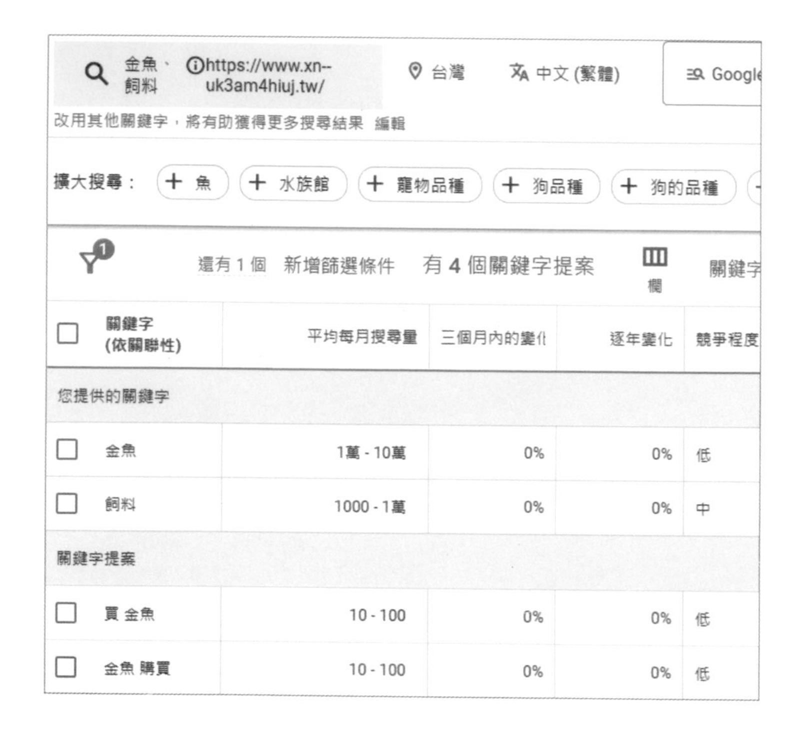

六、查詢網站排名數字

如果想使用 Free Google SERP Checker 服務，請到此網址 https://www.serprobot.com/serp-check 選擇「Taiwan(www.google.com.tw)」，可以選擇桌機、手機或平板（電腦版與行動版搜尋排名會有差異），輸入您要查詢的網址，再輸入想要查詢排名的字詞，點選「我不是機器人」，按下「CHECK SERP NOW!」鈕（如下方左圖）。

等待查詢時，會出現「Please Wait… Checking SERP!」訊息，接著出現您查詢字詞在 Google 搜尋的排名數字（如下方右圖）。

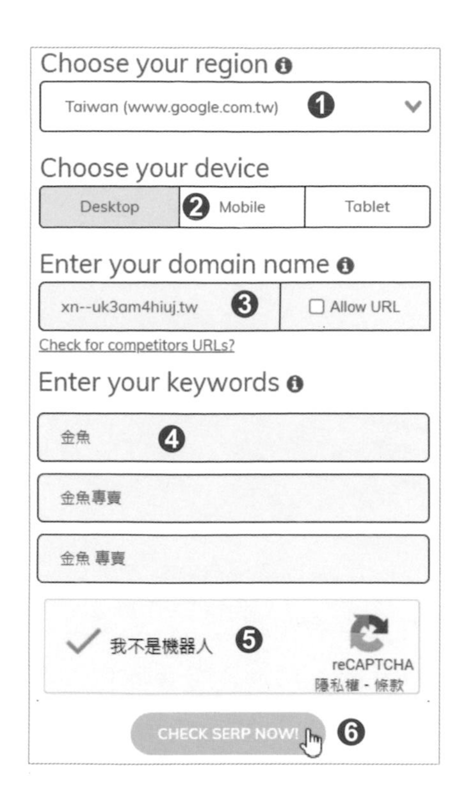

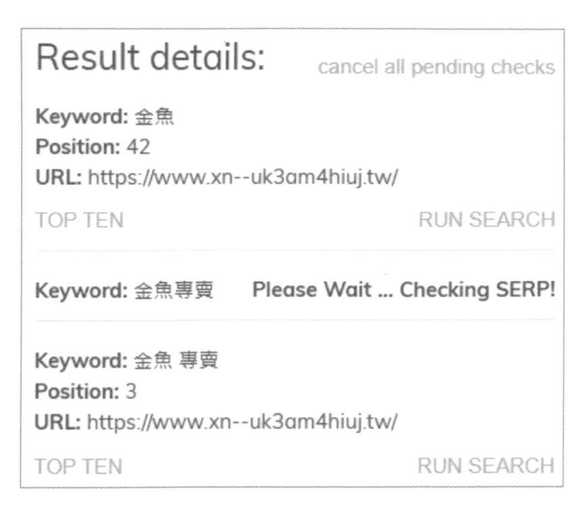

查詢出來的排名數字，與實際在 Google 搜尋時可能會稍微落差前後幾名，這是正常的誤差範圍，如果查詢的字詞超過 100 名之外，則系統會停止繼續查詢，並顯示「Not Found in top 100」訊息。

2.6 Google Search Console 網站管理員

Google Search Console 是 Google 原廠提供的免費工具，可以藉此了解自己網站的收錄情況，也可以在此進行網頁網址的提交，是一款要做 Google SEO 優化行銷必備的工具。

請登入 Google 帳戶後，到此網址 https://search.google.com/search-console/ 按下「立即開始」鈕，第一次登入時會出現以下畫面，如果您有購買專屬域名並具有域名主機的 DNS 管理驗證權，同時希望統計這個域名所有底下的流量資料（包含這個域名裡的所有子網域），才需要選擇左方的「網域」；若您有購買專屬域名但只要記錄其中一個子網域流量，或是沒有購買域名（使用 Google Blogger 提供預設免費的），只是想統計查詢單一個網站裡的流量資料，則建議選擇右方的「網址前置字元」即可。輸入完整網址後，按下「繼續」鈕。

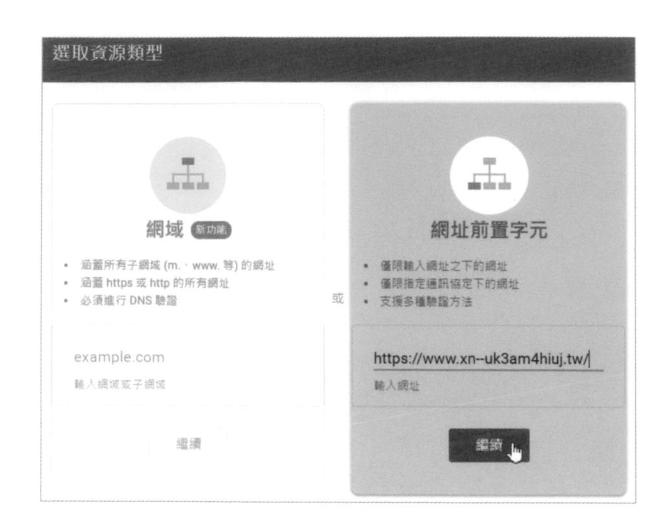

如果登入的 Google 帳戶跟您 Google Blogger 是一樣的，應該會自動驗證擁有權（不需要另行做驗證），如果帳戶不一樣，則會出現以下「驗證擁有權」的畫面，建議選擇「HTML 標記」的驗證方法，把程式碼複製後，到 Blogger 管理後台「主題」，點選「自訂」右方的「往下箭頭」圖示，在彈出選單裡選擇「編輯 HTML」，將剛剛複製的程式碼貼到 <head> 與 </head> 之間的位置，按下「儲存」鈕，再返回 Google Search Console 畫面裡按下「驗證」鈕，即可完成驗證（每個網站只需要做一次驗證，之後不會再出現此畫面）。

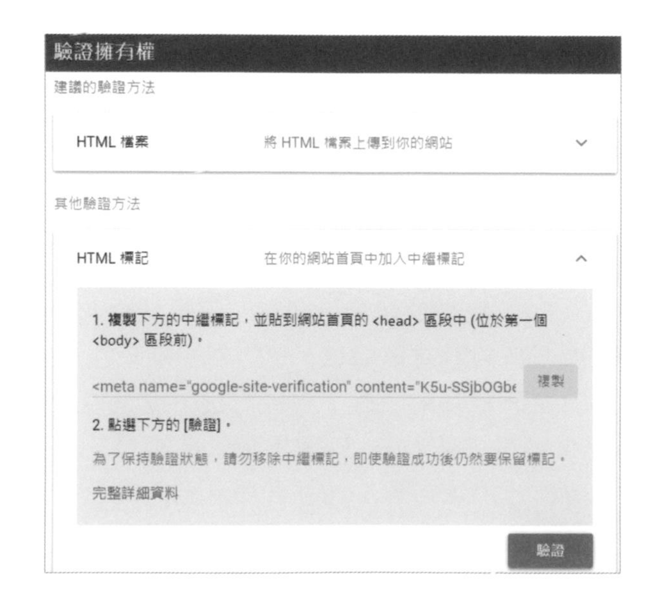

以往建立一個新的網站，必須到搜尋引擎進行網站登錄，目前這種網站登錄的功能都已經轉移到 Search Console 進行作業了，雖然我們使用的是 Google 體系的 Blogger 系統，理論上 Google 會自動抓到資料收錄，但建議還是做一下正規的網站登錄會更好。請點選左方的「產生索引」/「Sitemap」，在「新增 Sitemap」中輸入「sitemap.xml」，按下「提交」鈕，格式正確的話，會出現「已成功提交 Sitemap」訊息視窗。

提交成功會顯示在「狀態」裡，並顯示找到的網址（網頁）筆數。

已提交的 Sitemap

Sitemap	類型	已送出 ↓	上次讀取時間	狀態	已找到的網址數
/sitemap.xml	Sitemap 索引	2023年1月13日	2023年1月8日	成功	259

Search Console 裡面的資料是從申請加入後才開始統計記錄的，最多可以保留 16 個月，點選左方的「成效」就可以看到很多統計分析數據報表，也可以按下「新驗證的網站」修改不同的查詢條件或比較方式。

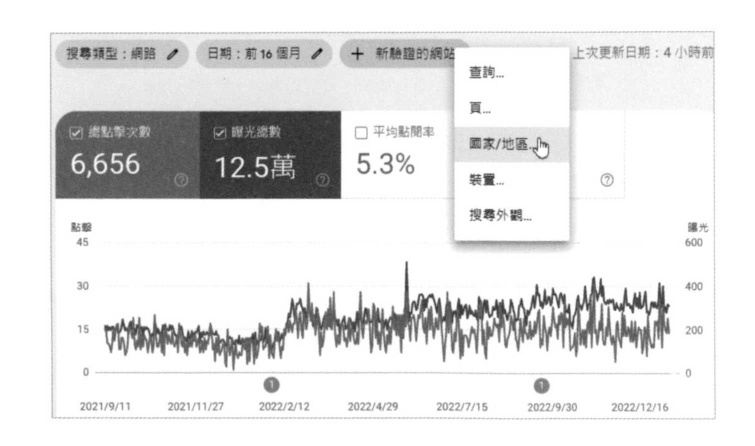

例如可以得知網友在 Google 輸入什麼關鍵字搜尋連到您的網站（也許可以從中找到一些沒有想到、但是有流量的新關鍵字可用），也可以看到由 Google 搜尋點進來是哪些網頁曝光量比較大，或者知道網站訪客是由哪些國別地區來的，以及是用哪些裝置來瀏覽的。

查詢 | 網頁 | 國家/地區 | 裝置

熱門查詢項目	↓ 點擊	曝光
創意眼金魚坊	528	1,216
金魚專賣店	142	1,662
金魚大小	138	567
珠鱗可以長多大	122	662

查詢 | 網頁 | 國家/地區 | 裝置

熱門網頁	↓ 點擊	曝光
https://www.賈金魚.tw/	1,325	12,654
https://www.賈金魚.tw/2013/07/gold-fish-size.html	891	19,381
https://www.賈金魚.tw/2013/08/business-date-time.html	491	24,304

查詢 | 網頁 | 國家/地區 | 裝置

國家/地區	↓ 點擊	曝光
台灣	6,379	113,973
香港	203	4,969
馬來西亞	19	651
美國	13	960

查詢 | 網頁 | 國家/地區 | 裝置

裝置	↓ 點擊	曝光
行動裝置	5,224	86,322
桌面	1,338	37,254

可以點選左方的「產生索引」/「網頁」，若此處有顯示原因，底下則會有未編入索引的原因清單與相關提示。

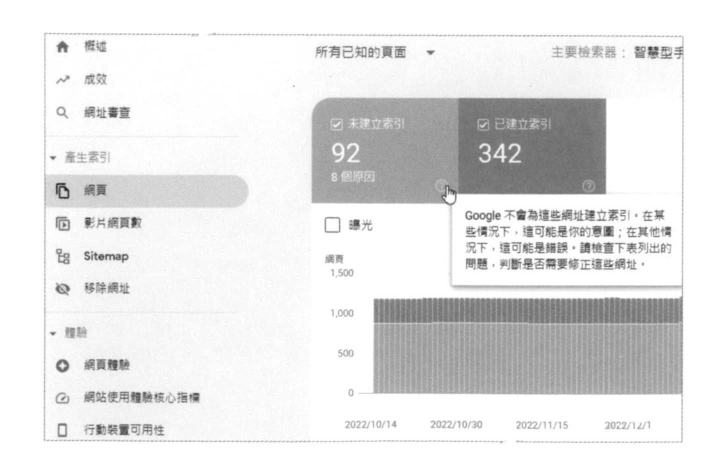

建議若發現嚴重錯誤，務必修改調整。

網頁未編入索引的原因

未編入索引的網頁無法顯示在 Google 服務中

原因	來源	驗證	資料趨勢	網頁
這是重複網頁；使用者未選取標準網頁	網站	尚未開始		44
找不到 (404)	網站	尚未開始		2
遭到 robots.txt 封鎖	網站	尚未開始		1

左方的「體驗」/「網站使用體驗核心指標」與「行動裝置可用性」這兩個選項裡，若有出現錯誤，也請盡可能依其說明修正。

點選左方的「安全性與專人介入處理」/「專人介入處理」，正常來說此處應該出現「未偵測到任何問題」，若此處有出現其他訊息問題，一樣需重視並盡速修正，若有額外訊息，通常表示網站可能用了不當的「黑帽 SEO」手法，例如大量相同關鍵字重複在 meta 程式碼裡、註解作弊、同底色隱形字作弊、轉移首頁作弊等，使用早期 SEO 文章或書裡教的落伍技巧（現在用可能反而導致負面效果），或是聘請 SEO 廠商進行優化但廠商做法不當等原因，學習 SEO 必須時常吸收最新資訊，不要只想要速成用惡意奧步的方式去進行（短時間也許沒有被搜尋引擎偵測到，但長期下來難免發生問題），輕微可能是某個網頁被 Google 搜尋引擎拒絕收錄（列入黑名單），嚴重可能整個網站（域名）所有網頁都被拒絕收錄，不可不慎！

若網站不幸遇到「專人介入處理」裡出現問題，請參考以下幾個網址說明，修改後提出申請重審：

❶ Google 搜尋基礎入門（舊稱《網站管理員指南》）：
https://developers.google.com/search/docs/essentials

❷ 專人介入處理報告：
https://support.google.com/webmasters/answer/9044175

❸ 申請重審：
https://support.google.com/webmasters/answer/35843

點選左方的「安全性與專人介入處理」/「安全性問題」，此處是 Google 使用資安技術幫您的網站內容（包含程式碼）進行偵測把關，正常應該出現「未偵測到任何問題」，若此處有出現其他訊息問題，請重視並盡速修正，有錯誤的原因可能是網站被駭客入侵植入不當程式碼，或者是您在網路上看到一段程式碼貼到 Blogger 內文裡，但程式碼裡隱藏有惡意程式語法之類的問題。舉例來說，若您是一位消費者，連到某個商家網站造成電腦中毒、當機等損害情況，您會對這個商家有好印象嗎？同樣的道理，若網站內含惡意程式碼，Google 自然會將您的網站在某些關鍵字的搜尋排名往後調降。

必須有個基本觀念，SEO 優化很大比重就是在討好 Google 搜尋引擎，而此處是 Google 原廠對您網頁的回應，Google 覺得不妥應該改善之處，我們盡可能去改善符合，才能受到 Google 的喜愛。

點選左方的「舊版工具和報表」/「連結」，裡面有各類連結的資訊，例如「最常連結的網站」裡就可以看到哪些網站上面有超連結導引過來本站的。

若是想要知道哪些網站的頁面裡有超連結連到您的網址細節，則可以在「外部連結」/「熱門目標網頁」去查看，通常網站首頁會獲得比較多連結，常排在第一筆，請點選進去。

就可以看到有連結到首頁的其他網站網址，例如此處點選自由時報的網址（連結數有 5 個）。

您會看到自由時報網站裡有哪 5 頁上面有超連結到筆者「https://www. 買金魚 .tw」的首頁，可透過滑鼠移到這些連結網頁，點選「在新分頁中開啟」的圖示來確認對方此頁是否真的有此超連結。

接著我們介紹俗稱「單頁提交」的功能，若新發表了一篇網頁文章，即使已經有進行 Sitemap 搜尋引擎基本登錄，但搜尋引擎的檢索程式仍需要一段時間才會檢查有無新網頁，當您想要提醒 Google 搜尋引擎加快收錄的速度，就可以使用本功能，在撰寫最新流行內容或熱門話題時，比較能搶先吸引到這些時事議題流量（炒短線、時事類型文章的行銷方式）。

將寫好已經正常發佈出去的文章網址複製，貼到 Search Console 上方的「檢查此域名中的任何網址」輸入框並執行（或點選左方的「網址審查」也是一樣的功能）。

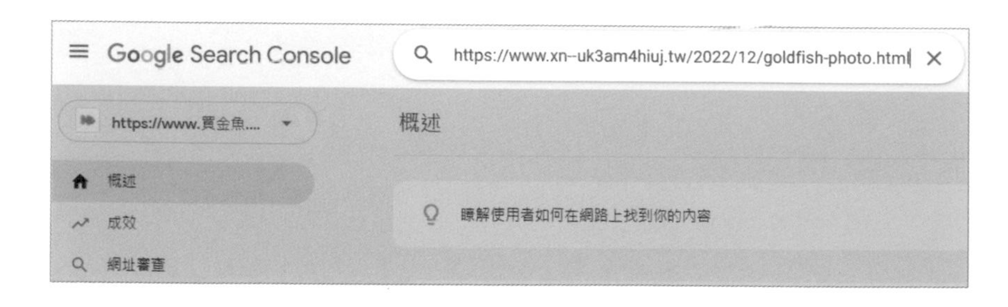

會出現「正在從 Google 索引擷取資料」的訊息視窗，由於我們才剛新發佈此網址，Google 還沒收錄到是很正常的，應該會出現「網址不在 Google 服務中」的訊息，請點選「要求建立索引」。

會出現「正在測試線上網址能否編入索引」的訊息視窗，需要等待一會兒，如果順利，會出現「已要求建立索引」的訊息視窗，這樣就算完成新網頁的單頁提交了。

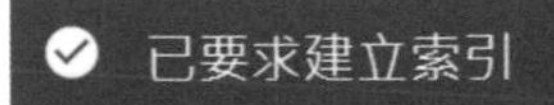

> 如果有某幾個網頁遲遲無法被 Google 收錄，可以利用上述單頁提交的功能，來提醒 Google，若還是無法被收錄，請查看「安全性與專人介入處理」/「專人介入處理」確認網頁內容是否有不當的操作或是在別的網站上有一模一樣的內容，導致 Google 不願意收錄。

再來探討另外一個情況，有一個舊的網頁，Google 已經正常收錄到，但此網頁剛剛有更新資料，若想要提醒 Google 加快更新收錄的速度，此時一樣可以將文章網址複製，貼到 Search Console 上方的「檢查此域名中的任何網址」輸入框並執行，此時會出現「網址在 Google 服務中」的訊息，請再點選「要求建立索引」，Search Console 會再重新擷取舊網頁的內容進行更新。

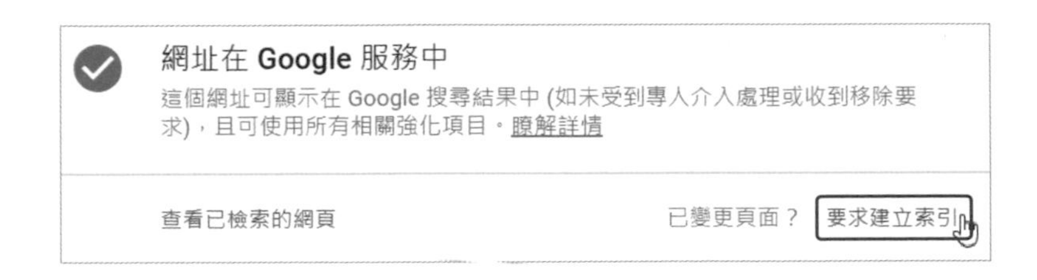

接著教您一個小技巧，在 Google 搜尋引擎的搜尋框裡面下指令「site: 您網站的域名」，意思就是向 Google 要求，請 Google 把目前搜尋引擎資料庫裡有收錄關於例如「買金魚 .tw」的資料都顯示出來，這樣搜尋出來的結果就只會有這個網址的資料，此例可以看到 Google 收錄了 529 筆資料。

若想要查詢某個網頁是否有被 Google 收錄到，只要使用前面提到的指令，在後面再加上一個空格，並輸入要查詢的關鍵字，例如筆者網站有一篇振興三倍券消費的文章，想要查詢這篇文章是否有進入到 Google 搜尋引擎資料庫裡（被收錄到），可以輸入「site: 買金魚 .tw 振興三倍券消費」，就能確定此網頁有正常被 Google 收錄。

在此提供一個搜尋引擎網站提交流程圖，讓讀者在遇到這些狀況時，能有個標準 SOP 流程可以參考，簡單來說，SEO 搜尋引擎優化就是「先求有再求好」，先確認網頁資料有正常進入搜尋引擎資料庫後（取得參賽資格），再來要求優

化搜尋時的排名提升（得到好名次）。很多 SEO 初學者，連參賽資格都還沒有拿到就想要有好名次，這根本是本末倒置，淪為不切實際的幻想了！

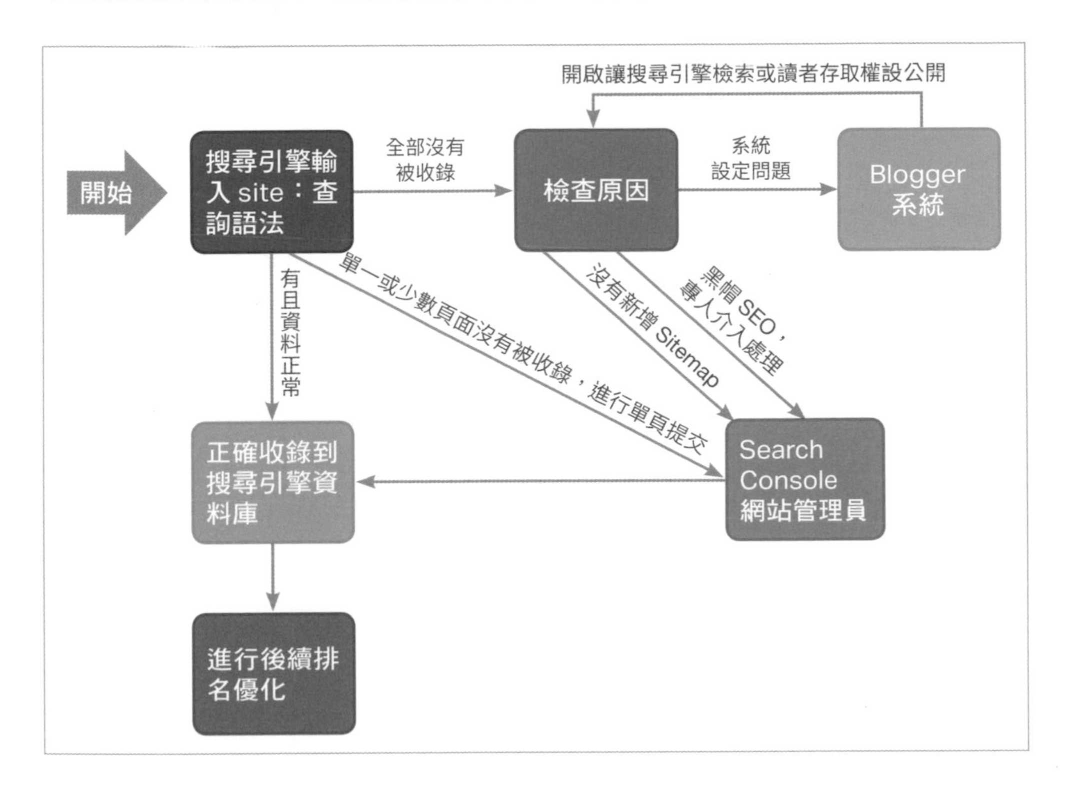

Yahoo 奇摩 https://tw.yahoo.com 與 Bing（微軟 https://www.bing.com 的搜尋引擎，目前是使用同一個搜尋系統，若希望網站在這兩個搜尋引擎能被找到曝光，可以到 Bing Webmaster Tool（Bing 網站管理員工具）將您的網站加入，網址是 https://www.bing.com/webmasters/，加入跟使用方式很接近 Google Search Console，本書便不再累述（一方面也是這兩個搜尋引擎目前市佔率較低，請自行決定有無需要去做），有興趣的讀者請再自行嘗試。

2.7 SMO 社群媒體優化

SMO（Social media optimization）社群媒體優化，可以讓網站在社群平台上做到快速的整合、分享、互動，優化與提高社交功能。簡單來說，就是網頁有比較多人分享轉載、訂閱、按讚，搜尋引擎也會認為這是受歡迎的網頁，值得排名提升，所以像是加入 Facebook 按「讚」功能與分享，或是 RSS 訂閱等，都可以算是 SMO 優化的範疇。舉例來說，若您的 Google 帳戶在登入狀態下使用 Google 搜尋引擎，將會發現您常去的網站在搜尋結果頁裡，會出現曾經造訪的訊息（例如：您曾多次瀏覽這個網頁。上次瀏覽日期：2023/1/5），代表搜尋引擎其實是會記錄此資訊，而是否有登入 Google 帳戶搜尋結果也可能會有不同（稱為個人化搜尋或私人搜尋）。

SMO 與 SEO 的主要差異：

	SMO	SEO
接觸管道	社群平台與社群帳號，例如 Facebook 帳號	搜尋引擎
目標族群	透過好友分享推薦，去吸引人觀看	吸引人尋找特定的資料、商品、服務、問題
群眾互動度	較高	較低

以下介紹三種 Blogger 網站增強 SMO 功能的方法：

一、網頁上增加能分享社群媒體平台的功能

讓對網站文章有興趣的訪客，能夠很容易的將此文章分享出去，Blogger 系統其實已經有內建這樣的功能，在 Blogger 管理後台「版面配置」，找到「網誌文章」右上角，按下「編輯」圖示。

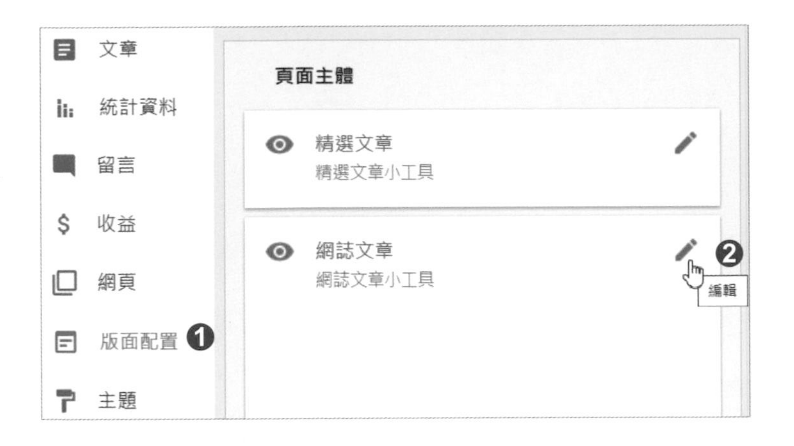

將「顯示分享按鈕」的選項啟用，並按下「儲存」鈕。

到網站前台，點選任意一筆文章進入內頁，在右下角會有一個分享圖示，點選會出現「取得連結」、「分享到 Facebook」、「分享到 Twitter」、「分享到 Pinterest」、「電子郵件」等五種分享的功能。

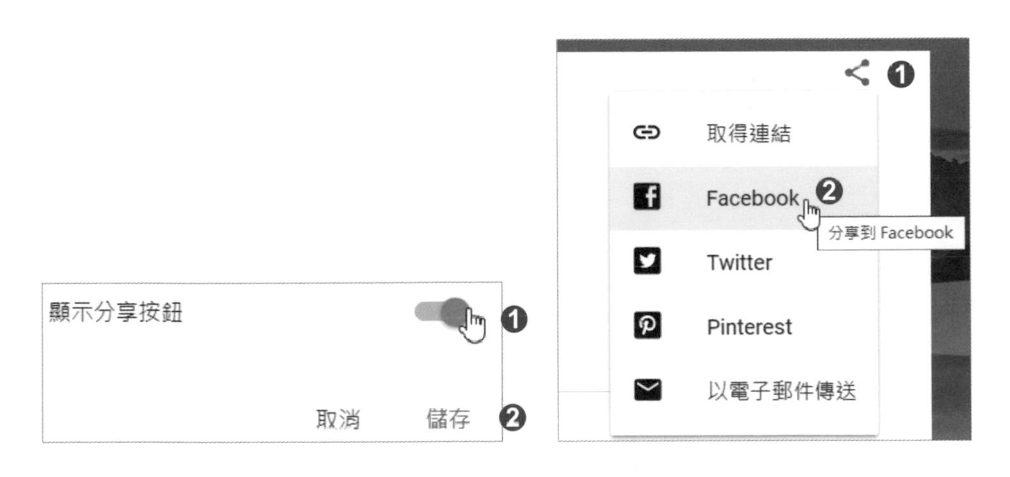

若您需要其他社群平台分享的功能（例如 LINE、Tumblr、WeChat），可以到 https://www.addtoany.com 網站，會產生上百種社群平台分享的程式碼進行後續運用。

二、增加訂閱的功能

在 Blogger 管理後台「版面配置」，按下「新增小工具」，找到「訂閱連結」並點選進入。

開啟「顯示這個小工具」,「標題」可自行決定是否輸入，按下「儲存」。

回到網站前台，點選右上角三條橫槓圖示，就會出現「文章」，點選就會有三種 RSS 訂閱可供前台訪客使用。

三、加入 Facebook 的「讚」按鈕

在 Blogger 管理後台「主題」，點選「自訂」右方的「往下箭頭」圖示，在彈出選單裡選擇「編輯 HTML」，並利用滑鼠游標先任意點入其中一行程式碼裡，同時按下鍵盤的「Ctrl」與「F」鈕會出現一個「Search」輸入欄位，請在此欄位輸入「 <b:include data='post' name='post'/> 」，並按下鍵盤的「Enter」鈕，會搜尋找到大約接近 4 千行程式碼的位置，請將滑鼠游標置入到此行與下一行標籤「</div>」之間，再按下鍵盤的「Enter」鈕，產生一行新的空行。

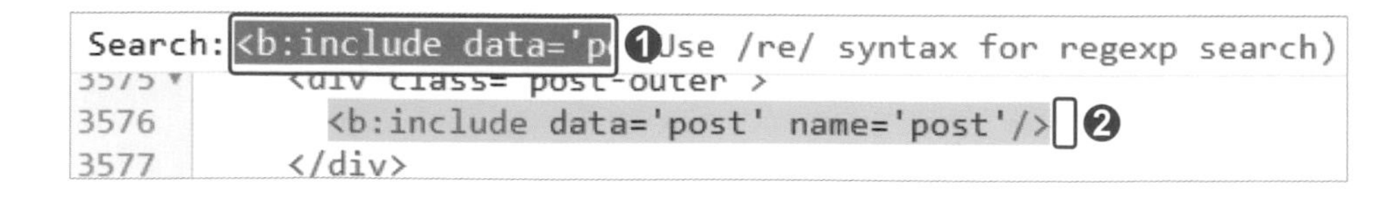

將這段程式碼完整貼入新產生的空行裡。

```
<script>document.write(&#39;&lt;iframe src=&quot;https://www.
facebook.com/plugins/like.php?href=<data:post.url/>&amp;la
yout=standard&amp;show_faces=true&amp;width=450&amp;a
ction=like&amp;font=verdana&amp;colorscheme=light&quot;
scrolling=&quot;no&quot; frameborder=&quot;0&quot; allowTranspa
rency=&quot;true&quot; style=&quot;border:none; overflow:hidden;
width:450px; height:65px&quot;&gt;&lt;/iframe&gt;&#39;);</script>
```

結果如下圖所示，請按下右上角的「儲存」鈕。

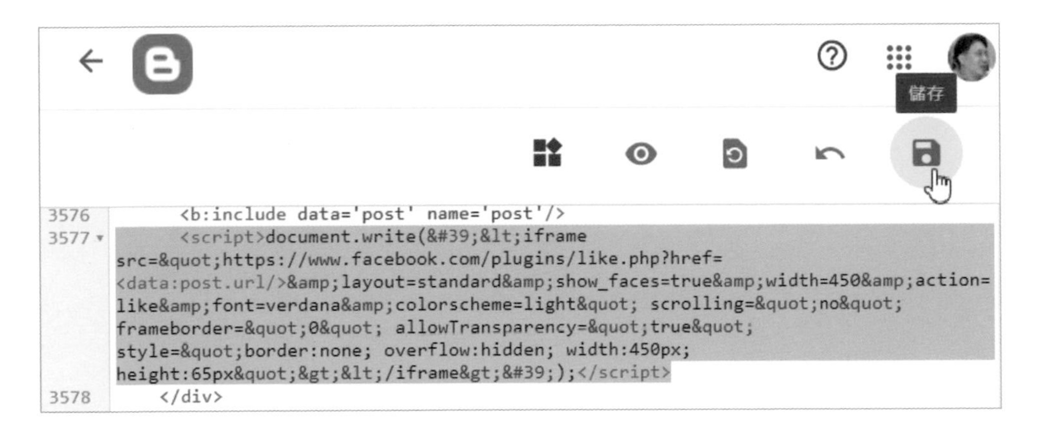

完成後回到網站前台，觀看每篇文章左下角，應該都會出現 FB 按讚的功能按鈕了。

讚 成為朋友中第一個說這個讚的人。

每篇文章的讚按鈕是分別獨立的，您可以登入自己的 FB 帳號後，去點按每篇文章的讚按鈕進行測試。

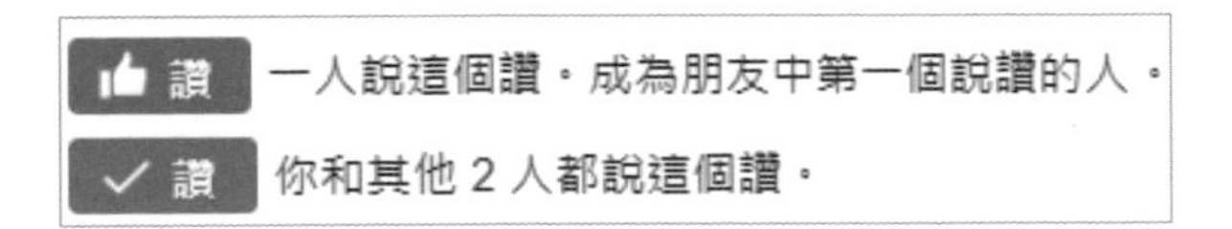

第 3 章

Google 我的商家在地化行銷

Google 將其引以為傲的服務「搜尋」與「地圖」做結合，打造出一個嶄新的 Google 我的商家服務，透過此免費服務，即可輕鬆觸及 Google 搜尋和地圖上的本地客群，讓客戶隨時都能撥打電話、傳送訊息或留下評論，輕鬆與商家聯繫互動。

3.1 Google 我的商家申請

在本書 1.7 小節「O2O 在地化行銷」有提到目前 O2O 功能最為完整的「Google 我的商家」，以消費者角度來進行實際的體驗。

請先以自己公司、單位、品牌名稱做搜尋，如果能搜尋到，並在右方顯示此名稱，則代表之前可能有舊員工或是網友已建立此地標商家，請先跟內部同仁（或前離職員工）取得或移轉管理權（可加入其他管理者），若是其他網友建立此地標商家且上面已經有評論分數，建議無論分數高低，都要點選「你是這個商家的擁有者嗎？」。尤其分數很低被評價留言不雅文字，即使您申請另外一個「Google 我的商家」，原本舊的商家資料還是會存在網路上，一樣會影響到商譽與商機。比較好的方式是接管舊的我的商家，再利用後面提到的向 Google「檢舉不當內容」功能，去消除這些不利的負評，才是比較正確的方法。

若這個商家沒有人管理，則可以登入您的 Google 帳戶，點選「立即管理」，後續的流程可以參考後面新申請商家驗證方式。

> 建議最好幫公司單獨申請一組 Google 帳戶，來做為 Google 我的商家「主要擁有者」，因為「主要擁有者」只能有一個帳號，為避免離職員工或私人與公司帳號未來不好切割，還是一開始就使用公司 Google 帳戶來申請為宜。

若出現「這個商家檔案可能已有其他人管理」訊息，請依照「帳戶救援說明指南」導引進行，或是按下「要求存取權」鈕，向目前商家管理者要求權限。

若沒有搜尋到上述舊地標商家，我們就可以直接新申請，請使用 Google 帳戶登入後，到 Google 商家檔案管理員 https://business.google.com/manage/，按下「新增商家」/「新增單一商家」。

輸入想要申請的名稱，若有一樣的名稱，Google 仍會在此顯示出來提醒，若確定沒問題，則會出現「服務條款」和「隱私權政策」，按「下一步」鈕表示同意。

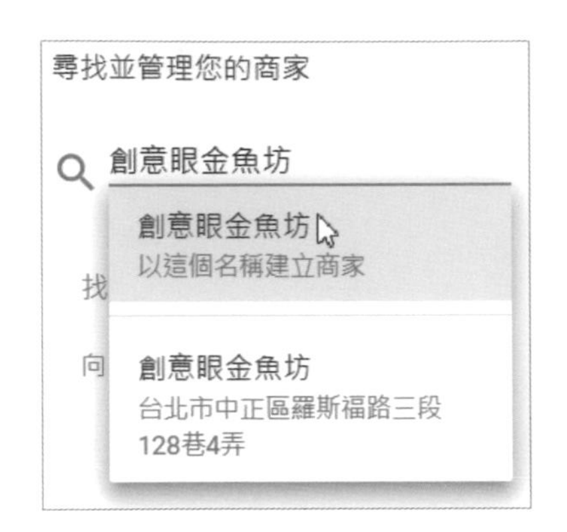

在後面輸入地址的流程時，若您申請的名稱與地址，Google 系統已有紀錄，也會再出現「這是您的商家嗎？」的確認提示訊息。

請在「業務類別」裡輸入行業別字詞，Google 會顯示相關字詞提供挑選，此處必須依 Google 內建的分類，無法自行訂定新業務類別，分類最好挑選此行業給大眾常見印象的類型名稱（跟之後網路曝光率也會有關），挑選完請按「下一步」鈕。

接著會出現「你想要新增店面或辦公室等客戶可造訪的地點嗎？」畫面，若以行銷曝光做為考量，則建議選擇「是」，按「下一步」鈕。

沒有實體地址店面，例如在自家經營「到府服務的工作」也可以申請使用 Google 我的商家（但效果會比較不好），在選擇「你想要新增店面或辦公室等客戶可造訪的地點嗎？」畫面時，選擇「否」就可以設定「你的服務範圍」。

請填入詳細地址（包含郵遞區號），地址必須為真實地址（至少要到巷弄街路號碼），一個地址可以允許重複註冊不同商家（一個店面也可能分租不同行業），填寫完成後按「下一步」鈕。

接著出現「你是否提供外送或登門服務？」畫面，此處則有賴您自己確認，若選擇「是」，會多出現「新增服務範圍」的設定畫面，選擇完成後按「下一步」鈕。

你是否提供外送或登門服務？

舉例來說，如果你提供到府或送貨服務，便可讓客戶知道你的服務範圍

是

否

下一步

會出現「新增聯絡資訊」畫面，若有填寫「聯絡電話號碼」，則之後顧客在手機查詢到此商家時，就能直接撥打電話聯絡，「目前的網站網址」是顧客觀看此商家時，裡面「網站」按鈕圖示要連結的網址，若已有官網則建議在「目前的網站網址」輸入網址（例如本書第二章申請的 Blogger 網址），若勾選「我沒有網站」，之後仍會有一個 business.site 網站能多曝光（後面小節會再介紹），請依自己的需求選擇「略過」或「下一步」鈕。

新增聯絡資訊

在 Google 商家檔案中加入電話號碼和/或網站

聯絡電話號碼

目前的網站網址

我沒有網站

略過

下一步

若按下「略過」鈕，之後這些欄位還是可以在後台系統裡補填寫或修改。

接著出現「掌握最新動態」畫面，Google 會針對您的商家提供更新消息和建議，選擇「是」並按「下一步」鈕。

出現「驗證」畫面，請輸入電話號碼並按「下一步」鈕。

若此處選擇按下「稍後再驗證」鈕，雖然能進入我的商家管理後台，但外界無法在 Google 搜尋裡找到此商家，也無法顯示在 Google 地圖上，系統會出現「客戶看不到你的商家」訊息，等於沒有行銷曝光的管道，只能在操作後台當作測試練習。

出現「選擇驗證方式」畫面，若之前填寫的電話是手機，則建議選擇「發送簡訊」。

將 Google 發送簡訊裡的 6 位數驗證碼回填，按下「驗證」鈕，會出現「Google 正在處理你的驗證資訊，這通常需要幾分鐘」的訊息，需要等待 Google 的驗證通知後，才可完成驗證。

接著出現「新增營業時間」畫面，您可以設定完成後，按「下一步」鈕，或是先按下「略過」鈕，之後再填寫設定。

接著出現「新增訊息功能」畫面，建議開啟「接收訊息」，並按「下一步」鈕。

接著出現「新增商家描述」畫面，您可以填寫完成後，按「下一步」鈕，或是先按下「略過」鈕，之後再填寫設定。

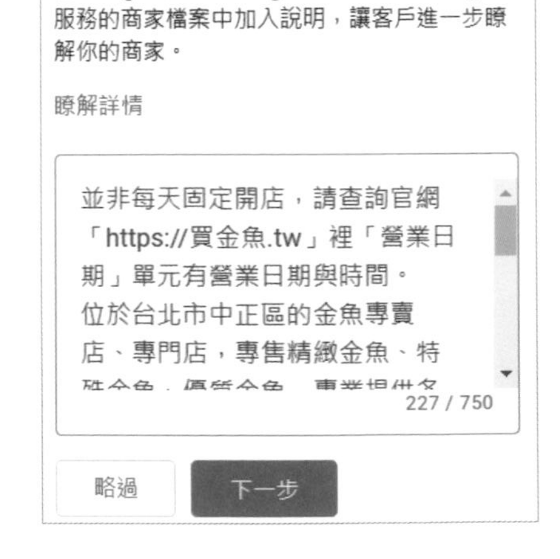

接著出現「新增商家相片」畫面，您可以上傳照片完成後按「下一步」鈕，或是先按下「略過」鈕，之後再上傳照片。

再來出現的「領取免費廣告抵免額」、「為你的網站取得自訂網域名稱」畫面，建議先按下「略過」鈕。

申請完成後，請登入 Google 帳戶並在 Google 搜尋您的商家名稱，即可看到您的商家管理的選單畫面，若之後還需要新增別的商家，可以按右上角「三圓點」圖示，選擇「新增商家檔案」，則會再出現前面申請畫面。

- Google 我的商家的管理選單畫面，會隨著申請的業務類別不同，出現的管理選單會有差異，例如餐飲業會有訂餐服務、旅館業會有訂房服務等，本書會在後面小節說明共通的選項設定。
- 也可以使用手機等行動裝置，安裝 Google 地圖 APP 來管理我的商家。

3.2 提高商家搜尋排名曝光

Google 決定商家本地排名的三要素：

❶ **關聯性**

關聯性是指商家檔案與使用者搜尋字詞的吻合度，只要提供完整詳細與正確的商家資訊，Google 就能更瞭解您的服務內容，並在相關搜尋結果中列出您的商家，因此在搜尋時加上不同條件會出現不一樣的內容，商家裡面發布的「文字與照片的資料量」與「更新度（新增訊息與回覆評論）」也會有關聯。

❷ **距離**

距離是指搜尋字詞中提到的地點與每筆搜尋結果之間的距離，如果使用者的搜尋並未指明地點，Google 會根據他們所在位置的相關資訊來計算距離。

❸ **名氣（知名度）**

指商家的知名度，有些地點在當地較有名氣，搜尋結果會試著在本地排名中反映這一點。舉例來說，知名博物館、指標性飯店或人氣品牌專賣店，在區域搜尋結果中可能獲得較高的排名，Google 針對商家所掌握到的網路資訊（例如官網與 FB 粉專連結、文章和目錄），也是名氣的評估依據，Google 評論數和評分亦會影響區域搜尋排名，評論越多且評分越高，商家的本地排名也會越前面。簡單來說，在 Google 我的商家以外的社群媒體網站，是否有收錄較多此店家的資訊，也會影響此 Google 我的商家的搜尋排名。

在商家管理的選單畫面，點選「編輯商家檔案」。

「商家名稱」裡最好包含主要關鍵字，移到「業務類別」上出現筆的編輯圖示，請點選進去。

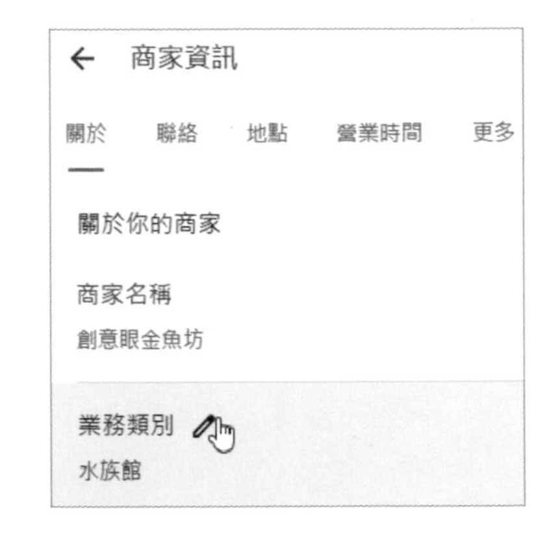

點選「新增其他類別」，會增加許多額外的搜尋曝光量，因為一開始申請時，只能設定一個主要類別，很多管理者不清楚可以再來此處新增類別，導致搜尋曝光量少很多，其實在此可以額外新增許多其他類別，一樣必須依 Google 內建的分類（無法自行訂定新類別），設定完成請按下「儲存」鈕。

新增的類別要經過審核，建議可以多申請幾個相關的類別，由 Google 那邊去做判斷認定是否通過。

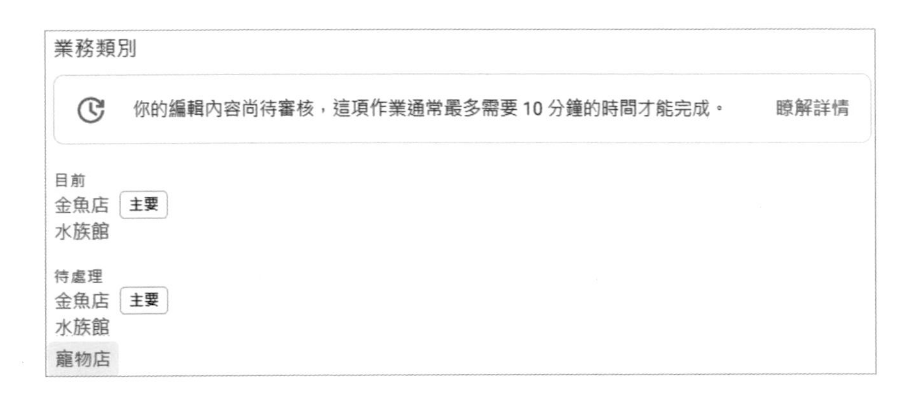

移到「說明」上出現筆的編輯圖示，請點選進去，此處最多可填寫 750 個字元，但建議填寫文字在 300 字內即可，可以填寫一些句子式的描述，或是填入在「類別」裡沒有的關鍵字，也可以填寫對客戶提醒的文字，或者過一段時間後，再回來修改填入一些節慶季節性的關鍵字（例如父親節禮品），但仍需經過 Google 審核。

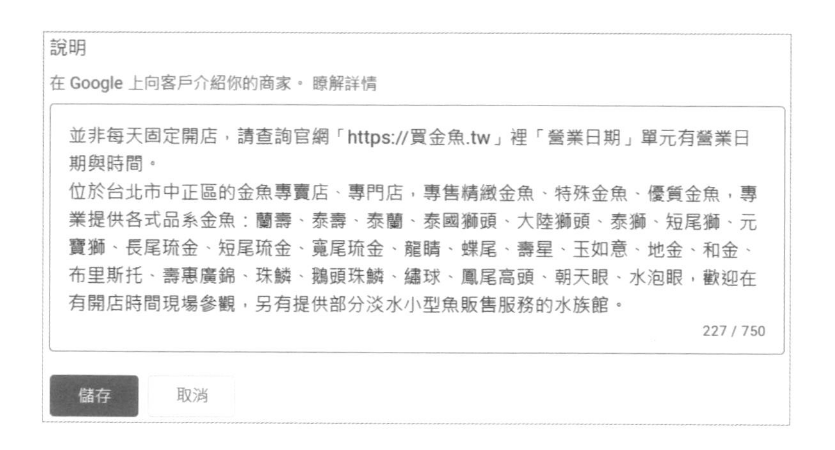

移到「服務範圍」上出現筆的編輯圖示，請點選進去，在「搜尋區域」搜尋您所在地點周圍的鄉鎮區，再加入較大範圍的縣市，此處最多可設定 20 個服務範圍，以商家所在地點為基準，不超過車程 2 小時的範圍。完成設定會增加額外曝光率，但仍需經過 Google 審核，設定完成請按下「儲存」鈕。

服務範圍
讓客戶知道你的商家在哪些區域提供送貨或其他服務。 瞭解詳情
搜尋區域
台北市信義區
已選取的服務範圍
台灣台北 ✕　台灣台北市 ✕　台灣新北市 ✕　台灣台北市大安區 ✕
100台灣台北市中正區 ✕　103台灣台北市大同區 ✕　104台灣台北市中山區 ✕
105台灣台北市松山區 ✕　108台灣台北市萬華區 ✕　110台灣台北市信義區 ✕
111台灣台北市士林區 ✕　112台灣台北市北投區 ✕　114台灣台北市內湖區 ✕
115台灣台北市南港區 ✕　116台灣台北市文山區 ✕
儲存　取消

在商家管理的選單畫面的右上角，點選「三圓點」圖示，選擇「商家檔案設定」。

點選「進階設定」。

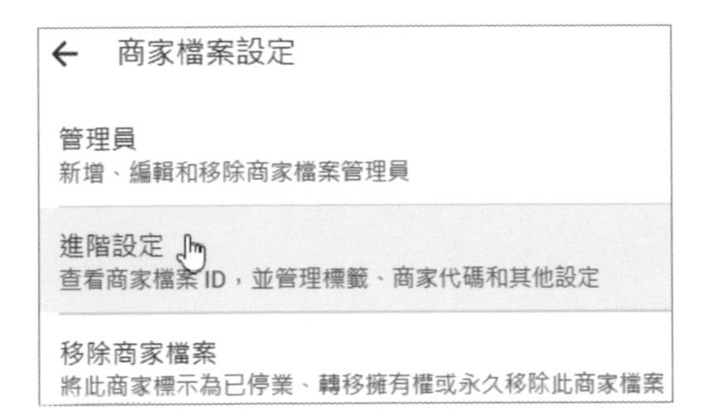

移到「標籤」上出現筆的編輯圖示，請點選進去。

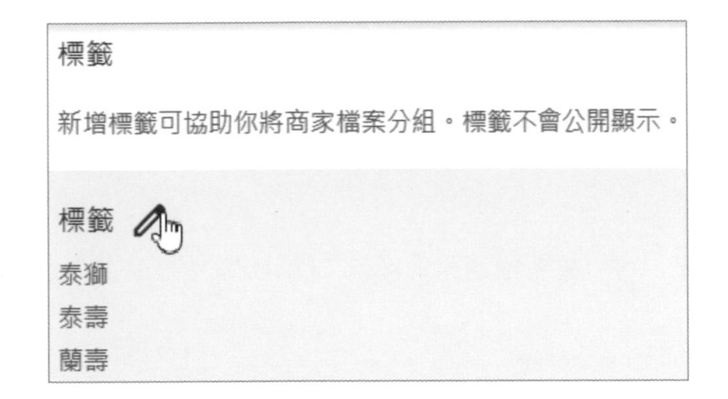

每個地點最多可以指定 10 個專屬標籤，標籤長度上限為 50 個半形字元，可以放入一些次要的關鍵字，也可以放入主要產品或服務的俗稱、別稱，標籤的設定不需要經過 Google 審核，設定完成請按下「儲存」鈕。

3.3 新增相片與最新動態

時常更新照片與訊息，除了讓有興趣的網友更容易了解商家，也有助於提高商家搜尋排名曝光。

在商家管理的選單畫面，點選「新增相片」。

剛開始建立商家，可以先新增商家的商標 LOGO 圖片，選擇「標誌」。

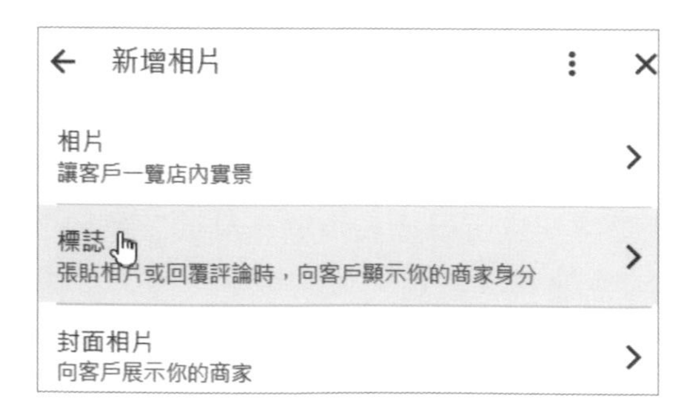

將圖片拖曳到這裡或是點選「選取相片」。

將相片拖曳到這裡
或
選取相片

可以在此裁剪調整，設定完成按下「設定為個人資料相片」鈕。

上傳完成的標誌圖片，會顯示在商家被搜尋出來的右邊。

如果要上傳一般相片，點選「新增相片」/「相片」。

如果要一次上傳多張相片，可以在檔案總管裡一次選取多張相片，按住滑鼠不放，拖曳到此介面。

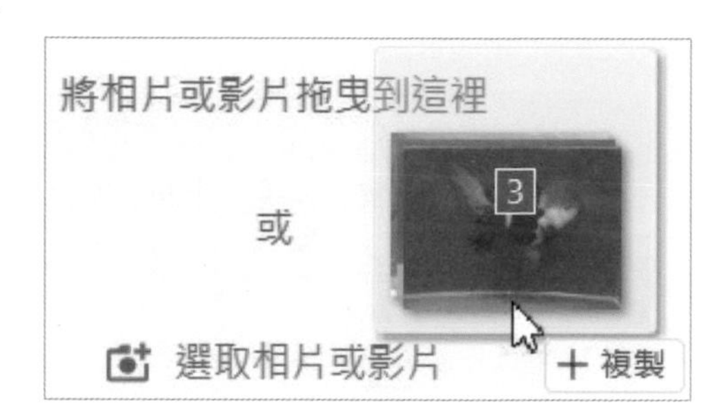

上傳的相片需要經過審查，核准後就會顯示在商家檔案。

如果之後要移除相片，可以到商家被搜尋出來的位置，點選預設的照片。

選擇「業主精選圖片」，按下右上方的「垃圾桶」圖示。

會出現「要移除這張相片嗎？」的畫面，若確定要刪除，請按下「移除」鈕。

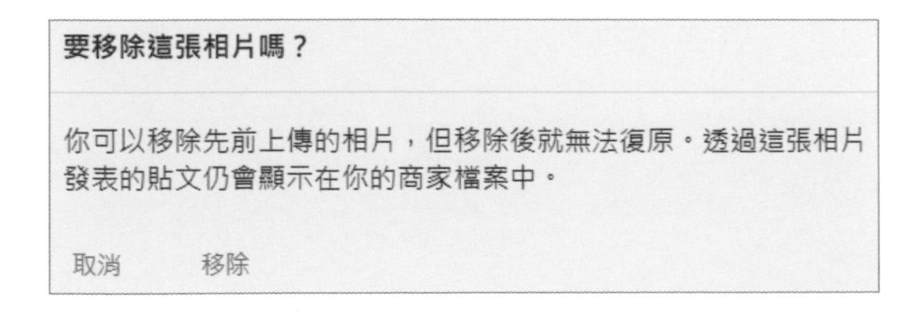

若您是要發文字訊息（可包含相片），需要在商家管理的選單畫面，點選「新增最新動態」。

在「新增最新動態」中又分成三個選項：第一個選項「新增最新動態」裡，有填寫商家說明、新增按鈕、新增相片等三個功能；第二個選項「新增優惠」裡，有優惠活動名稱、開始日期、結束日期、優惠詳情、新增相片等五個功能；在這裡示範的是選擇欄位功能最多的第三個選項「新增活動」。

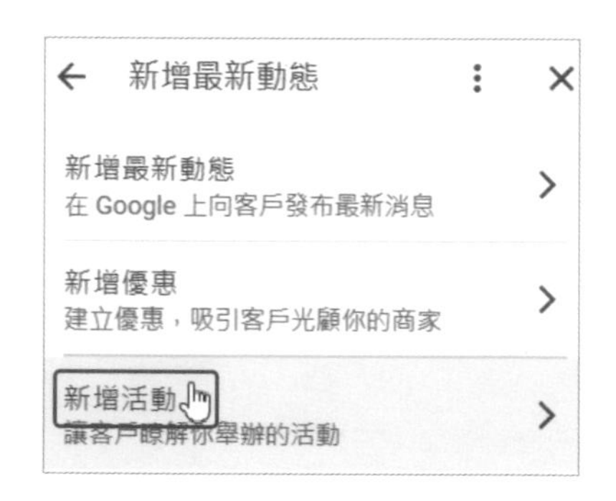

新增活動裡共有活動名稱、開始日期、開始時間、結束日期、結束時間、活動詳細資訊、新增按鈕、新增相片（可做剪裁）等八個功能。

分別填寫與上傳相片後，若希望本則訊息能連結到某個網址，可以在新增按鈕的下拉式選項裡，選擇「瞭解詳情」。

在「按鈕連結」裡輸入活動連結網址，完成後可以按「預覽」鈕觀看結果畫面，如果沒有問題則按下「訊息」鈕進行發佈。

完成發佈的最新動態後，一樣必須經過 Google 審核，通過後才可正式顯示。

如果之後要編輯、刪除、分享最新動態的貼文，可以到商家被搜尋出來的位置，點選右下角的其中一則貼文。

即可進入到最新動態的管理介面，在右上角的「三圓點」圖示裡有「編輯」與「刪除」的功能，如果要分享貼文網址到其他平台，可以按下右下角的「三圓點連線」圖示。

3.4 訊息：回覆顧客洽詢

Google 我的商家有顧客傳送私訊的功能，顧客必須使用手機等行動裝置，點選「進行即時通訊」鈕，即可發送私訊給商家。

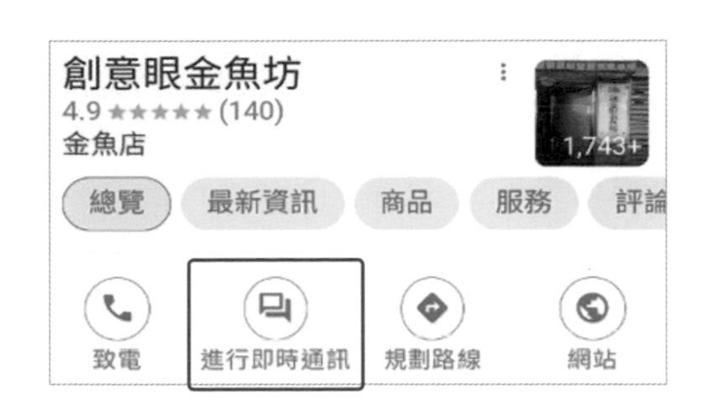

若手機有登入 Google 帳號，當有新訊息進來時就會收到提示，也會收到電子郵件的通知。

商家在管理的選單畫面，點選「訊息」。

可以在此看到顧客傳送的訊息，並可回覆文字訊息或插入相片。

如果商家要在手機接收訊息，則要選擇「客戶」/「訊息」。

如果覺得這個訊息是騷擾或廣告，可以按下右上角的「驚嘆號」圖示；如果要刪除本則訊息，則可以按下右上角的「垃圾桶」圖示。

若要變更訊息的相關設定，可以按下右上角的「三圓點」圖示，選擇「即時通訊設定」。

若不想要開啟顧客可以傳送訊息給您的功能，則可以關閉「啟用即時通訊功能」；若不想要讓顧客在訊息裡看到您已經有讀取，則可以關閉「傳送讀取回條」；而一開始顧客傳送訊息時，若需要讓系統自動顯示一段訊息，則可以在「歡迎訊息」裡，輸入相關文字（最多 120 個字元，可以包含網址），這樣顧客在一開始洽詢時，就會看到這段歡迎文字了。

若開啟訊息的功能，您必須在 24 小時內回覆訊息，如此才能提高信任感並促進互動，如沒有在這段時間內回覆，Google 可能會停用商家的即時通訊功能。

建議如果開啟訊息功能，最好盡快回覆顧客，因為當顧客搜尋此商家時，會看到此商家平均訊息回覆時間的狀態，例如「通常會在幾分鐘內回覆」、「通常會在幾小時內回覆」、「通常會在一天內回覆」、「通常會在幾天內回覆」，如果顯示的回覆時間越久，可能會影響顧客用此管道聯繫的意願。

> 右上角的「三圓點」圖示，選擇「即時通訊設定」/「新增常見問題」裡，可以為常見問題建立關鍵字自動回覆，此處留給有興趣的讀者另行設定。

3.5 評論：口碑行銷

Google 我的商家裡的評論，只要有建立地點，就一定會有此功能，即使您是此商家的管理者，也無法關閉評論的功能（亦不能自行移除任何一則評論），一個 Google 帳戶短期間內只能對同一個商家留一次評論（可再修改），評分採用 5 星制（最低 1 星、最高 5 星）。可以試想一下，當您的競爭對手被評選為高分時，您的商家則只有 1、2 顆星的低分，甚至評論裡的留言字詞充滿抱怨與不堪入目的不雅文字時，被潛在客群看到時會怎麼選擇？所以若您什麼都沒做（建立 Google 商家但不管理回覆評論），有時候也是一種商機的流失，不可掉以輕心！

有新評論時，手機上有登入 Google 帳號會提示，商家可以在管理的選單畫面，點選「閱讀評論」。

找到該筆新評論的下方，按下「回覆」鈕，就會出現業主公開回覆的畫面，可以在此輸入文字進行回覆。

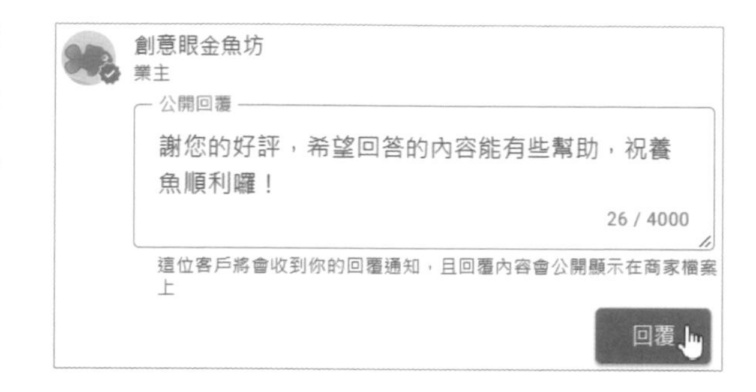

評論由於算是個人主觀，或是遇到同業惡意留言抹黑，難免會遇到給予低評的時候，但一則 1 星低評，可能會將店家平均總星數拉低很多，建議若遇到給予低評的留言，不要在回覆時直接跟對方太情緒性的回嗆，或使用過度激烈的言詞，理性將問題說明回覆即可，畢竟這些言論都是公開在網路上，店家不當的回覆，也會影響形象和商譽。

商家可以在管理的「閱讀評論」畫面裡，找到該則不當留言，點選右上角的「三圓點」圖示，選擇「檢舉評論」。

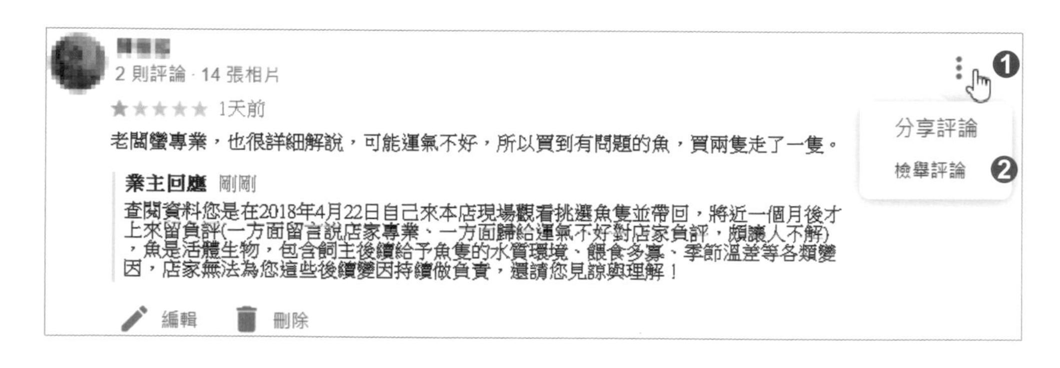

可以選擇七種選項之一，按下「傳送報告」鈕進行檢舉，Google 會進行人工審核（觀察對方與您的留言），大約需要一到幾個工作天，不當留言會被刪除（星數會還原），若對方帳戶常被檢舉甚至有可能會被停權。

- 離題：例如對隔壁店家不滿，但誤留言到此，或是政治宗教宣傳等偏離主題，文不對題的評論。
- 垃圾內容：例如可能被留言機器人之類的系統，留言廣告訊息。
- 利益衝突：例如這家店很差，應該要去某一家店（同業或對方支持者惡意留言），張貼其他店家舉辦的活動、離職員工先前在此任職的不好經驗。
- 褻瀆：例如色情猥褻、性暗示、粗穢不雅髒話。
- 霸凌或騷擾內容：例如令人反感言語、暴力恐嚇、貶抑他人、不當示愛追求、違法內容。
- 歧視內容或仇恨言論：例如詆毀某政黨或宗教或種族或團體。
- 個人資訊：例如公開個資、冒用他人身分等隱私權法律問題。

評論的質量大致上如此表所示，有重要度越高的評論越多則，自然 Google 的重視程度就會越高（SEO 排名提升）。

重要度	組合說明
★★★★★★★★★★	在地嚮導等級高、有照片、長文字、給星數
★★★★★★★★★	在地嚮導、有照片、長文字、給星數
★★★★★★★★	在地嚮導、長文字、給星數
★★★★★★★	在地嚮導、短文字、給星數
★★★★★★	帳號有頭像、有照片、長文字、給星數
★★★★★	帳號有頭像、有照片、給星數
★★★★	帳號有頭像、長文字、給星數
★★★	帳號有頭像、短文字、給星數
★★	帳號有頭像、無文字、給星數
★	帳號沒頭像、無文字、給星數

例如此圖就是一個比較優質的評論，此評論的帳號有加入在地嚮導且等級高，除了留言文字還有拍照片上傳。

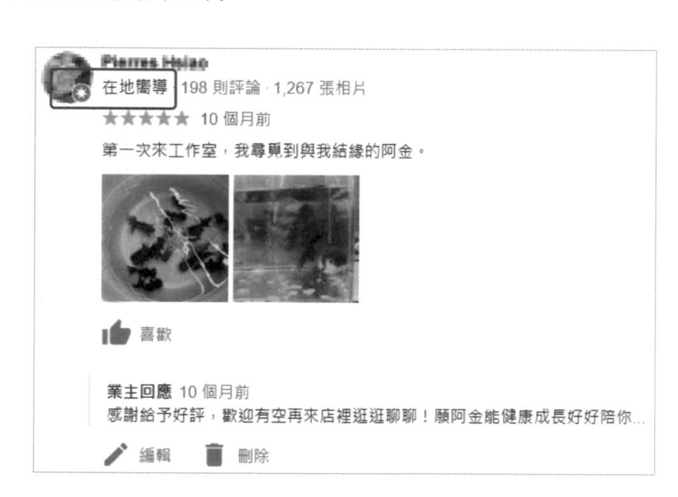

Google 地圖在地嚮導，必須滿 18 歲才可申請，詳情可查閱
https://maps.google.com/localguides/

接著我們來瞭解一下，評論裡有個「熱門主題」的用意，Google 會將評論裡的文字節錄出來最常出現名詞，條列在熱門主題區裡，通常是 4 ～ 10 個左右的名詞，可以想成這是大多數來評論的網友，對這間店的觀感，而其他來訪的顧客也有機會看到這些名詞，您可以想像一下，如果一位搜尋到此店的新顧客，看到此處的字詞是「臉臭」、「脾氣差」、「不專業」、「沒耐心」等負面的字詞，應該不會願意繼續觀看或洽詢，反之看到此處的字詞是「耐心」、「熱心」、「專業」、「知識」等正面的字詞，自然比較容易獲得新顧客後續的青睞。

我們可以規劃行銷活動來增加好評星數，例如現場出示手機給予 5 星好評，店家可以給予小贈品（買一送一、第二杯半價、多送一盤小菜、贈送滯銷庫存品、贈送中古二手商品、加購價…），如能製作活動海報，通常會更有吸引力，而如果要獲得比較高評論的質量，甚至可以規劃加碼的機制，例如在地嚮導拍照留言再加碼額外贈送，或是活動可以要求留言當中一定要有「專業」這個字詞，當造成多數評論文字中都有「專業」兩字時，Google 系統自然會把這個字詞列為「熱門主題」。

3.6 成效：分析數據

加入 Google 我的商家後，系統每個月都會寄一封電子郵件給您，裡面有來電數、訊息數、查詢路線、網站造訪次數、搜尋次數、熱搜前三名的關鍵字等概略資料，可以點選「查看完整報表」鈕，即能連結到商家成效報表的詳細資料。

若平常要觀看商家成效報表，可以在商家管理的選單畫面，點選「成效」。

在「總覽」右上角的「時段」裡，可以設定六個月內的日期查詢區段（資料最多保留六個月）。

「商家檔案互動次數」是指使用者撥打電話、傳送訊息、查詢路線、網站點擊的總和數字。

在「總覽」底下的「平台和裝置明細」裡，可以看到查詢的日期區段裡，顧客是透過「Google 搜尋 - 行動裝置」、「Google 搜尋 - 電腦」、「Google 地圖 - 行動裝置」、「Google 地圖 - 電腦」中的哪一種搜尋流量管道來的。

在「總覽」底下的「平台和裝置明細」裡，能看到查詢的日期區段裡，顧客是搜尋哪些關鍵字找到您的商家，預設是顯示前五名的關鍵字，可以按下「顯示更多資訊」鈕，就能看到透過其他關鍵字導來的流量，也許從中可以找到您沒有想到但有流量的關鍵字，作為後續行銷上的關鍵字設定。

16,269

在搜尋結果中帶出了商家檔案的搜尋

搜尋字詞統計

在搜尋結果中帶出了商家檔案的搜尋字詞

1.	金魚	1萬
2.	水族館	1,075
3.	水族	794
4.	goldfish	594
5.	魚中魚	346

顯示更多資訊

3.7 商家網站：額外曝光機會

Google 我的商家有內建網站的功能，即使您已經有架設官網，仍建議開啟此功能，能多一個搜尋曝光的機會。

在商家管理的選單畫面，點選「編輯商家檔案」。

編輯商家檔案

在「聯絡」裡，點選「網站」右邊的「筆」圖示。

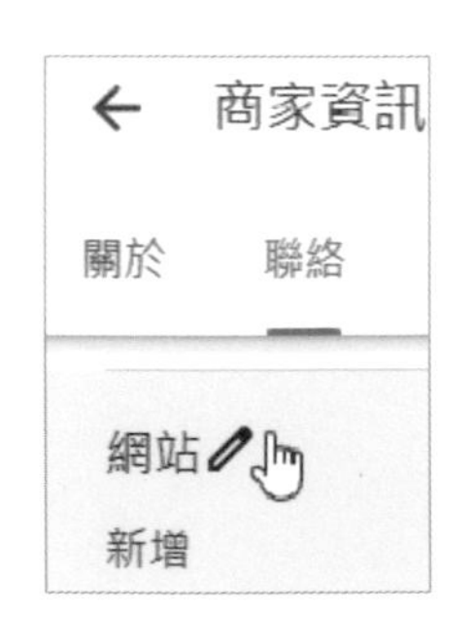

若已有官網可以輸入官網網址（例如本書第二章申請的 Blogger 網址），並按下「儲存」鈕。

在上一步驟按下「儲存」鈕後，才會出現「你已透過 Google 製作網站」的相關區域，如果想要顧客觀看此商家時，裡面「網站」的按鈕圖示是直接連結到此內建的網站，可按下「用於商家檔案」鈕；若希望官網與內建網站分開，則按下「管理」鈕。

進入到「Google 商家檔案管理工具」/「網站」的畫面後，點選上方的「筆」圖示。

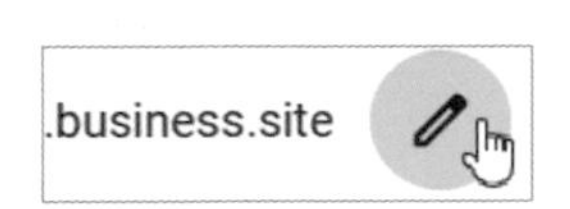

可以在此設定想要的子網域名稱，建議命名成有跟行業別有關連但簡易的英文（不可與別人重複），並勾選「將此網址設為我在 Google 搜尋和地圖上顯示的網站位址」，以增加曝光量，完成後請按下「變更」鈕。

也可以在此處下方選擇購買網域名稱，給我的商家內建網站使用。

「主題」可以選擇整個網站的主色系。

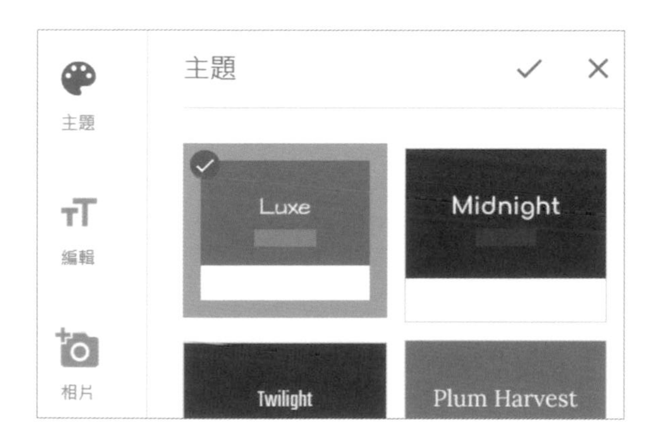

在「編輯」裡，「主要按鈕」可以選擇立即致電、與我們聯絡、查詢路線、取得報價、傳送訊息給我們等功能，但由於只能選擇其中一個功能，建議選擇「與我們聯絡」，將客戶名稱、電話號碼、電子郵件及訊息傳送到您的信箱。

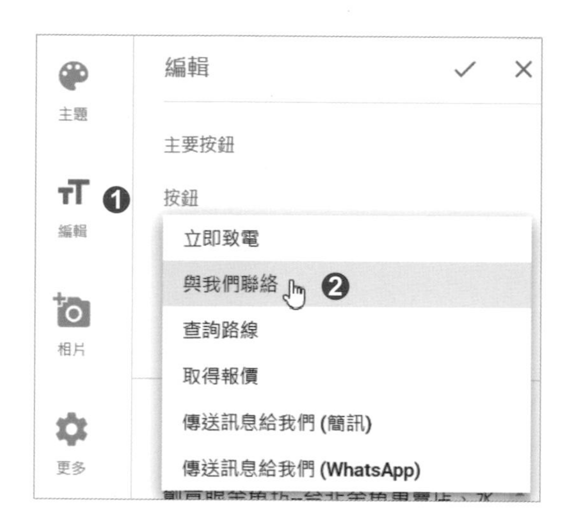

分別將「標題」、「說明」、「摘要標題」、「摘要內文」，輸入跟行業相關的關鍵字或句子式的描述，並按下「打勾」鈕進行儲存。

「說明」這個欄位特別重要，因為這是在 Google 搜尋結果頁（SERP）會出現的資訊，建議填入 100 個字左右即可，可以輸入所在縣市地區、交通方式、營業項目或主要產品、次要的關鍵字…等句子式的描述，越重要的字一樣寫在越靠左邊。

「相片」可以自行上傳照片。

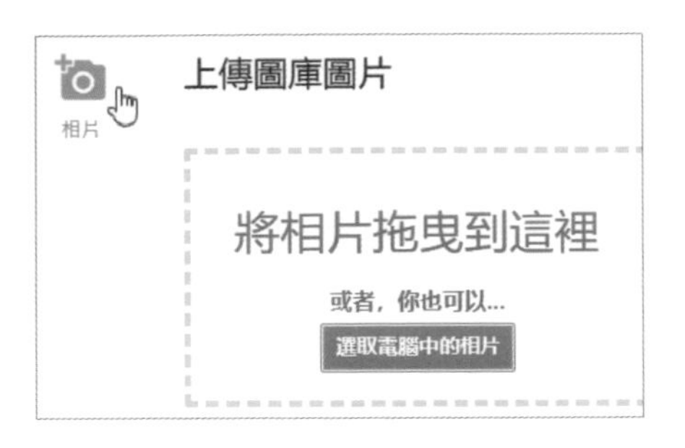

在「更多」裡，可以選擇主要「網站語言」，設定完成後，請按下「立即發布」鈕。

第 4 章

YouTube 影音行銷

聲光效果俱佳的多媒體影音也是一種內容行銷，提供給不喜歡觀看長篇文章的人另一種選擇，若能製作幾個好的影片（有趣、感人…）上傳，就可以當做是一個好的感染「病原體」，創造出轉載分享的影音病毒式行銷，在網路上有許多素人往往因為拍出優質的影片而爆紅。

4.1 申請與整體優化設定

登入 Google 帳戶後，到 https://www.youtube.com，點選右上角的「頻道圖示」，選擇「YouTube 工作室」。

「名稱」裡請輸入頻道名稱（最好包含主要關鍵字），「帳號代碼」是此頻道之後對外可以使用的網址，完成後點選「建立頻道」。

申請完成帳號代碼，除了當作網址使用，之後在您或別人的 YouTube 說明內文或貼文裡，就可以做超連結文字，例如輸入「@buygoldfish」，可以製作成超連結文字，而在瀏覽器輸入「https://www.youtube.com/@buygoldfish」，也可以連到筆者的 YouTube 頻道。

帳號代碼必須遵循以下規範：

- 介於 3 到 30 個半形字元之間
- 由英數字元 (A–Z, a–z, 0–9) 組成
- 帳號代碼也可以包含：底線 (_)、連字號 (-)、半形句號 (.)
- 格式與網址或電話號碼不同
- 未經使用
- 遵守 YouTube《社群規範》

再次回到右上角頻道圖示，選擇「YouTube 工作室」，即可進入「Studio」管理後台，選擇左側選單裡的「設定」。

在「頻道」/「基本資訊」裡，挑選「居住國家 / 地區」，並將頻道相關的關鍵字輸入進來，以增加曝光率。

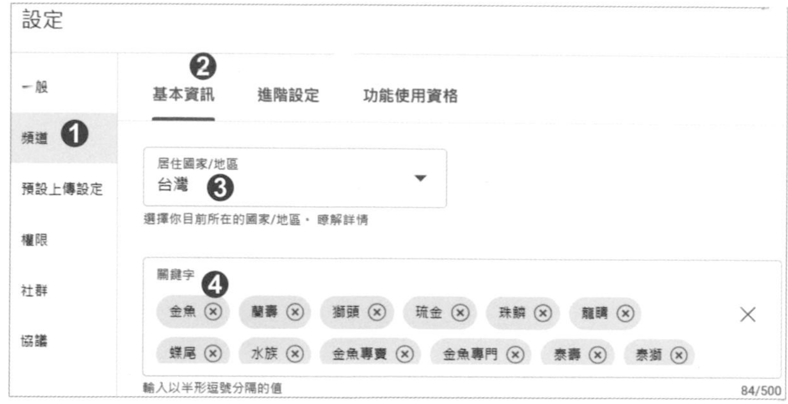

在「頻道」/「功能使用資格」裡，建議至少要將「中階功能」變成「已啟用」的狀態，請點選「符合資格」右邊的「往下箭頭」。

標準、中階、進階的細節功能說明，請參考此網址
https://support.google.com/youtube/answer/9890437

按下「驗證電話號碼」鈕。

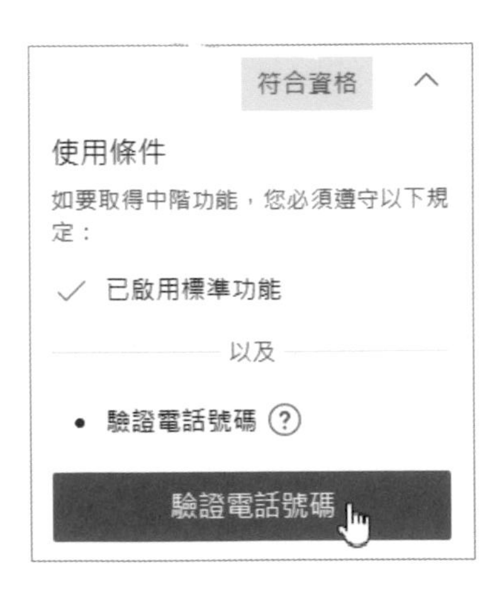

建議輸入的電話號碼是手機，就可以挑選「透過簡訊傳送驗證碼給我」，按下「取得驗證碼」鈕。

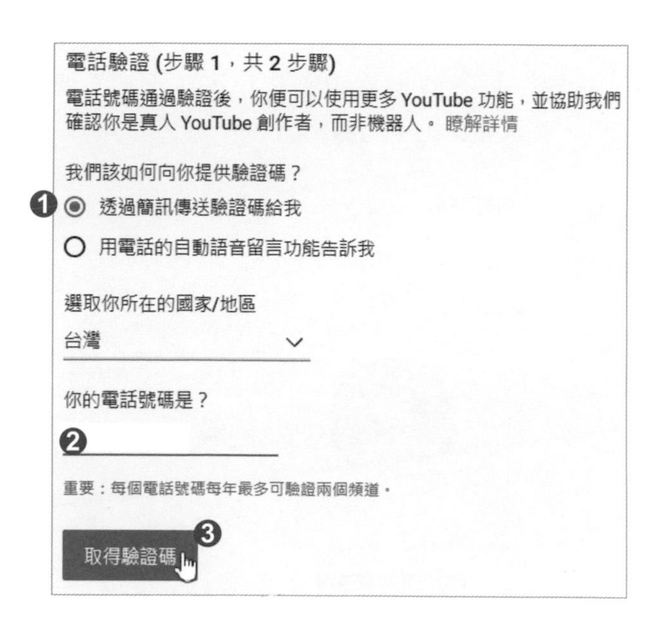

將收到的 6 位數簡訊填入後，按下「提交」鈕，成功會出現「電話號碼已通過驗證」的訊息。

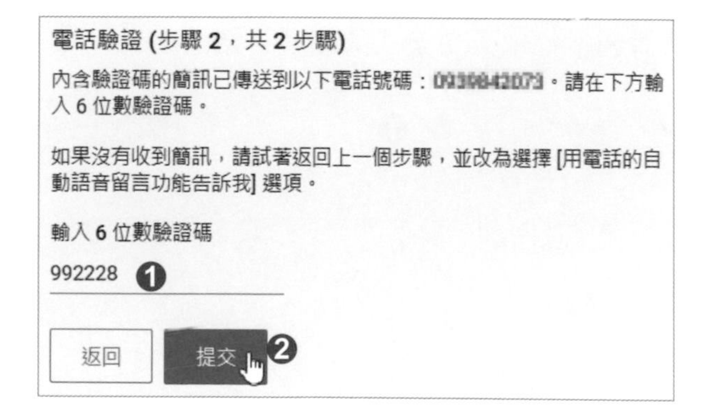

> 如果沒有出現「驗證」畫面，而是出現「您的 YouTube 帳戶已通過驗證」，代表此帳戶之前已經設定過，不需再做驗證。

4.2 自訂頻道

在「Studio」管理後台選擇左側選單裡的「自訂」，在「品牌宣傳」的頁面，按下「顯示圖片」裡的「上傳」，將本頻道的 LOGO 圖示上傳，再按下「橫幅圖片」裡的「上傳」，將本頻道的上方視覺大圖上傳。

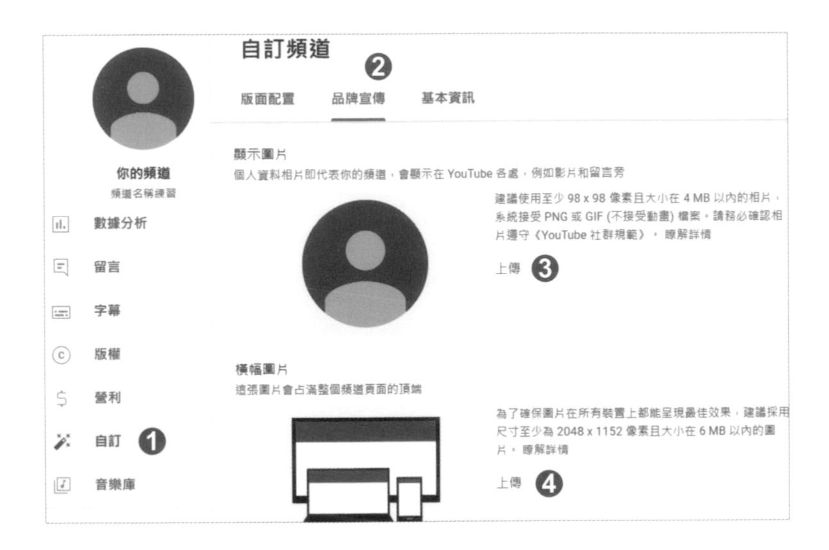

在「基本資訊」的頁面，可以修改之前申請時設定的「頻道名稱」與「帳號代碼」，也可以在「說明」裡填入句子式的頻道介紹文字。

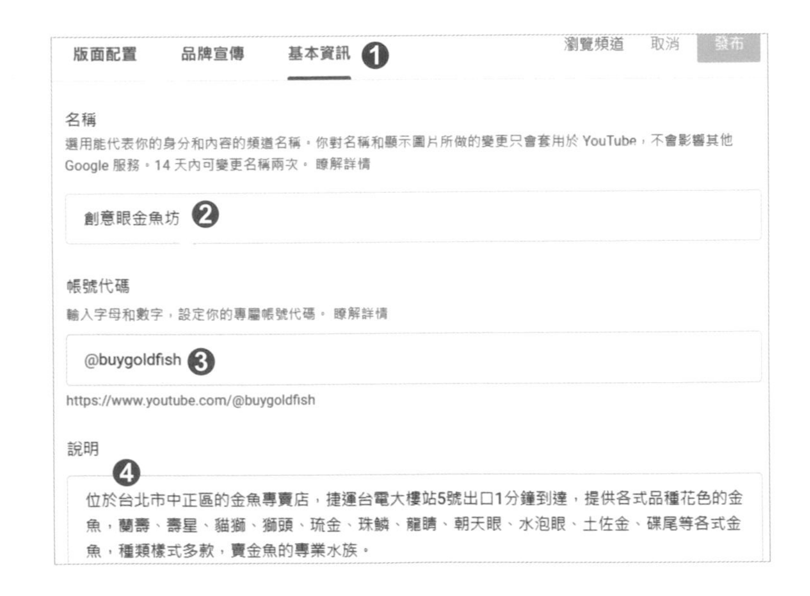

在「基本資訊」的頁面，若您之前已經有申請過頻道的「自訂網址」，目前此功能已經無法再修改，新申請的頻道也不會顯示此功能，此處改以前面介紹的「帳號代碼」來做取代。

在「基本資訊」的頁面，您可以點「新增連結」，將要連結顯示的網站「連結名稱」輸入，並在「網址」填入該網站完整網址，此處最多可新增 5 個超連結。

登入「Studio」管理後台後，滑鼠游標移到左上角頻道圖示會出現「在 YouTube 上查看頻道」，點選即可連結至您的 YouTube 頻道前台網址。

可以測試目前練習的 LOGO 圖片、上方橫幅圖片、橫幅上的連結等功能是否有正常顯示。

選擇後台左側選單裡的「自訂」，在「版面配置」頁面裡找到「精選版面」右方的「新增版面」，可以針對頻道前台的首頁加入不同的內容版面區塊。

4.3 上傳影片與優化設定

在 YouTube 首頁或登入「Studio」管理後台的右上方，點選「建立」的圖示，選擇「上傳影片」。

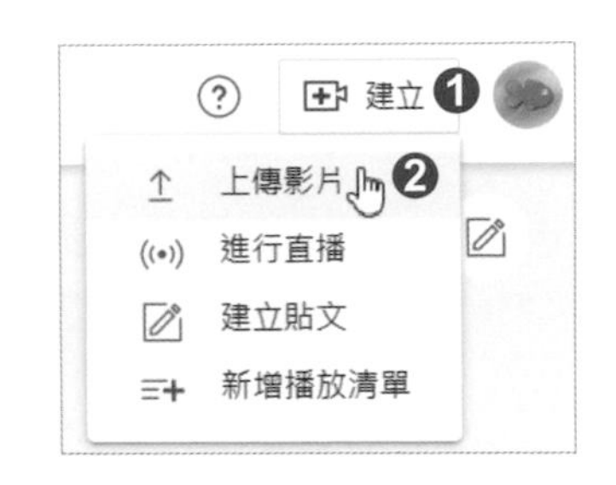

可以按下「選取檔案」鈕挑選影片檔上傳，或是直接使用檔案總管將影片檔拖曳到此介面視窗裡。

「標題」請填寫包含有流量的主要關鍵字，「說明」請填寫句子式的描述與包含次要關鍵字，可以貼上網址，引導流量到要宣傳的頁面。

系統會將影片裡的畫面擷取出三張縮圖，可以在此挑選要用哪一張當作影片縮圖，或者另行製作更精美的縮圖上傳（此功能必須通過上一章節介紹「中階功能」的驗證才會有）。

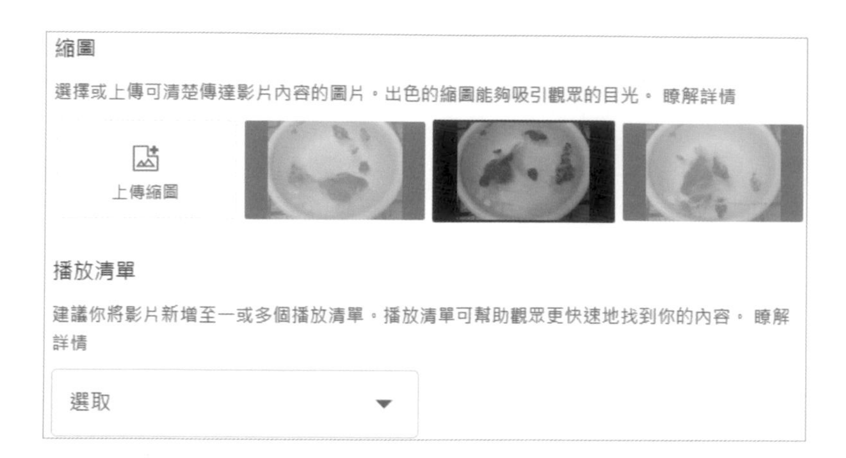

「播放清單」於下一個小節會再說明。

「目標觀眾」/「這是為兒童打造的影片嗎？」裡，若影片是屬於一般大眾內容，則應定義為「不是為兒童打造」的內容為宜。

目標觀眾

這部影片已設定成「不是兒童專屬」 由你設定

無論你位於哪個地區，都必須遵守《兒童網路隱私保護法》(COPPA) 和/或其他相關法規。因此，你必須說明影片是否屬於「兒童專屬」。 什麼是兒童專屬的內容？

兒童專屬的影片無法使用個人化廣告和通知等功能。 如果將影片設成「兒童專屬」，當觀眾在收看其他適合兒童觀看的影片時，系統就比較有可能會推薦你的影片。 瞭解詳情

○ 是，這是兒童專屬的影片

◉ 否，這不是兒童專屬的影片

為兒童打造的影片在 YouTube 上的定義頗為複雜，可點選「什麼是兒童專屬的內容？」，詳見相關說明。

若影片沒有「暴力、令人反感的影像、裸露內容、性暗示內容、描述危險的活動」這些元素，就可以設定為「否，不要將我的影片設為僅限年滿 18 歲的觀眾收看」。

^ 年齡限制 (進階)

是否要將影片設為僅限成人觀眾收看？

設有年齡限制的影片不會顯示在 YouTube 的特定版面中。此外，這類影片可能只會放送部分廣告，或完全無法透過廣告營利。 瞭解詳情

○ 是，將影片設為僅限年滿 18 歲的觀眾收看

◉ 否，不要將我的影片設為僅限年滿 18 歲的觀眾收看

若您未來有接拍攝商品業配的影片，最好誠實勾選標明「我的影片含有付費宣傳內容，例如置入性行銷、贊助或代言」。

付費宣傳

如果你接受了第三方提供的有價品並據以製作相關影片，請務必告知我們。我們會顯示訊息來告知觀眾你的影片含有付費宣傳內容。

☐ 我的影片含有付費宣傳內容，例如置入性行銷、贊助或代言

只要勾選這個方塊，即表示你確認付費宣傳內容符合我們的廣告政策和所有適用的法規。 瞭解詳情

可以為影片加入「標記」，若影片名稱含有容易打錯的字詞，或是別稱、俗稱（例如滷肉飯、魯肉飯、肉燥飯通常是指相同的食物），或是字詞的排列組合前後對調，標記有助於觀眾找到影片，否則標記對提高影片曝光率並無太大助益，加上過多標記反而容易違反 YouTube 針對垃圾內容、詐欺行為與詐騙所制定的處理政策。

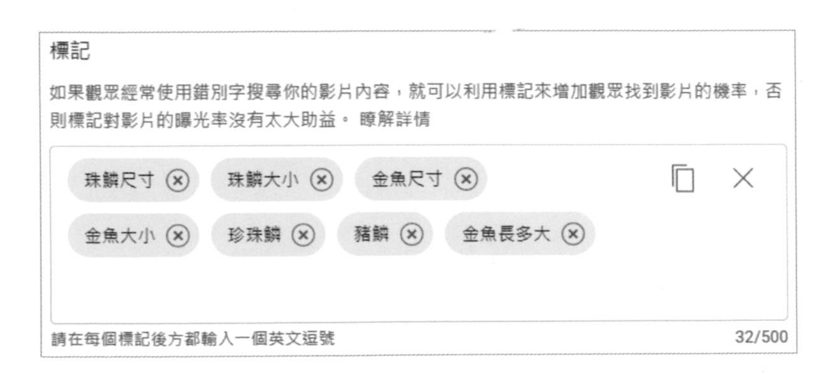

「影片語言」則挑選正確的語系即可；「影片位置」則可以輸入文字進行搜尋，挑選之前建立過的地標（Google 我的商家）。

「授權」一般選擇「標準 YouTube 授權」即可，「允許嵌入」則是可以讓別人將此影片產生程式碼嵌入到他的網頁裡。

「類別」是 YouTube 本身內建的分類，請挑選一個比較適合此影片的分類。

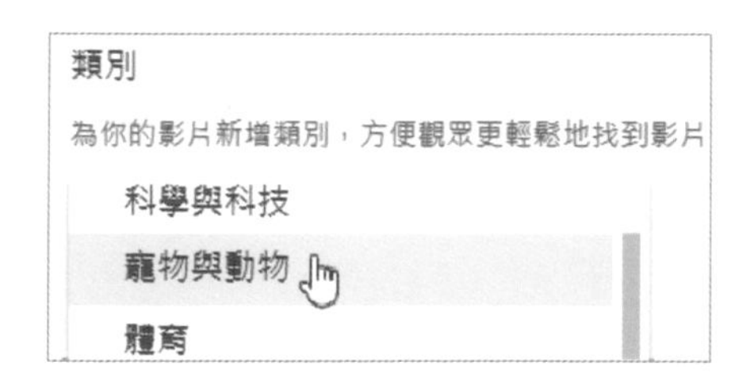

「留言顯示設定」裡，則視您的需求選擇，是否允許或停用本則影片留言的功能，設定完成後，請按下右下角的「下一步」鈕。

留言與評分

選擇是否要顯示留言及如何顯示留言

允許所有留言

疑似含有不當內容的留言必須經過審核才能發布

提高嚴格程度 實驗功能

所有留言都必須經過審核才能發布

停用留言功能

排序依據
評分 (由高至低)

顯示有多少觀眾喜歡這部影片

檢查完畢，未發現任何問題。 下一步

「新增結束畫面」是指有些 YouTuber 會在影片最後固定有一段提醒開啟訂閱小鈴鐺的片段，可以將這個片段影片匯入到原本影片結尾，本範例這個部分並沒有要做設定，請直接按右下角的「下一步」鈕。

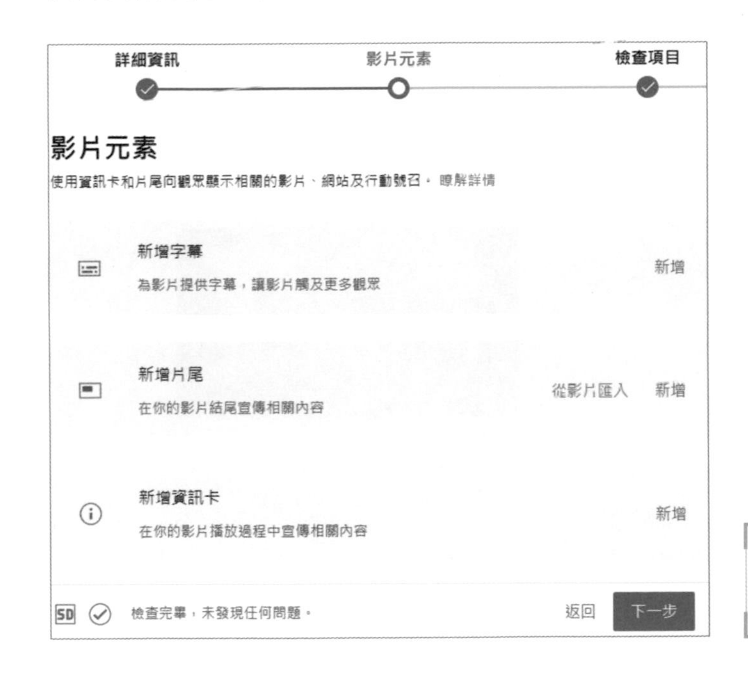

「新增資訊卡」於下一個小節會再說明。

YouTuber 系統會檢查此影片裡有無前述限制性的問題，或是偵測影片與音樂是否有侵權問題，若檢查無問題，請直接按右下角的「下一步」鈕。

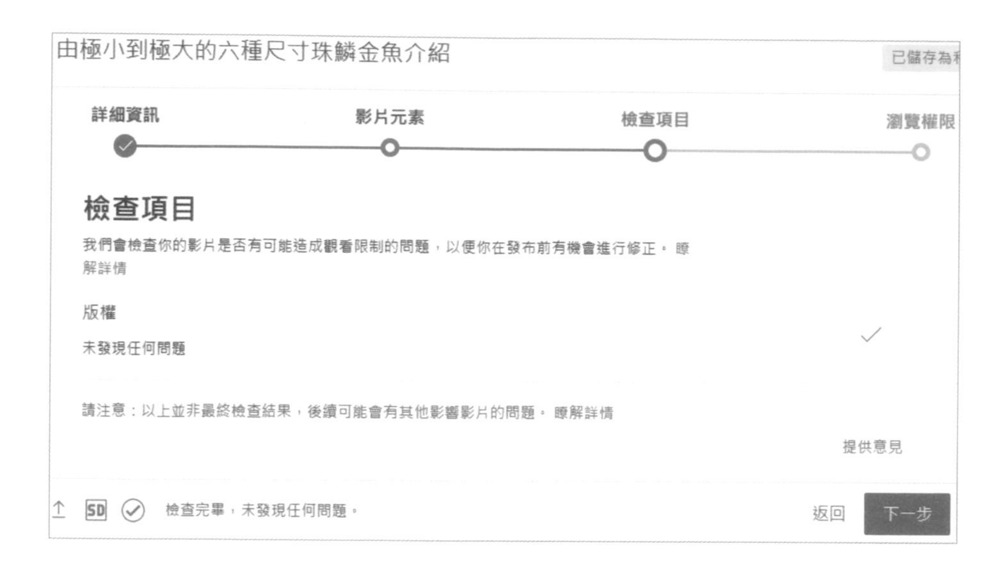

如果以行銷曝光為最大考量，在「儲存或發布」裡，應設定為「公開」。在「安排時間」裡，若設定一個未來的年月日時間，就可以提供排程發片的功能，選擇一個發布方式後，按右下角的「發布」鈕，即可完成影片上傳。

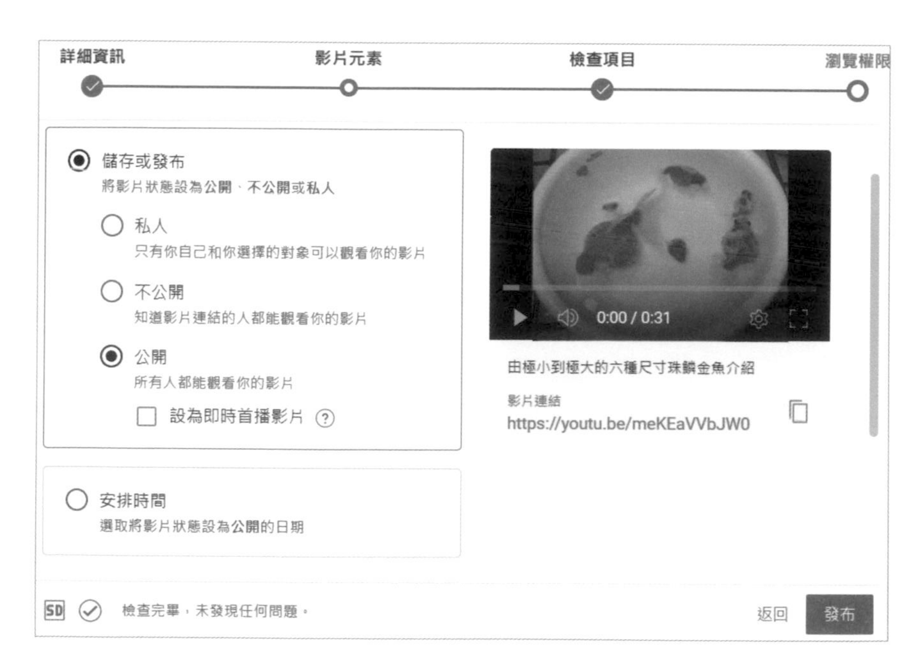

在「Studio」管理後台，選擇左側選單裡的「設定」/「預設上傳設定」裡，可以變更一開始上傳新影片時「基本資訊」跟「進階設定」的預設值。

若之後需要修改、刪除、下載舊影片，可以在「Studio」管理後台選擇左側選單裡的「內容」，在一開始預設的「影片」區裡即可看到之前上傳的影片，將滑鼠游標移到影片上會出現「三圓點」圖示，點選會有「編輯影片標題和說明」、「下載」影片、「永久刪除」影片…等功能。

如果要修改影片的「詳細資訊」，可以點選「筆」圖示，就可以修改縮圖、目標觀眾、年齡限制、標記、授權、類別、留言與評分…等功能。

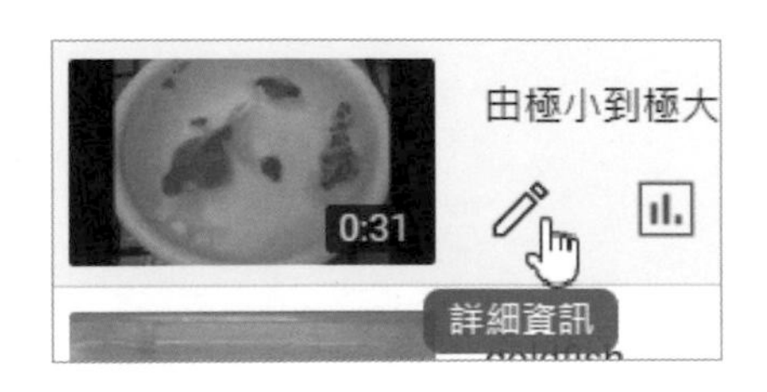

接著介紹兩款輔助工具，第一款是「YouTube 視頻標題分析工具」，請到此網址 https://tw.noxinfluencer.com/youtube/video-title/ ，需登入 YouTube 帳號才能使用，例如輸入影片標題「創意眼金魚坊 2023 年 2 月 9 日在店金魚欣賞」後，按下「分析」鈕，僅得到 46 分，系統會給予一些撰寫上的建議。

例如輸入修改後的影片標題「創意眼金魚坊 2023 年 2 月 9 日在店金魚欣賞 | 台北金魚專賣 | 蘭壽泰壽 | 獅頭泰獅 | 特殊稀有花色 | 品種豐富」，按下「分析」鈕，會發現能得到較高的 81 分，利用這樣的方式，可以讓我們得到更適合的標題文字，並帶來較高的搜尋量。

另一款輔助工具是「YouTube 影片效果分析報告」，請到此網址 https://tw.noxinfluencer.com/youtube/video-analytics/ ，將您覺得想要參考的 YouTube 影片網址（例如同業競爭對手的影片）貼上，按下「搜尋」鈕。

除了可以觀看到此影片的相關的分析數據之外，還可以顯示出此影片設定的標籤，從中找到我們沒有想到但可用的關鍵字，也可以按下在「影片標籤」右方的「加號」圖示，就能夠把這些文字標籤複製，貼到其他地方做後續編輯運用。

4.4 播放清單

在「Studio」管理後台，點選右上角的「建立」/「新增播放清單」。

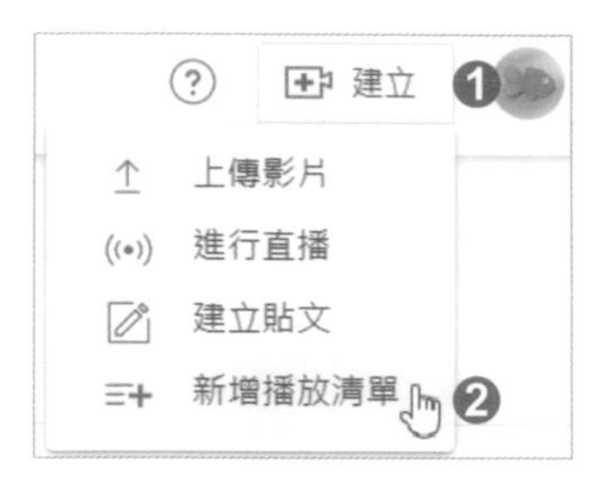

新增「播放清單標題」名稱後，一般以行銷做考量，瀏覽權限設為「公開」，按下「建立」。

之後在新增或修改影片時，就可以在「影片詳細資料」裡按下「播放清單」的「選取」，勾選之前設定的播放清單標題，按下「完成」，記得最後要按下右上角的「儲存」鈕，才算完成整個設定流程。

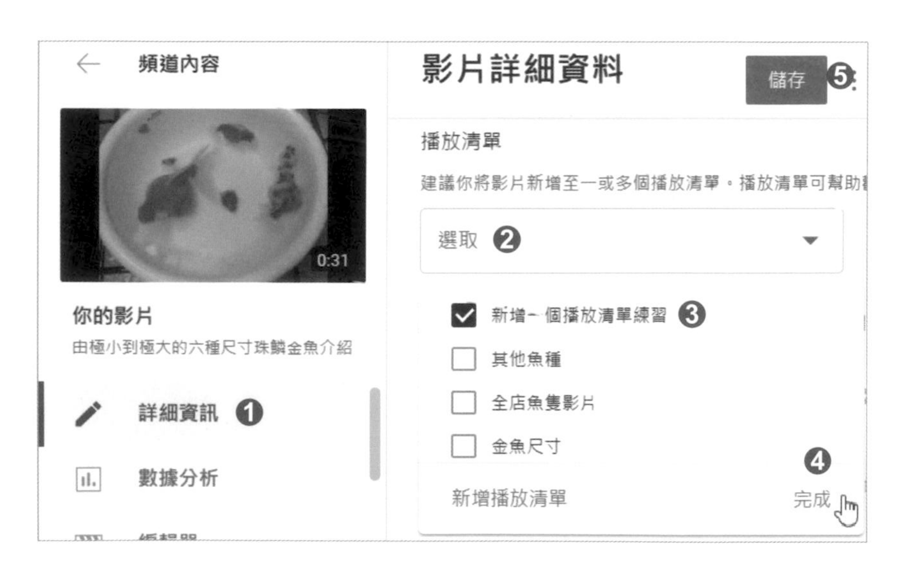

若之後要修改播放清單，可以在「Studio」管理後台選擇左側選單裡的「內容」，點選上方的「播放清單」區，找到要編輯的播放清單名稱後，滑鼠移到此清單上方會出現一個「筆」圖示，請點選進去。

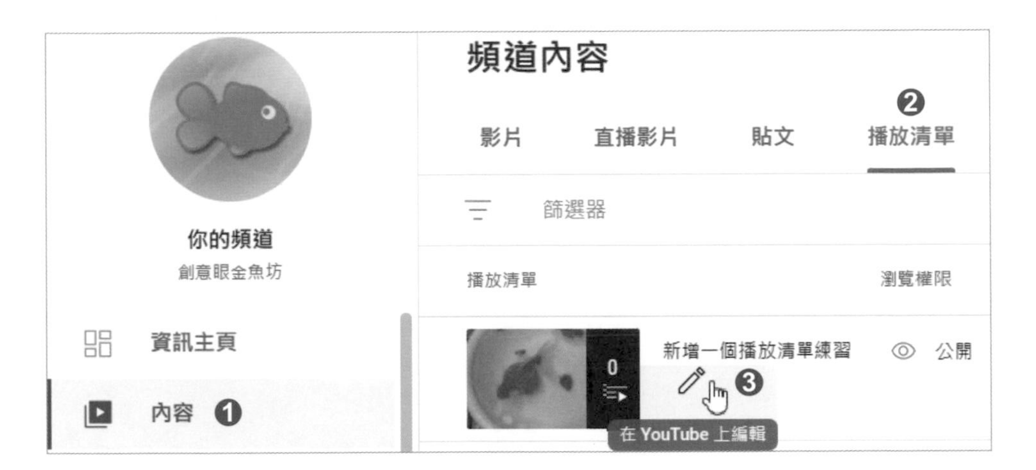

如果要修改播放清單名稱，請按下「筆」圖示，進行「編輯標題」，也可以重新設定此播放清單的瀏覽權限（公開、私人、不公開）。

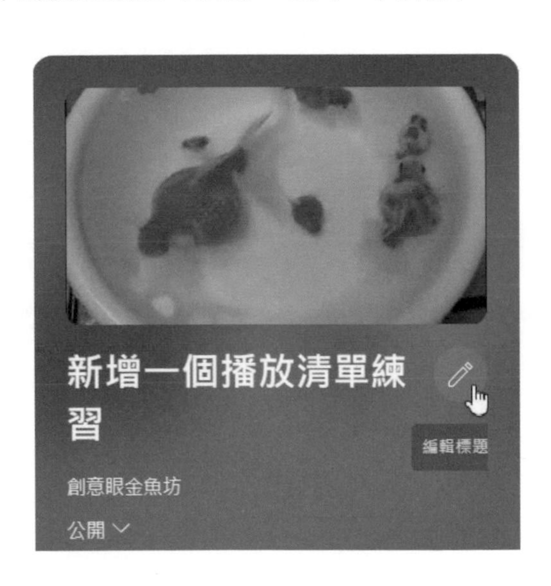

按下「三圓點」圖示，可以對此播放清單進行刪除或加入其他新影片等功能設定。

刪除播放清單時，並不會將原本在此清單裡的影片檔案刪除。

也可以按下另一個「筆」圖示進行此播放清單的「編輯說明」，填入句子類型的形容詞描述，或別稱、俗稱。

設定完成後，會在頻道前台的上方區域「播放清單」裡顯示出來，其實可以將播放清單想成是自訂的影片分類，未來也可以在官網做個線上影音的超連結點，而連結到此網址的網友就能直接看到您的影片分類了。

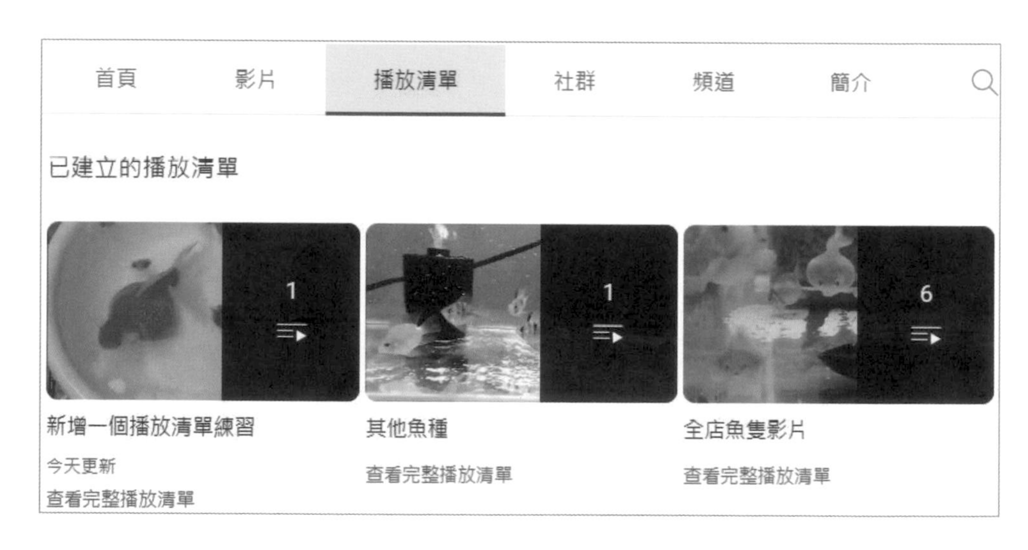

或者利用前面介紹過的功能，在「Studio」管理後台左側選單選擇「自訂」，在「版面配置」裡點選「新增版面」，將「單一播放清單」設定到此區域裡。

4.5 資訊卡

資訊卡的功能，是顧客在前台觀看影片時，可以點選影片右上方「驚嘆號」圖示。

就會彈出其他影片或頻道的圖示，讓觀眾有機會看到或連到更多相關的資訊，例如這是一個販售上衣的影片，可以在影片裡出現聲音或文字提醒觀眾，點擊右上方「驚嘆號」圖示，會有搭配這件上衣的褲子或飾品的相關影片，增加其他的影片流量與額外銷售商機。

在新增或修改影片時，可以選擇資訊卡的功能，例如在「Studio」管理後台選擇左側選單「內容」，在「影片」區域裡點選該影片的「筆」圖示進行修改，在「詳細資訊」畫面的右下角可以點選「資訊卡」。

資訊卡提供四種功能，以選擇「影片」為例。

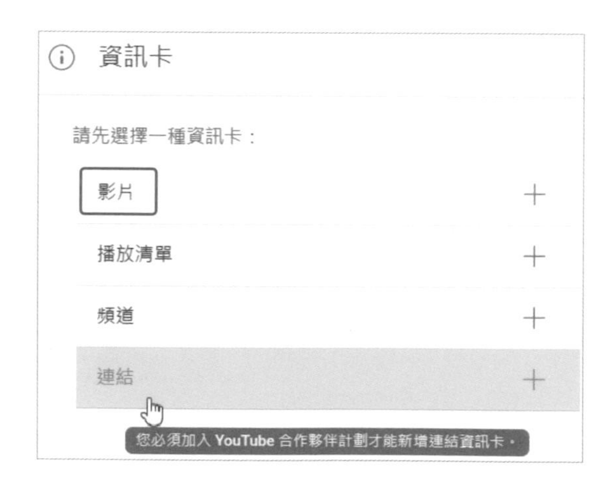

「連結」的功能，必須加入「YouTube 合作夥伴計畫」，加入方法與資格審核，有興趣的讀者可以自行搜尋瞭解。

可以加入自己頻道的影片，或是 YouTube 上的影片（請留意勿侵犯版權），若有輸入「前導廣告文字」則會在原本影片的右上角「驚嘆號」圖示前，出現前導廣告文字的訊息。

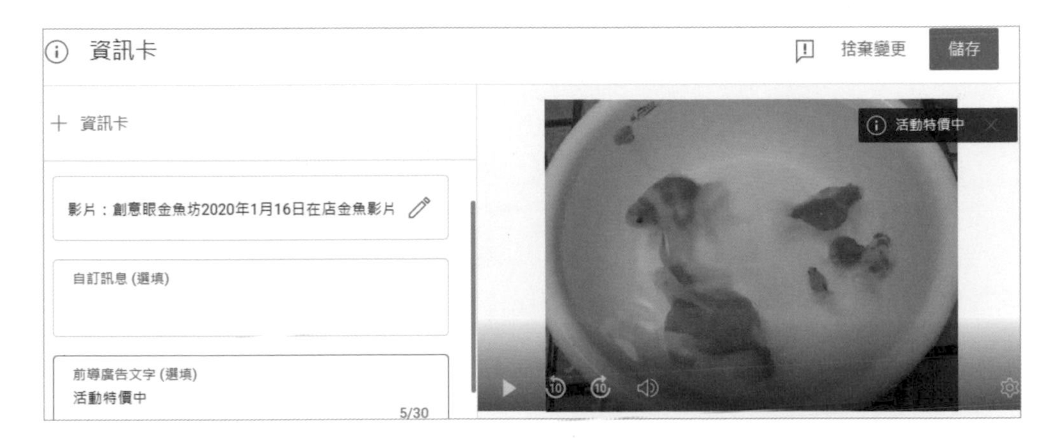

若點選「驚嘆號」圖示，則會出現影片名稱與縮圖，以及「自訂訊息」裡面的文字。

「播放清單資訊卡」是直接連到頻道已設定好的播放清單，而「頻道資訊卡」則是連到其他 YouTube 頻道網址（例如您經營的其他頻道或友好頻道彼此互相曝光幫襯）。但要注意的是，一個影片最多只能設定 5 張資訊卡。

4.6 影片編輯器

在「Studio」管理後台選擇左側選單裡的「內容」，即可看到之前上傳的舊影片，將滑鼠游標移到某影片上點選「筆」圖示，進入「影片詳細資料」畫面後，點選左方選單裡的「編輯器」。

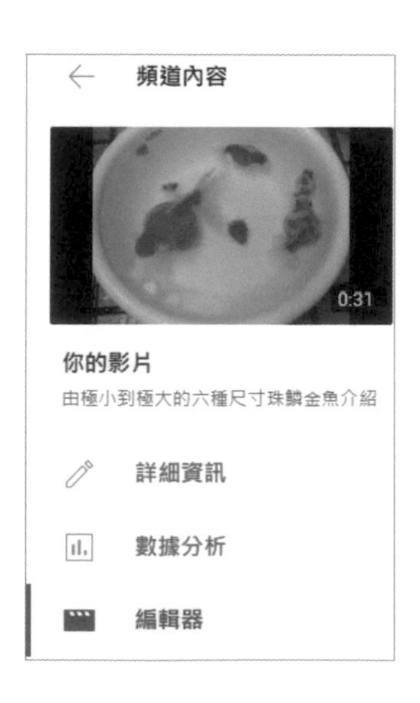

點選「剪輯與修剪」。

影片編輯器

剪輯與修剪 +

模糊處理 +

音訊 +

片尾 +

資訊卡 +

進入「剪輯與修剪」畫面後點選「新增剪輯片段」，本例示範將一個影片前與後的片段移除。

可以在下方的影片時間軸上，將滑鼠游標移到左邊或右邊深紅色的區域，當滑鼠游標出現「左右箭頭」圖示時，按住滑鼠左鍵不放進行拖曳，就能控制要刪除的影片區域，淺紅色區域就是要移除的影片片段，確認完成後，按下淺紅色區域上面的「打勾」圖示，即可將此前面片段「剪下」。

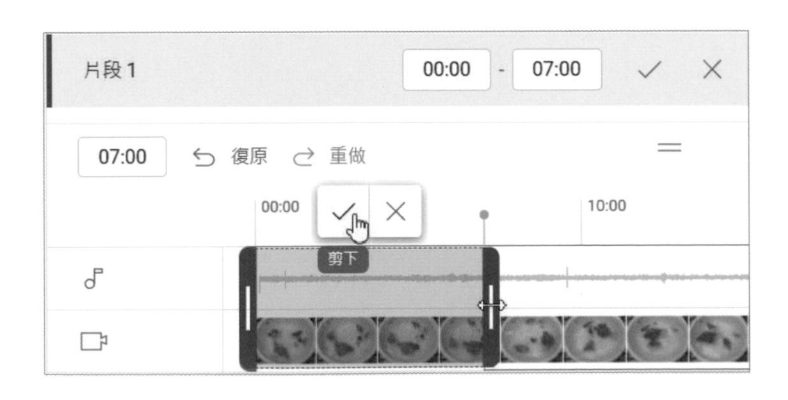

接著再次點選「新增剪輯與片段」，按照前面一樣的方式，將此影片後面片段也拖曳選取好後，按下淺紅色區域上面的「打勾」圖示，也將此後面片段「剪下」。

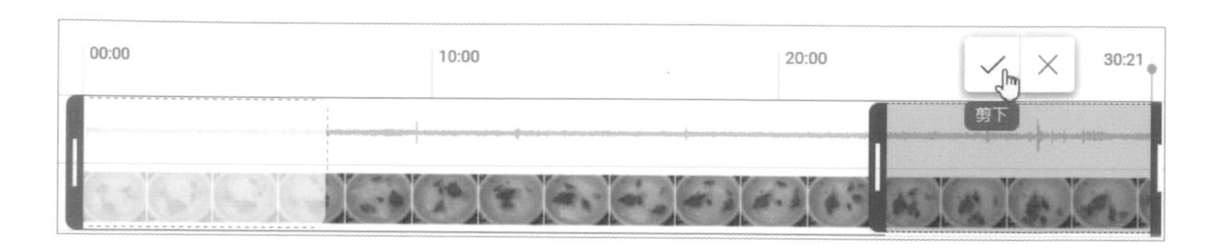

完成後可以點選「預覽」，觀看影片裁切完是否符合預期，若沒有問題，則按下右上角的「儲存」會出現「影片處理中，請稍後再試」的訊息，等系統完成轉檔，就完成影片的剪輯了。

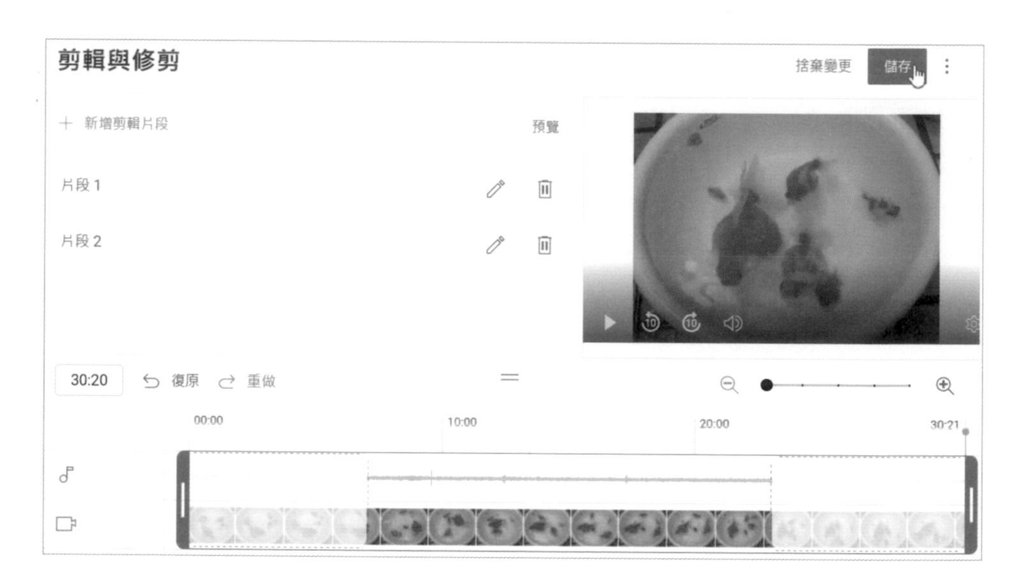

若想要將影片加入背景音樂，可以再次進入影片編輯器畫面，點選「音訊」。

影片編輯器

剪輯與修剪

模糊處理

音訊

片尾

資訊卡

會進入音效畫面，YouTube 提供了非常多首免權利金且沒有版權爭議的音樂，能在影片中自由使用，可以將滑鼠游標點選到「搜尋或篩選音效庫」，會出現條件篩選的選單供您挑選。

例如選擇情境是輕快、不需註明出處的音樂，篩選出來後，可以按下每首音樂左方的播放鈕，聆聽此音樂是否符合需求，選擇完可以點選此首音樂右方的「新增」，系統會將此首音樂融入影片中（需要轉換時間）。

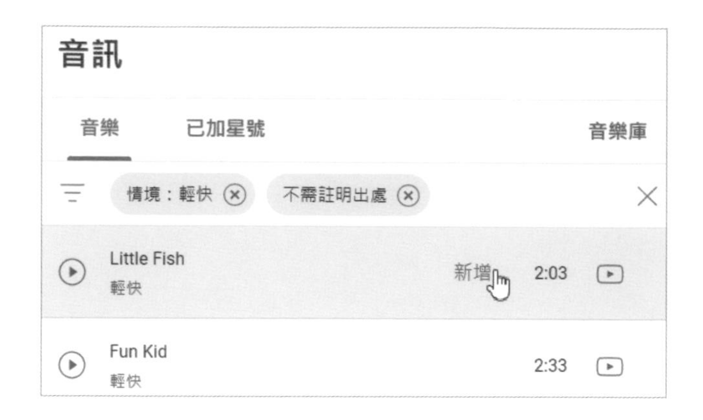

使用上述的操作方式，選擇的音樂會直接取代原本影片內的聲音，若您需要更複雜不同的的音樂同時混合、進階影片剪輯、影片特效等功能，仍建議使用與學習更專業的影音剪輯軟體，例如 Adobe Premiere、After Effects、Corel 會聲會影、CyberLink 威力導演等。

4.7 直播與留言抽獎

除了影片內容有料能吸引人觀看之外，也可以舉辦抽獎活動吸引更多粉絲，例如可以在影片裡說明，在下方留言即可參加抽獎，有機會獲得獎品。

在「Studio」管理後台點選右上角「建立」，選擇「建立貼文」。

若要修改或刪除發布的貼文，可以之後在「Studio」管理後台，點選左方選單裡的「內容」，在「貼文」的頁面裡就可以進行管理。

可以在此公告要在某則影片進行直播抽獎的時間，並附上影片網址，按下「發布」鈕，藉此提醒與宣傳本活動。

直播的部分，建議使用手機等行動裝置，安裝「YouTube」APP 並登入帳號後，點選下方中間的「加號」圖示，在彈出的選單中點選「進行直播」。

若要使用手機 APP 版直播會有相關的條件限制（電腦網頁版直播則無此限制）。

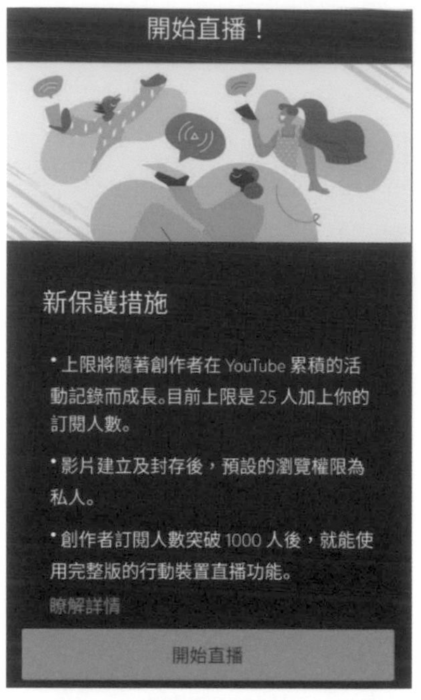

需要輸入直播標題與相關欄位，按下最底下的「繼續」鈕。

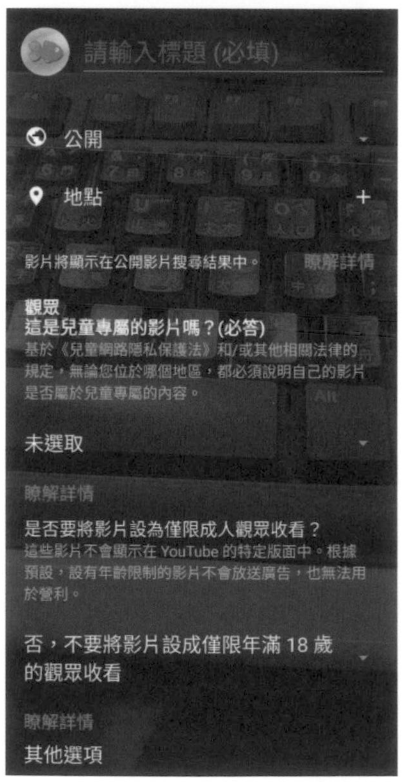

會出現直播時間的確認畫面，若無問題按下「進行直播」鈕，就會開始進行直播。

我們可以利用前面介紹的手機版「YouTube」APP 來直播拍攝我們在電腦版上的抽獎過程，請到 https://gg90052.github.io/comment_helper_yt/ 會看到 YotTube 留言小助手的畫面，將您要抽獎的 YouTube 影片網址貼上後，按下「抓留言」鈕。

設定起始時間與結束時間（網友的留言必須在此時間區段才可參加抽獎），輸入「抽出人數」後，按下「馬上抽」鈕。

開始抽籤

活動起始時間 2023-01-01 01:01 ❶
活動結束時間 2023-02-01 20:21 ❷
搜尋姓名
搜尋留言
抽出人數 2 ❸
馬上抽 ❹
排除重複留言

系統即會顯示出得獎名單（名字、留言內容、留言時間）。

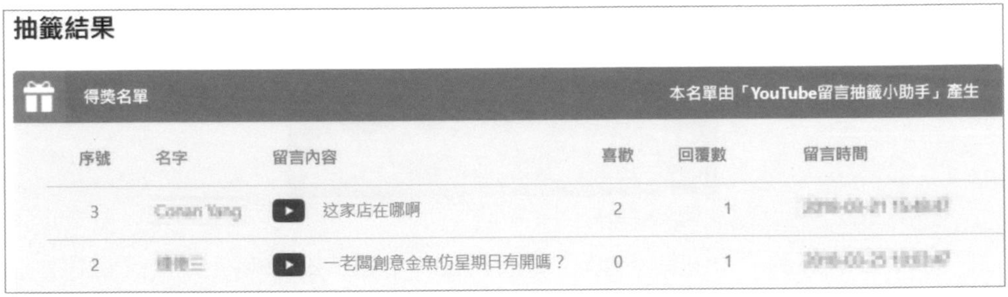

抽籤結果

得獎名單　本名單由「YouTube留言抽籤小助手」產生

序號	名字	留言內容	喜歡	回覆數	留言時間
3	Conan Yang	这家店在哪啊	2	1	[illegible]
2	[illegible]	一老闆創意金魚仿星期日有開嗎？	0	1	[illegible]

YouTube 留言抽獎工具還有以下幾個網址服務可以使用：
https://commentpicker.com/youtube.php
https://tool.puckwang.com/tools/youtubeCommentsPicker/
https://www.luckyhelpers.com/youtube

4.8 YouTube 數據分析

在「Studio」管理後台選擇左側選單裡的「數據分析」，一開始進入的是「總覽」的畫面，在此有各項數據的概觀，可以點選右上角的日期選單來挑選想要查詢的日期條件。

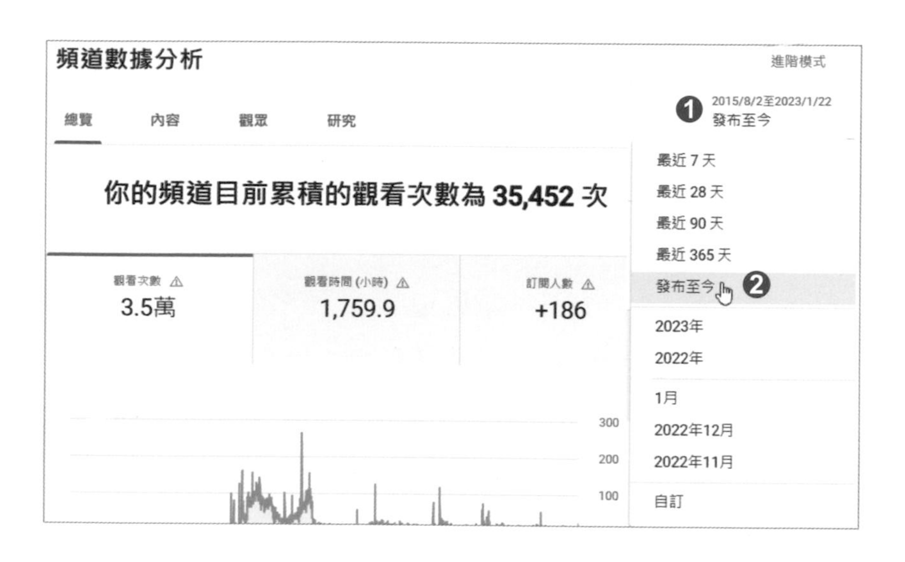

在「內容」的畫面裡有一區「觀眾如何找到你的影片」，可瞭解影片流量是由哪些地方帶來的。

點選「外部來源」，可瞭解是由哪些外部網站帶來的流量細節。

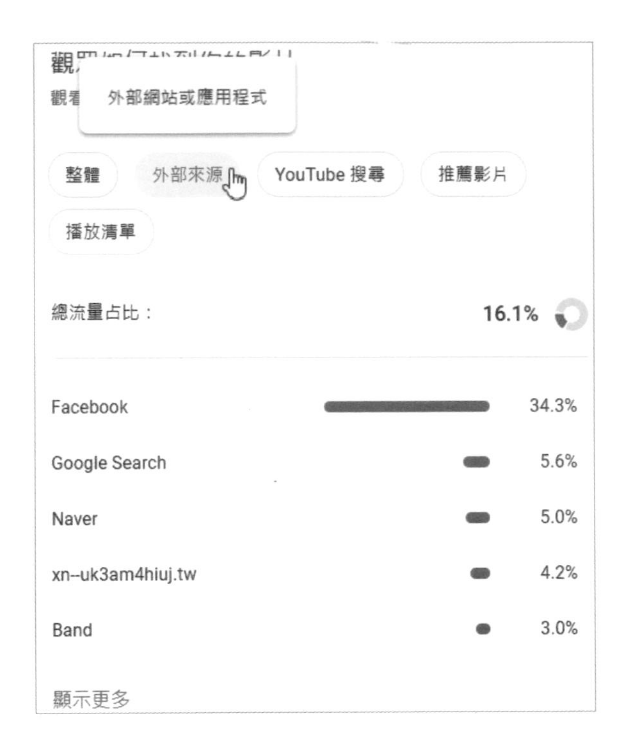

點選「YouTube 搜尋」，可瞭解在 YouTube 上是搜尋哪些關鍵字帶來的流量。

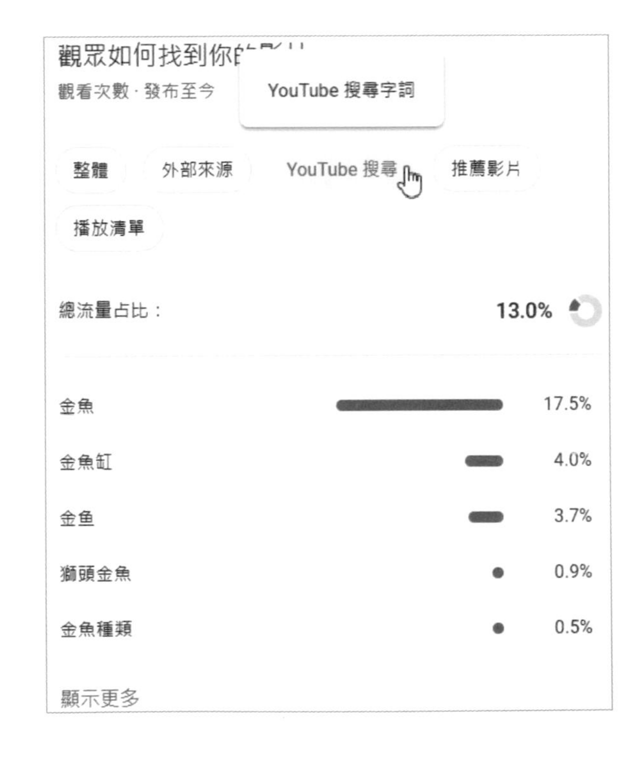

點選「推薦影片」，可瞭解是由自己哪些影片或別人的影片帶來流量。

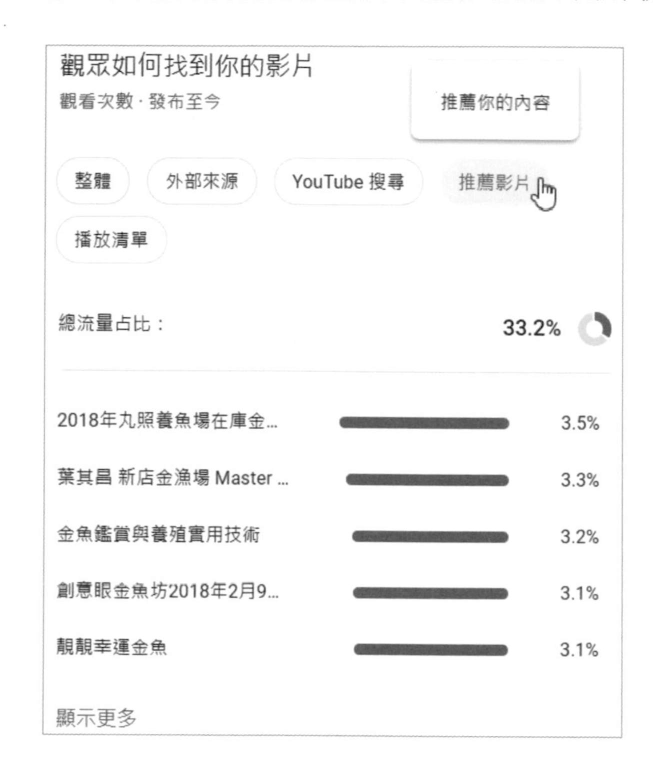

點選上方的「內容」，在「熱門影片」區域裡可以看到最多觀看次數的影片清單，點進去其中一個影片。

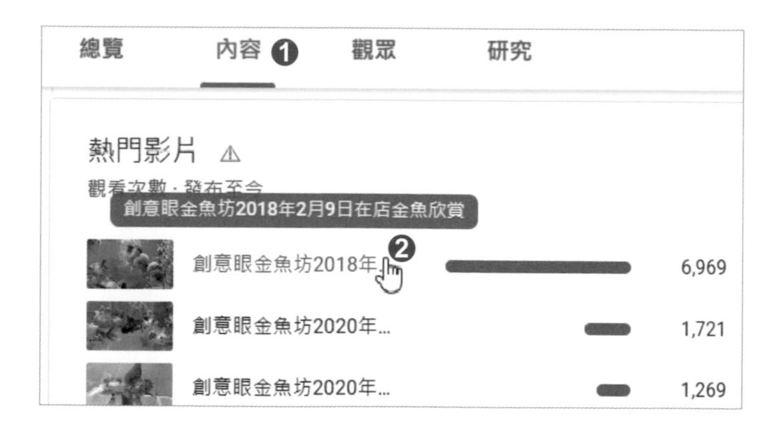

就可以看到單個影片的數據分析畫面，點選右上角的「進階模式」。

再點選右上角的「進行比較」，會出現「在頻道中搜尋」視窗，可以在此查找挑選另一個要進行比較的影片。

即可將兩個影片進行各項數據的呈現比較。

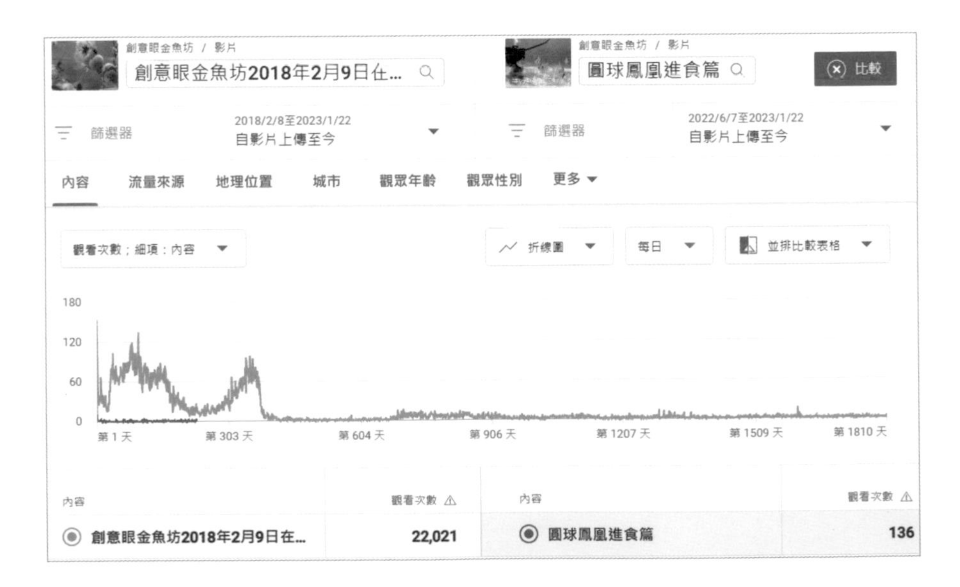

第5章

Facebook 粉絲專頁行銷

FB 有三種型態，「個人頁面」是在 FB 交友的基礎，若您希望匯集同好一起討論互動分享且有會員制，可以選擇建立「社團」，而若要做商業化品牌行銷與考量擴充性，則建議設立「粉絲專頁」。

申請 FB 粉絲專頁的好處，是不需要擔心個人隱私外洩（可用粉專帳號對外發佈聯繫），因為粉專主要就是拿來做推廣行銷用途，可以做為培養支持者的平台，彼此不需要加為朋友，也可單方面的提供喜好者類似訂閱訊息的功能，支持者只需要登入 FB 的帳號，並在粉專裡按下讚按鈕，之後就有機會接收到這個粉專公佈的訊息。

5.1 申請粉絲專頁

登入您的 FB 個人帳號後，選擇左側選單裡的「粉絲專頁」，或是直接輸入此網址 https://www.facebook.com/pages/ 進入。

點選左上方的「建立新專頁」。

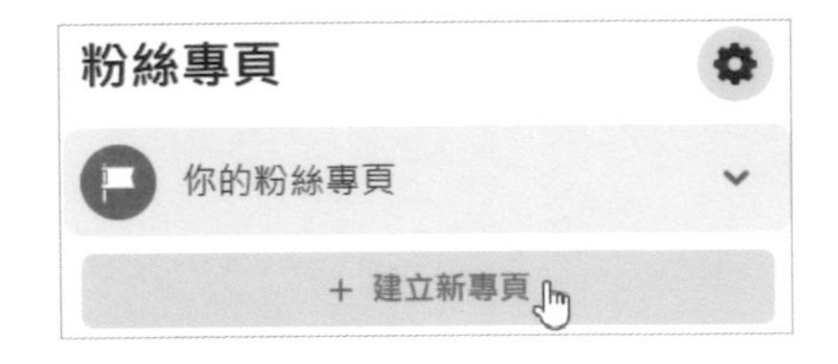

「粉絲專頁名稱」包含主要關鍵字就能有助於搜尋排名，「類別」最多可填入三項，請三項都填滿，類別必須是 FB 內建的分類（無法自訂），請盡量選擇近似的類別，如果您有實體店面，其中一個類別可以考慮使用「在地服務」，「個人簡介」請填入句子式的描述，完成後按下「建立粉絲專頁」鈕。

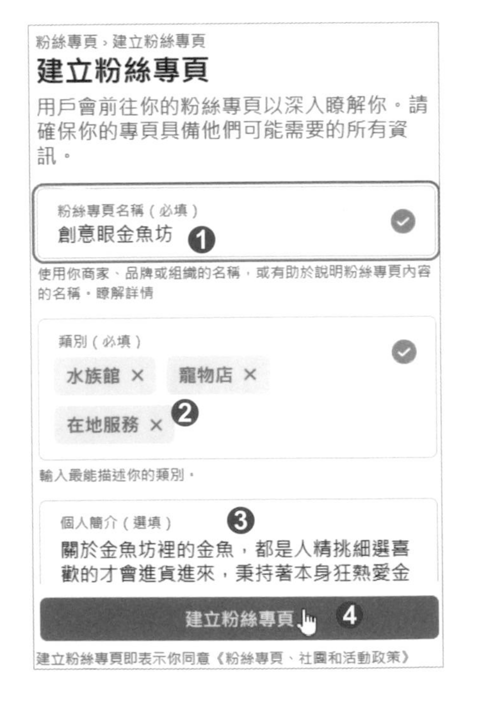

進入「操作步驟 5 之 1」畫面，請填入顧客洽詢時可以找得到的「聯絡資料」，有實體地址可供顧客來訪，則請在「地點」欄位輸入詳細地址，完成後按下「繼續」鈕。

進入「操作步驟 5 之 2」畫面，「新增大頭照」指的是上傳企業或本站的 LOGO 圖檔，「新增封面照片」指的是上傳形象主視覺圖檔，這些圖檔若沒有準備好，也可以在此先略過，等之後再補上傳，按下「新增行動呼籲按鈕」。

建議點選下方的「發送訊息」功能，這樣有興趣的顧客就能夠使用 FB 個人帳號私訊您，完成後按下「繼續」鈕。

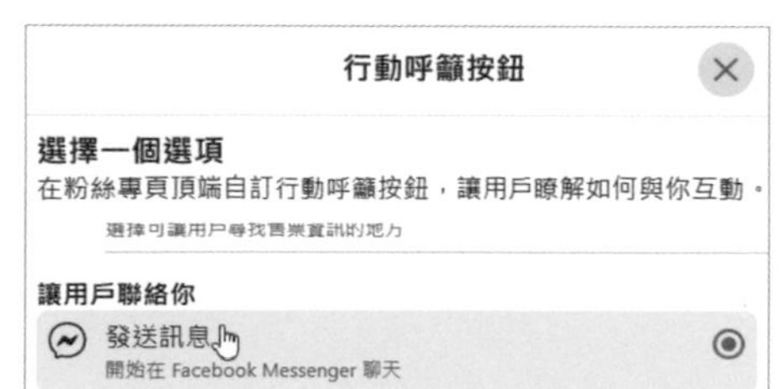

「操作步驟 5 之 3」是連結 WhatsApp 與你的粉絲專頁，「操作步驟 5 之 4」則是拓展粉絲專頁粉絲群，這兩個步驟建議可以先略過，待日後有需要再設定。

進入「操作步驟 5 之 5」畫面，建議選擇「在個人檔案接收粉絲專頁通知」，以免有訊息來時疏忽遺漏，按下「完成」鈕，即完成 FB 粉絲專頁申請流程。

之後若需要管理本粉絲專頁，記得在登入 FB 後，點選右上角「帳號」圖示，將登入的個人檔案（帳號）切換為對應的粉絲專頁帳號，才會有完整的管理功能。

5.2 搜尋優化設定

一開始在申請粉絲專頁後，預設的網址會類似這樣冗長且難記 https://www.facebook.com/profile.php?id=100089440401734 ，建議要申請與設定「用戶名稱」，將網址改成有關聯的次目錄名稱。

請切換為對應的粉絲專頁帳號登入後，點選左上角的粉絲專頁名稱，可以連到此粉絲專頁的前台首頁，接著點選左方選單裡的「設定」。

進入「一般粉絲專頁設定」畫面，點選「用戶名稱」。

請在用戶名稱右側的輸入框，填上想要申請的名稱（半形的英文與數字，可以包含小數點，不支援中文或特殊符號），由於申請的名稱不能與他人重複，所以需要花一些時間思考與輸入測試，除了讓顧客方便記憶之外，對搜尋優化上也會有幫助。

例如筆者申請的用戶名稱是 goldfishtw，那麼此粉絲專頁對外行銷宣傳的網址就是 https://www.facebook.com/goldfishtw，建議用戶名稱一開始就要先決定好，一旦決定了就不要再隨意變更，確認完成請按下「儲存變更」鈕。

在此提供一個更短網址的小訣竅，當申請下來粉絲專頁的用戶名稱後，也可以使用 https://fb.me 這個 FB 官方縮短網址的轉址服務，例如筆者粉專申請下來的用戶名稱是 goldfishtw，若打上 https://fb.me/goldfishtw 這樣的網址，會自動轉換到較長的 https://www.facebook.com/goldfishtw，能更簡短與容易記憶及行銷宣傳。

接著我們再回到「一般粉絲專頁設定」的畫面，點選「姓名」。

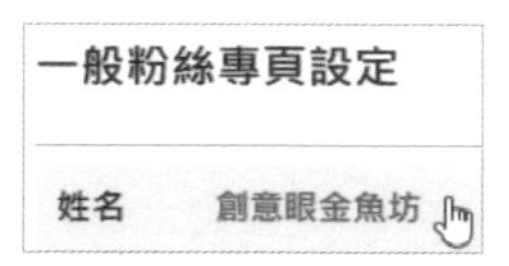

「粉絲專頁名稱」除了建議包含主要關鍵字，也可以再輸入其他有流量的副標題文字，例如「創意眼金魚坊 - 台北金魚專賣店、水族專門店」這樣較長的名稱，FB 系統是可以審核通過的，像這樣「專賣」、「專門」、「水族」…等次要與輔助的關鍵字也納入名稱中，會有助於讓本粉專在這些字詞的搜尋排名更加提升，完成後按下「檢視變更」鈕，再點選「新增或變更別名」。

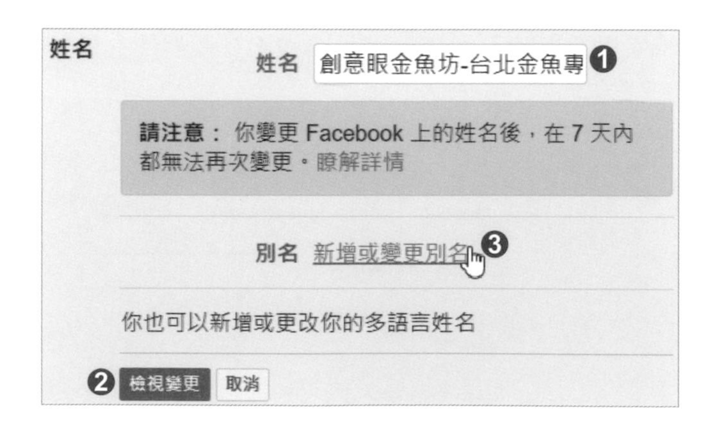

找到別名的區域，點選「新增暱稱、本名」。

可以選擇的名稱類型有九種，以企業粉專經營的角度來說，可以選擇「暱稱」或「其他」這兩個選項。

例如名稱類型選擇「其他」，在「名稱」裡輸入想要的字詞，可以輸入一些分類或種類的字詞當作自訂分類，完成後按下「儲存」鈕。

之後可以在設定好的「別名」清單，點選右方的「三圓點」圖示，即可修改或刪除名稱。

5

5.2 搜尋優化設定

請再次連到粉絲專頁的前台首頁，接著點選右上方的「三圓點」圖示，選擇「粉絲專頁和標籤設定」，再點選一次左方選單裡的「隱私」。

請確認「是否要讓 Facebook 以外的搜尋引擎連結你的粉絲專頁」設定為「是」，才能確保能被外面 Google 搜尋得到，「推薦類似粉絲專頁」也需要選擇為「開啟」，這樣當別人瀏覽跟您屬性近似的粉專時，會增加曝光機率（但此處開啟，也代表別人在瀏覽您的粉專時，競爭同業的粉專也會有機會在您這邊曝光顯示）。

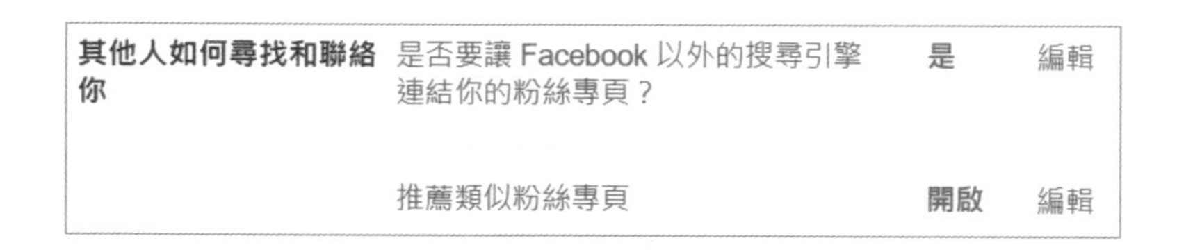

點選左方選單裡的「公開的貼文」，右欄的「國家 / 地區限制」與「年齡限制」也會影響曝光機率，按照預設值能得到較高曝光量。

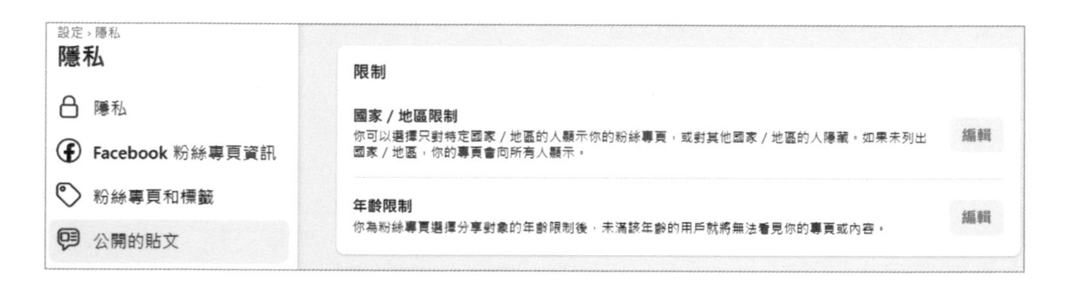

接著到此粉絲專頁的前台首頁，點選上方的「關於」，預設會在「聯絡和基本資料」裡。

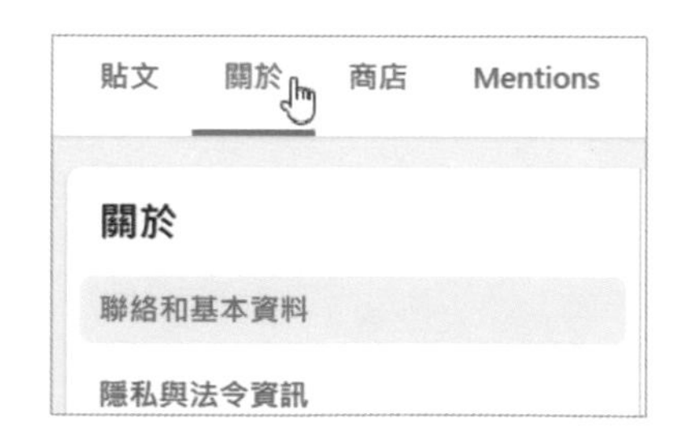

點按「類別」右方的「筆」圖示，即可修改調整類別，如果您有實體店面，請在此按下「新增地址」。

如果地圖位置定位有落差，可以將滑鼠移到地標圖示上，按住滑鼠左鍵拖曳微調，完成後按下「儲存」鈕，此地址日後就會改為 FB 系統裡的地標。

粉絲專頁完成上述設定之後，就可以讓顧客使用手機在您的店內打卡，建議可以跟店招牌或 LOGO 吉祥物之類有明顯辨識度的背景一起拍攝，或是請顧客留一段話（例如店名與活動口號），就可以做到在 FB 上分享擴散式的行

銷（打卡者的朋友就有機會看到），店家可以給予打卡者一些適度的誘因（免費小贈品、消費折扣…）。

地址設定完成後，請再點選「新增服務區域」，在此選擇最多 10 個鄰里、城市或區域能夠增加鄰近地區的流量，設定完成請按下「儲存」鈕。

當顧客有興趣前往實體店面，若使用手機搜尋到本粉專，點選地址時，按下「在地圖中開啟」的按鈕即可開啟地圖 APP 指引前往參觀，這是 FB 上的 O2O 行銷管道。

在「網站和社群連結」裡，點選「新增網站」。

網站和社群連結

新增網站

新增社群連結

可以在此輸入官網的網址後，按下「儲存」鈕。

點選「新增社群連結」。

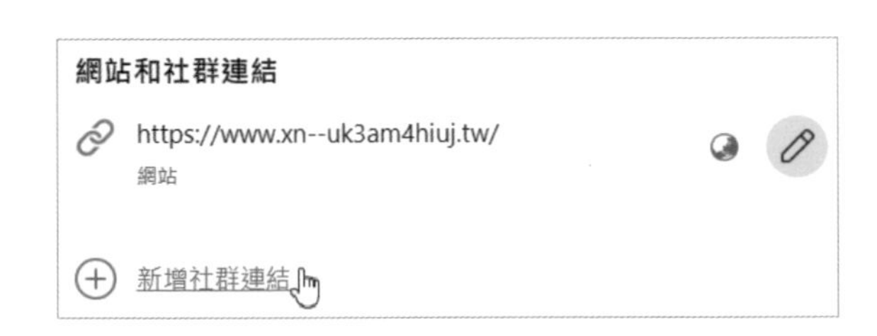

裡面有超過 20 個社群平台可供挑選。

這幾個是本書所介紹的社群平台，輸入該平台對應的用戶名稱後，按下「儲存」鈕，來增加其他平台的連結關聯。

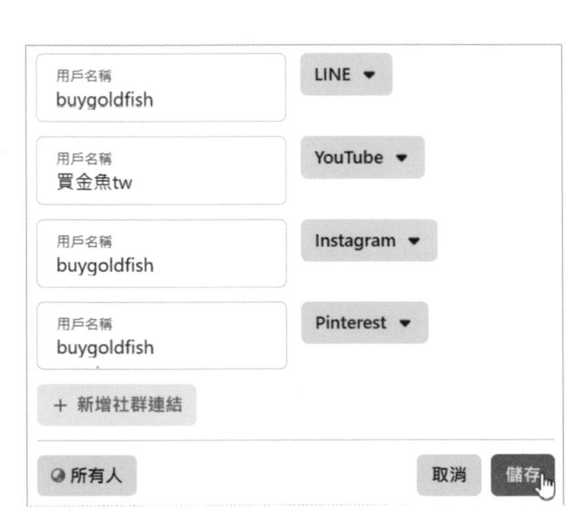

由於 FB 是帳號登入制，在 FB 裡搜尋會有個人化搜尋結果的影響，建議使用新設立或較少使用的帳號進行搜尋，受個人化搜尋因素影響的結果才會小。

預設的搜尋結果，篩選條件是「全部」。

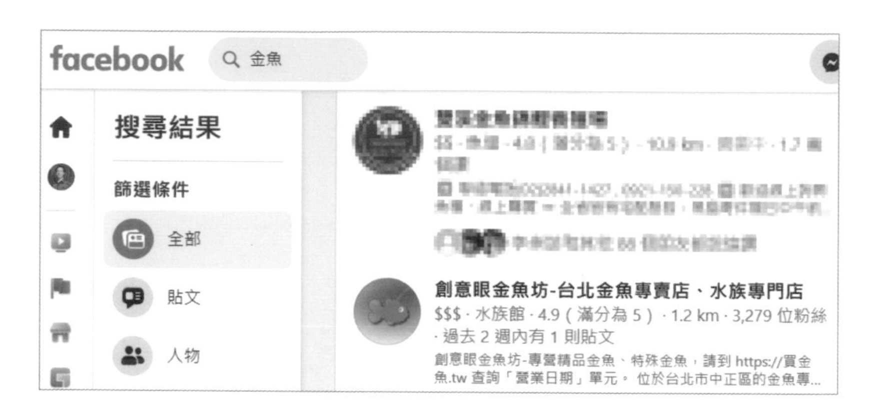

搜尋結果可以選擇「粉絲專頁」，還可再篩選更多細節條件，例如您有在粉專裡設立商店，對於此處搜尋條件的篩選就會有幫助。若顧客想要以「地點」篩選，通常表示要逛實體店。

未來若您的粉專經營有成，也可以嘗試申請 Facebook 的驗證標章 https://www.facebook.com/help/1288173394636262，若有申請成功，代表搜尋粉專條件篩選「已驗證」時也會突顯出來，對搜尋排名的提升也會有幫助。

若顧客想要逛實體店，有可能在搜尋條件裡選擇「地標」，那麼在「地點」裡就可以篩選例如台北市等選項。

本小節介紹在 FB 粉專如何進行搜尋優化設定，但裡面設定的字詞，讀者可以參考前面章節提到的思維方向，盡可能填入相關且有流量的關鍵字，且內容仍是王道，未來仍必須要多發布文字、圖片、影片等訊息。經常更新原創性的內容，對搜尋排名優化是一件很重要的事情。

5.3 建立貼文

先來做個新增貼文的簡單練習，使用 FB 系統原本內建的貼文功能，請到粉絲專頁的前台首頁，接著點選「在想些什麼？」。

會進入到建立貼文的畫面，除了可以在此輸入一般文字或插入圖片（一則貼文最多可放 42 張圖片）之外，若想要在內文裡做超連結，連到某個粉絲專頁或個人，可以在內文裡輸入半形的@符號，再加上要連結的用戶名稱（上個小節有介紹），系統會顯示出一個選單，就能在裡面挑選我們想要連結的粉絲專頁或個人。

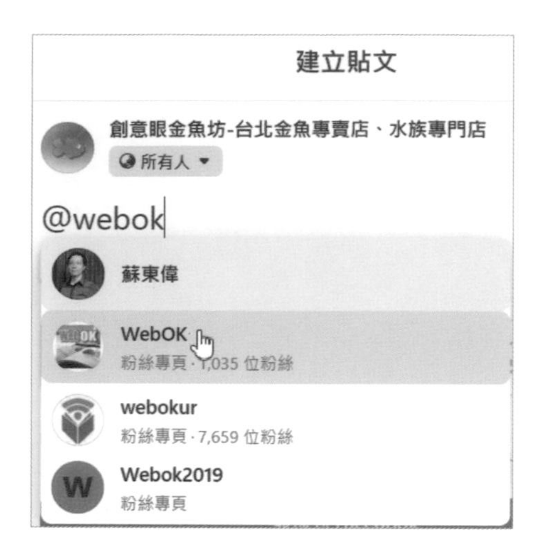

還可以在內文裡輸入主題標籤（hashtag），主題標籤能理解成這篇貼文設定的關鍵字，設定方式為加上半形的 # 符號，後面再輸入關鍵字，每個主題標籤之間用空格做區隔，完成後請按下「發佈到 Facebook」鈕。

- 主題標籤必須寫成一串單詞，中間不可有空格（因為空格是區隔符號）。
- 主題標籤可以含有數字，但是無法使用標點符號與特殊字元（例如 $ 和 %）。
- 一篇貼文最多可以有 30 個主題標籤（若超過 30 個，第 31 個開始的關鍵字就無效）。

貼文發出後，就可以進行連結測試是否正常可用。

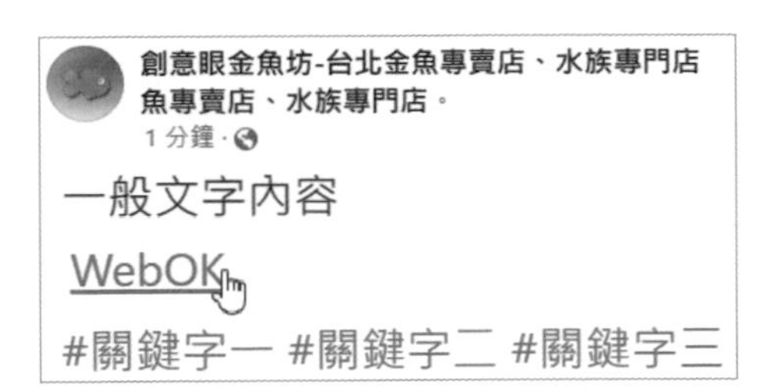

接著來使用更進階、新推出的「Meta Business Suite」工具來建立與管理貼文，請到粉絲專頁的前台首頁點選左邊選單裡的「Meta Business Suite」。

進入 Meta Business Suite 的介面後，點選左上角的「建立貼文」。

文字的部分，請先放上主要敘述的內文，可以加上要導流的網址，在內文最後才放主題標籤，接著按下「地點」鈕。

輸入地點文字進行搜尋，點選找到的地點後，按下「儲存」鈕。

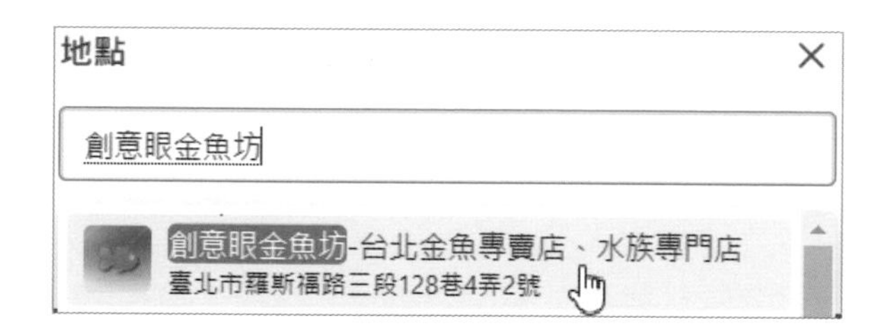

找到「影音素材」區，按下「新增相片」鈕，FB 粉專一則貼文最多可以上傳 42 張圖片。

若一次上傳多張圖片，想要變更圖片的排列順序，可以將滑鼠游標移到某張圖片左方的「六圓點」圖示，按住滑鼠左鍵不放，進行往上或往下的拖曳，即可變更圖片順序。

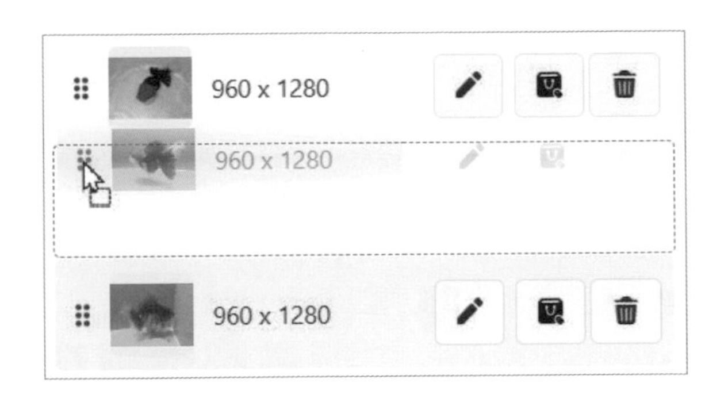

移到某張圖片右方的「筆」圖示。

就會進入「編輯相片」的介面，例如選擇左方選單裡的「篩選」，就可以有相片濾鏡的效果，能給予圖片不同的光影色彩。

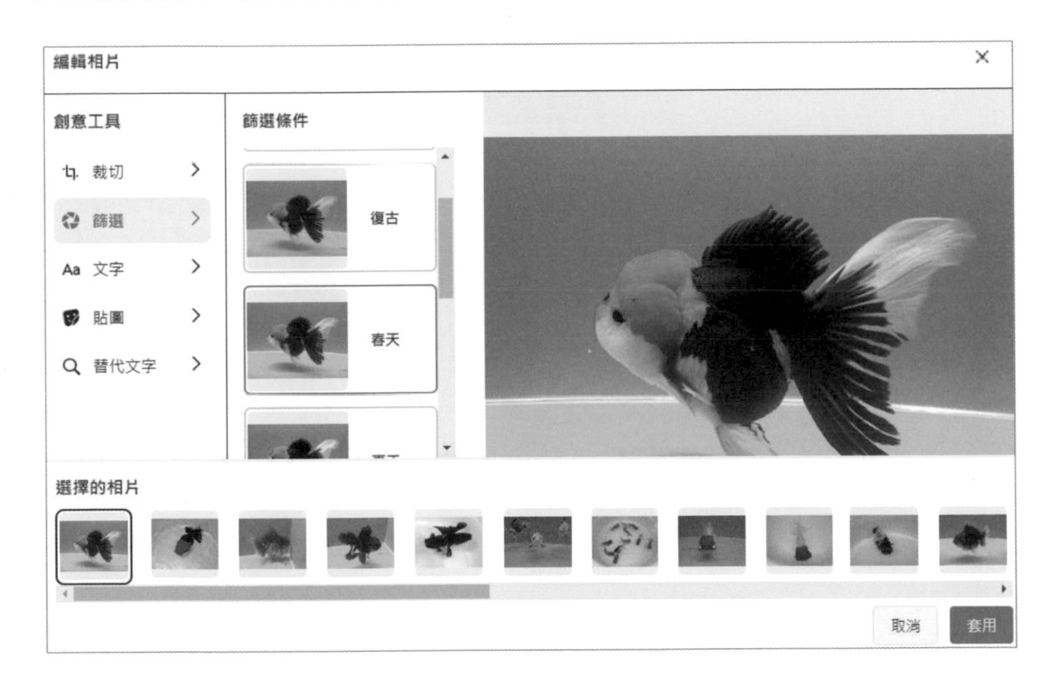

如果要在圖片上加註文字，可以按下左方選單裡的「文字」，再按下「新增文字」鈕。

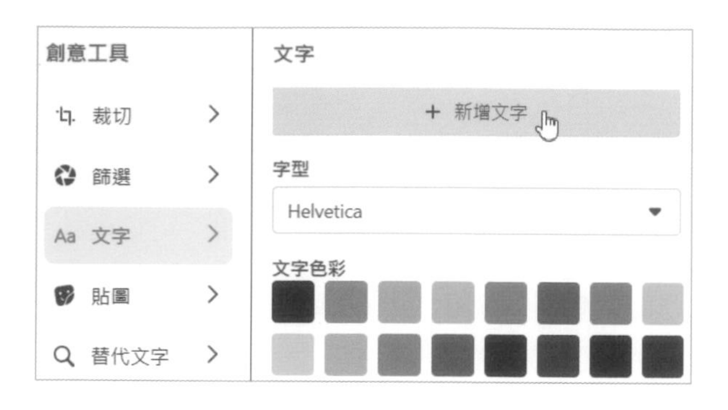

就可以在相片上標註文字、變更字型與文字色彩，也可以拖曳文字區塊大小，或是按住滑鼠左鍵不放，進行文字區塊的移動，還可以按住文字區塊右下角的「圓圈」圖示，對文字區域進行不同角度的旋轉。這些動作都可以在介面裡完成，不需要另外使用其他美編軟體編輯，十分方便。

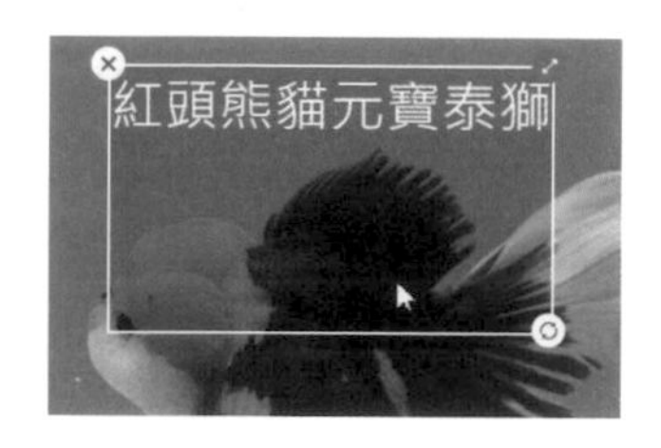

完成文字與圖片的置入與設計後，若本則貼文沒有要立即發佈，想要另外設定發文時間可以選擇「排定時間」，出現「排程選項」的介面，即可設定一個未來的年月日時分，按下「排定時間」鈕完成排程發文的功能。

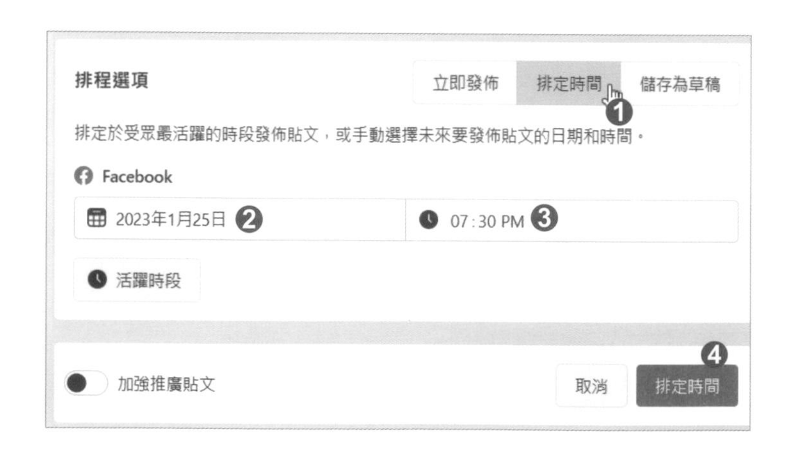

若要馬上發文，則只要按照預設的「立即發佈」介面，按下「發佈」鈕即可發送。

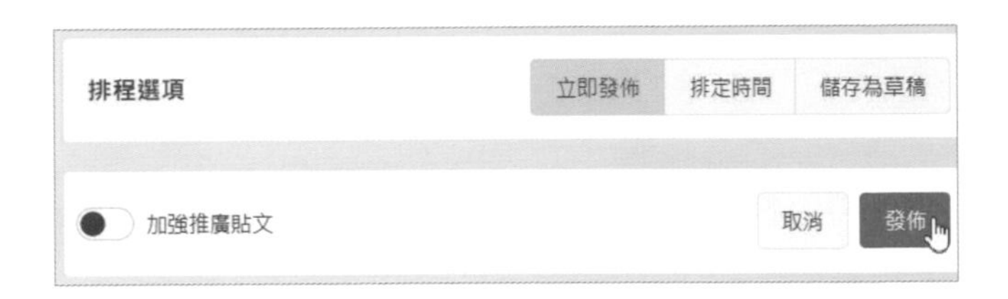

接著來查看完成的貼文，也就是在前台被一般瀏覽者看到的情況。內文中的主要文字與超連結網址記得放在前面，因為 FB 系統只要貼文裡文字稍多，就會出現「顯示更多」，將其他文字隱藏，需要再點擊一次才能展開全文，所以要記得主題標籤（hashtag）的文字要放在內文後面區域，因為主題標籤是寫給系統搜尋看的關鍵字詞，以使用者介面的角度來說，還是要優先呈現實際內容為主。若本則貼文有較多圖片，則系統預設也只會先呈現前五張圖片，所以前五張圖片建議選擇比較有特色或具有代表性的，較能達到吸睛的效果。

發送貼文完成後，若需要修改貼文，可以回到 Meta Business Suite 的介面選擇「內容」。

在「已發佈」區域裡找到要修改的舊貼文，按下右方的「三圓點」圖示選擇「編輯貼文」。

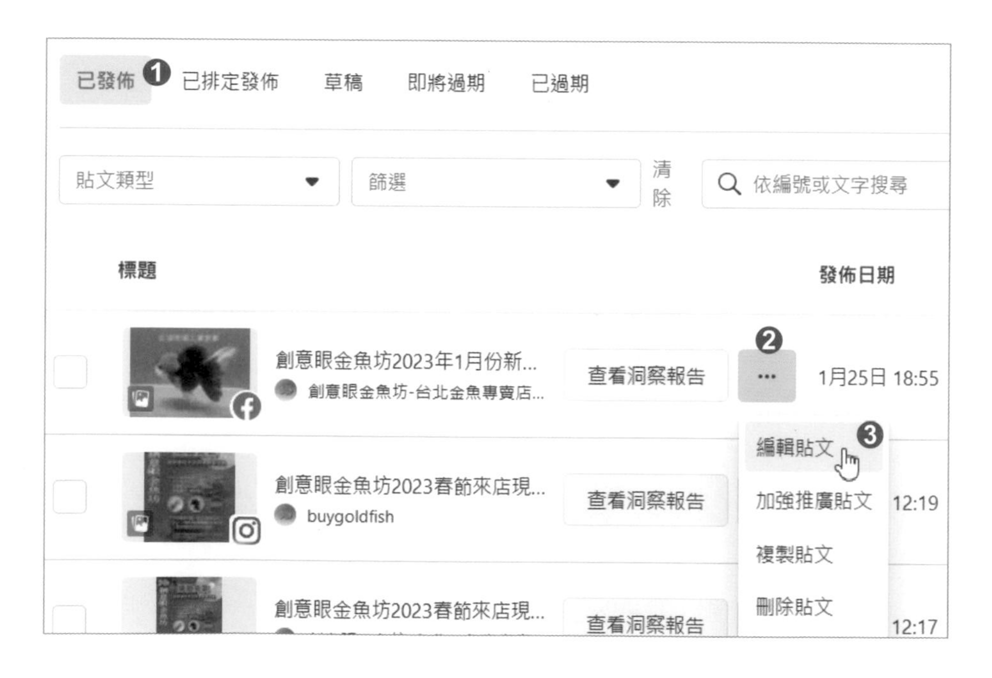

但在編輯貼文中只能單純修改內文裡的文字或地點，無法修改、刪除、新增圖片或影片，若對這篇貼文的圖片或影片不滿意，只能回前一步驟去刪除整篇貼文再重發一次貼文，這點還請注意。

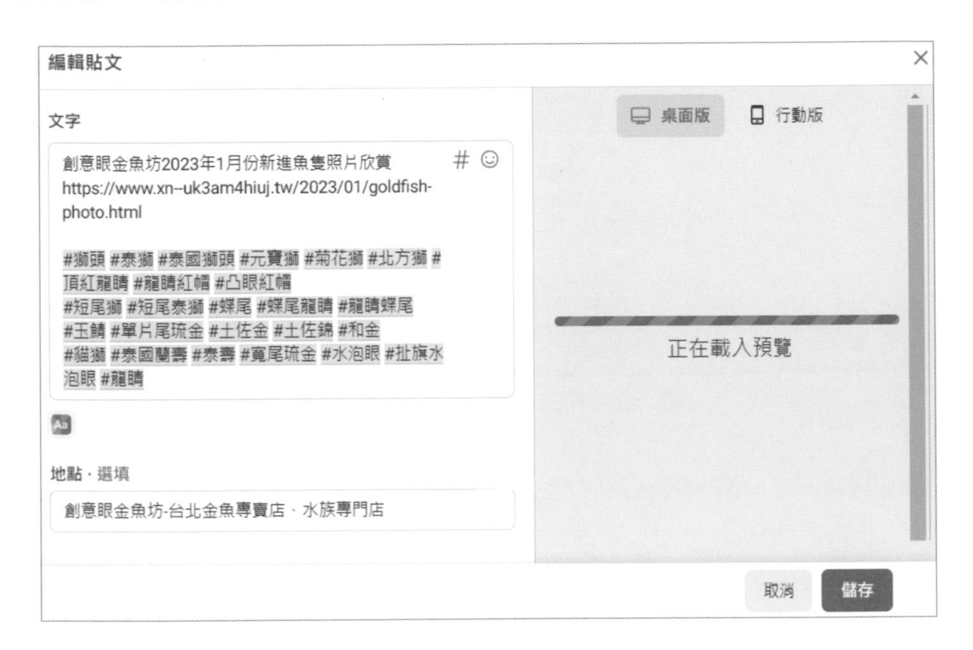

5.4 收件匣

顧客若發送私訊詢問，通常會點選粉專首頁上方的「發送訊息」鈕。

例如顧客詢問明天是否有營業，但是在我們設定的非營業時間裡，系統就會自動回覆一段我們預設的回應文字。

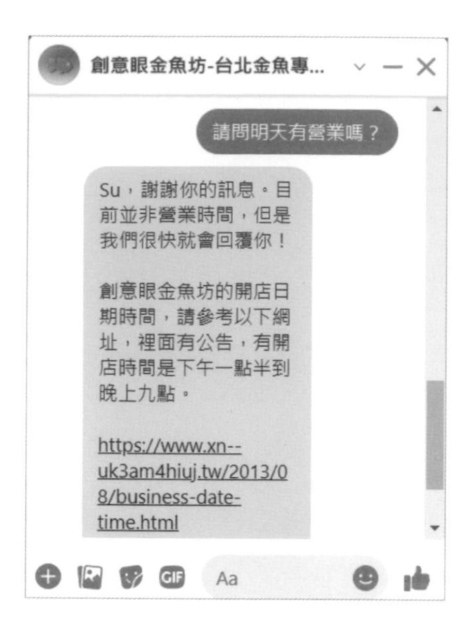

我們來觀看如何設定與回應，請到 Meta Business Suite 的介面點選左側選單裡的「收件匣」。

您可以先按下右上方的「離線」或「在線上」，可以看到目前排定的離線時間，若要進入設定，請按下「自動化」鈕。

出現「自動化」畫面後，請找到「離線自動回覆訊息」，點選右邊的「編輯」。

可以在此調整設定一週七天裡，每天的離線時間區間。

在「發送訊息」欄位裡，就可以輸入文字與網址超連結，設定完成請按下「儲存變更」鈕。

如果想要顧客在詢問到某些特定字詞時會自動回應某些資訊，請點選「自訂關鍵字」。

一開始上方必須是「開啟」狀態，「名稱」裡輸入主要關鍵字，在底下的「關鍵字」欄位還能再額外新增最多 5 個字詞。

在「發送訊息」欄位裡，輸入要回覆的文字與網址，完成後按下「儲存變更」鈕。

接著再次回到 Meta Business Suite 介面，點選左側選單裡的「收件匣」，由 FB 粉專私訊，會在「Messenger」區裡點選該顧客後，可以在底下進行文字、貼圖、插入檔案等回覆，輸入完成按下「發送」鈕即可。

在與顧客交談的介面裡，右上角有七個圖案。

前六個圖案的功能如下圖所示。

「垃圾訊息」匣、「完成」匣的位置，可以在「Messenger」區裡點選「篩選」鈕切換查看。

當我們想要了解此顧客的 FB 資料，可以在與顧客交談的介面裡按下右上方的「查看聯絡資料」，除了可以看到此顧客在 FB 上公開的資料之外，如果在跟顧客交談時對方有留電話，也可以按下「編輯」將電話等聯絡方式填寫進來。

可以為這個顧客做標籤，在「新增標籤」裡，輸入我們對這個顧客的簡短形容字詞，例如本例為飼料。

這樣之後在「Messenger」區裡的清單裡，我們就能很快了解每個被我們貼上標籤的顧客，例如在「搜尋」裡輸入飼料，或是點選「標籤」裡的飼料，就可以找到需要購買飼料的顧客，之後也比較容易再做飼料的推銷。

回到「查看聯絡資料」底下可以看到「備註」，請點選「新增備註」。

備註裡可以儲存 1,000 個字，例如寫上處理的進度，以供後續粉專裡的其他管理者接續做客服回覆時，能更快瞭解之前處理的狀況及注意事項。

「標籤」與「備註」的功能，則是提供給是內部管理人員做記錄使用的（顧客看不到）。

5.5 FB 評論行銷

管理者可以選擇是否開啟 FB 粉專的「評論」功能，最初是以一到五顆星當作評分方式，後來 FB 系統變更為二分法，也就是推薦「是」與「否」，所以顧客會看到有些專頁有滿分五顆星（就是比較早期建立，分數會維持不動，新評論也只能選擇是或否），而有些粉專則只有推薦與否（就是較近期申請，所以沒有顯示分數）這兩種顯示上的差異。

在「設定」裡，左側選單選擇「粉絲專頁和標籤」，找到「允許其他人在你的粉絲專頁查看和留下評論？」，此處預設值是開啟，若是將此處關閉，則「評論」功能就會在前台隱藏，自然也就沒有後續的回覆管理需求，端看您的選擇。

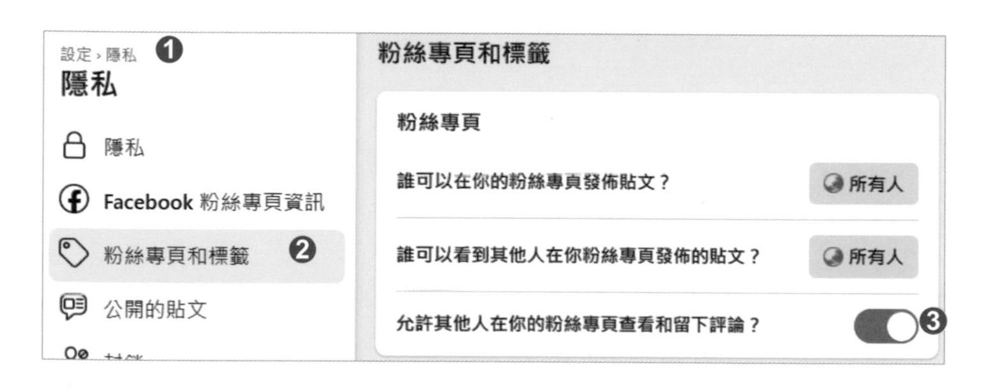

本小節後續還是以開啟評論的功能來做說明，FB 評論可以跟本書 3.5 小節裡的 Google 評論一起搭配規劃行銷活動，來增加好評數，建議要製作較為正式的活動 DM 來做宣傳，會更新引顧客目光。

例如現場出示手機在 FB 粉專跟 Google 我的商家兩者都留好評，可以兌換一個免費的小贈品，由於是免費贈送，願意參與活動顧客必須配合兩邊都留好評，顧客留 FB 評論後，他的 FB 上好友會有機會看到（也是一種分享式的行銷），而店家可以藉此吸引顧客來現場逛，有可能創造更多陌生新客戶來訪與額外購買商機。

另一種行銷策略，是滿額給好評換贈品（滿額禮），例如在本店消費滿多少金額，顧客在 FB 粉專或 Google 我的商家二擇一現場留好評並出示，可以贈送更好的贈品。因為客戶原本已經對店家有貢獻度（消費一定金額），且為了讓顧客容易達成，因此可以二擇一現場留好評即可。防止有些顧客只有某一種帳號或較少使用忘記密碼，或是有其他顧慮（例如偷買自己喜歡的商品，怕被家人發現不敢發 FB），也可以規劃不同滿額門檻兌換不同價值贈品，吸引顧客消費較高金額。

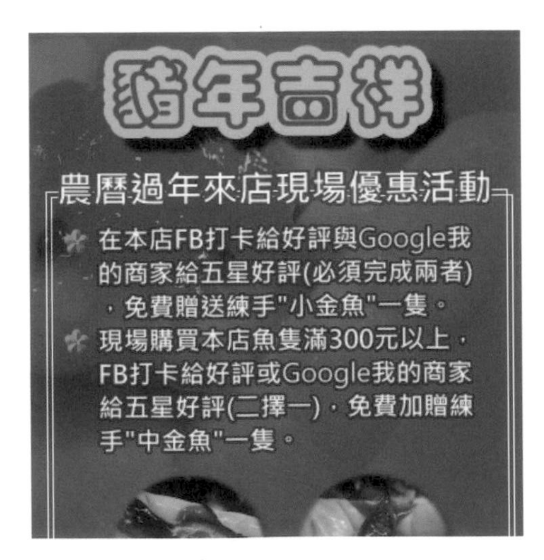

現場出示好評的行銷方式，有幾點建議與注意事項：

❶ 不要相信顧客推託的說詞，例如「趕時間或不會操作，回去會給好評但要先領贈品」，因為通常會這樣說的顧客，很難回去真的會做…，可婉轉跟顧客解釋活動辦法與規定，若無法配合現場出示好評，請勿參加活動領取贈品。

❷ 顧客給予好評但留言的字句不雅或抱怨，一樣可以列入活動辦法細則裡進行規範，能符合者才給予贈品獎勵。

❸ 活動可列印海報在店內明顯處宣傳，現場服務人員也可以在顧客一開始進店打招呼時，主動提醒目前有此活動。

❹ 現場的服務人員（店員）導引與宣傳很重要，尤其有滿額禮之類的活動舉辦時，店員可多留意顧客消費金額給予提醒（例如再差 50 元就到門檻可換贈品），而要讓店員有主動行銷的積極性，也許店長可以做現場紀錄（或請店員導引完成後，拍顧客手機完成畫面給店長），建議對店員以獎勵代替懲罰為宜。

❺ 如果顧客評論後不願意留下文字，或是不曉得要打什麼文字，可以預備一則很簡短的口號，請客戶輸入即可，例如「創意眼金魚坊，給好評就送小魚」。

留下評論的方式，是一種良好的網路口碑行銷，經由來訪或購買過的網友推薦，對於第一次接觸的新顧客來說，是很好的參考依據。

本小節介紹的 FB 粉專，與後面第八章要介紹的 LINE 熱點，都有評論的機制，而前面第三章提到的 Google 我的商家，其實會去抓取 FB 粉專與 LINE 熱點的評論，這兩處的評論數越多越好，因為會影響在 Google 搜尋引擎上面的排名，因此值得多加經營。

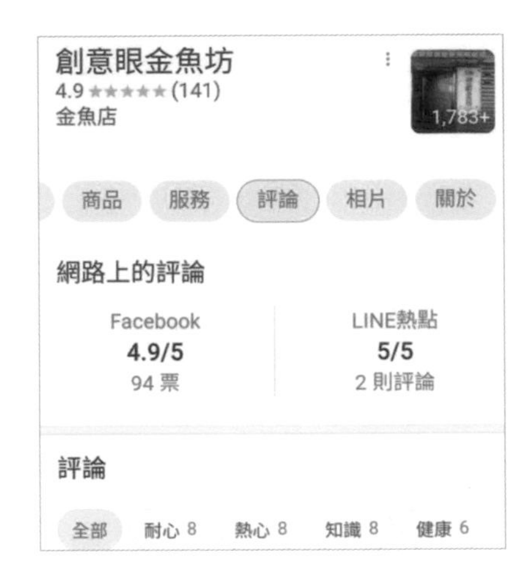

當顧客在 FB 粉專留下了推薦好評後，由於此處系統強制顧客留評論時必須至少要打幾個字（不像 Google 我的商家可只留星數、不用打字），建議有新評論時，管理者還是要進行回覆。

任何評論的系統都一樣，難免會遇到不當的評論留言，可以在該評論的右方角按下「三圓點」圖示，選擇「檢舉貼文」。

即可出現七種可以檢舉的類別，選擇其一之後，按下「提交」鈕，即可進行檢舉。

5.6 留言 Tag 好友做直播抽獎活動

本小節以粉專舉辦活動為範例，說明如何舉辦留言 Tag 好友的流程，以及如何在線上直播抽獎，將整個活動規劃考量與操作細節，各步驟截圖進行說明。

進入到 Meta Business Suite 的介面後，點選左上角的「建立貼文」。

可以想一段活動文字口號，希望網友來此則貼文下留言這段文字，例如「留言 Tag 創意眼金魚坊過年優惠活動，我要抽免費金魚」，文字內容不宜過多，以簡單易懂有吸引誘因為原則（單位名稱、活動名稱、獎勵誘因文字），並希望網友留言時，能再 Tag 自己的兩位 FB 好友，Tag 就是在留言時加上 @FB 好友名稱，因為被 Tag 到的人，在他的 FB 右上角通知裡將會顯示出此訊息，通常被好友 Tag，很高的機率都會點入觀看（對活動感興趣或有好康的還可能再轉載分享），而之所以限制 Tag 人數，主要是 Tag 的動作稍微複雜，除非提供的獎勵誘因非常吸引人，否則可能有些網友會放棄（例如 Tag 太多好友怕被罵、懶得 Tag 太多人），所以還是建議以兩、三人為宜。

接著就是將活動辦法條列出來，建議辦法細則寫的詳細一點，以免辦活動引發後續糾紛，反而影響到商譽，例如活動結束的日期時間、抽獎的日期時間、獎品贈送方式（什麼時候到現場領或是寄送、寄送郵資多少，以及由哪方出、如何驗證是本人…）、留言不符合活動規則（沒有 Tag 好友、沒有 Tag 成功）、何時抽獎…。且要考量人性是有私心的：如果這篇發文越多人看到或參加，自己的中獎機率可能就會越低，可能導致得知此活動的人盡量少分享宣傳曝光（競爭者少，這樣自己中獎的機率就高）；為了防止發生這樣的情況，可以規劃超過多少則留言，就加碼增加獎品數量（越多人留言，送的獎品越多）。這則發文的最後，則可以輸入 # 符號加上本則留言的主題標籤（Hashtag），以增加本貼文被搜尋到的機率。接著可以插入相片（一則貼文最多 42 張照片），第一張相片會是貼文縮圖與佔最大視覺面積，建議可以放活動 DM 圖，全部完成後，請按下「發佈」鈕。

內文裡面為何有「扌由」這樣怪異的錯字？這是因為近年來，FB 官方不提倡大家使用抽獎的方式來舉辦活動（不希望用獎品誘導方式，而是希望網友是發自內心的喜歡來參加），所以 FB 會將「抽獎」或「抽」這樣的字列入系統偵測的敏感字詞，一旦偵測到貼文裡有這些字詞，這篇貼文的觸及率與曝光率就會被大幅降低，但實務上若舉辦活動沒有誘因，不太容易讓網友積極參與，因此就發展出「扌由獎」這樣變通的拼字。

接著我們要思考如何讓本篇貼文被更多人看見，除了在官網與店面等處做宣傳之外，建議您個人的 FB 帳號平常應該就要加入一些相關的 FB 社團（例如筆者就加入了很多水族社團），這些 FB 社團就是潛在客群（對您的商品或服務感興趣），可以使用個人 FB 帳號登入後，在這則活動貼文的右下角，點選「分享」/「分享到社團」。

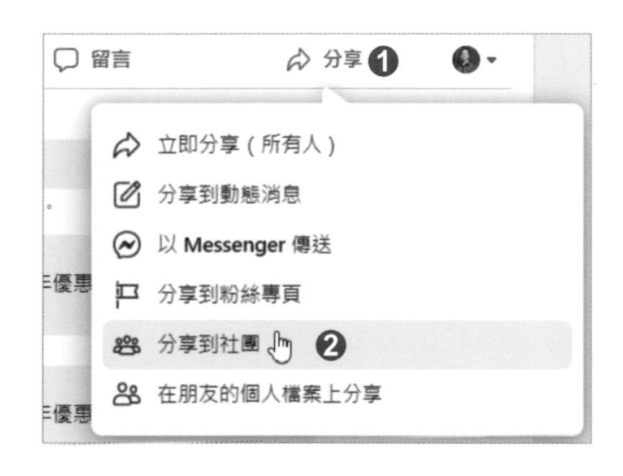

在此挑選此帳號加入過的 FB 社團，就能將此活動訊息發佈過去，但請注意發佈過去是否能直接顯示在該社團，是取決於該社團的發文設定（有些社團發文需人工審核）。但由於此活動訊息是屬於廣告類型，仍建議分享此文過去前，先查看一下對方社團的版規（禁發廣告文、多久能發一篇廣告文、發文需要特殊格式…），或是私訊對方管理員詢問可否發廣告文為宜。

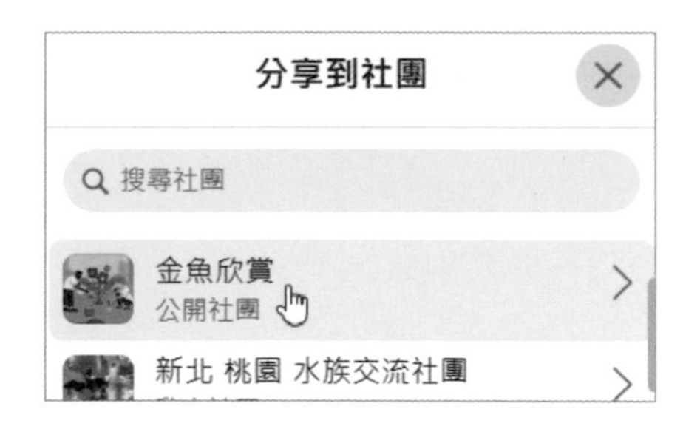

活動期間當有人開始留言時，就看您是否要每天花時間查看留言有無符合格式，若有不符合者，可以留言提醒對方，正確完成 Tag 兩位好友時，兩位好友名稱應該是粗體字且有超連結到各自 FB 頁面；若好友名稱是正常細體字且沒有連結，則沒有正確 Tag 成功，只有留文字口號沒有 Tag 好友的，自然更是不符合活動規定。

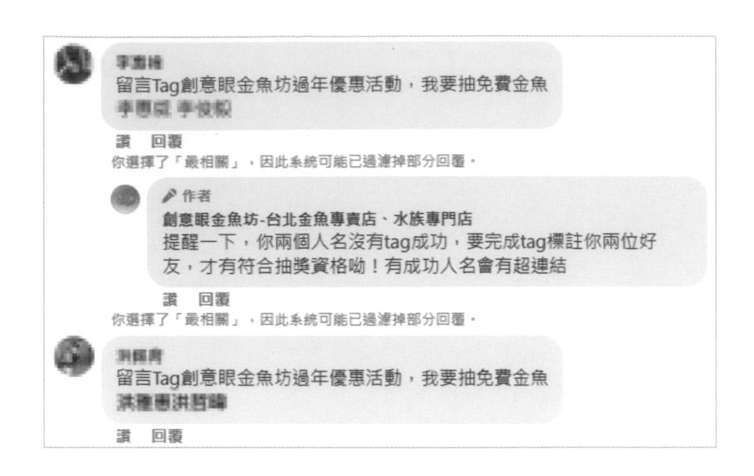

接著準備一支手機（能準備手機支撐架更好），請先到 Google Play 或 App Store 搜尋「Meta Business Suite」這款原廠 APP，完成安裝後點按「開啟」。

登入您的 FB 帳號後，若有管理多個專頁，則需點選左上角圖示切換到要直播的專頁，接著點按中間下方的「加號」鈕。

會出現「建立新的內容」畫面，請選擇「直播」。

將手機鏡頭朝向桌機或筆電要抽獎的螢幕畫面（或準備一台平版電腦），按下「開始直播」鈕，就可以直播電腦畫面上的抽獎過程，如果此直播影片之後還要保留在粉專上供人觀看，為了有公信力起見，可以考慮買一份當天的報紙，直播一開始先照一下報紙頭版日期，以證實影片是抽獎當天錄製的。

接著在電腦上操作（此時手機正在直播錄影對著電腦畫面中），按下「從粉絲專頁 / 社團選擇貼文」鈕。

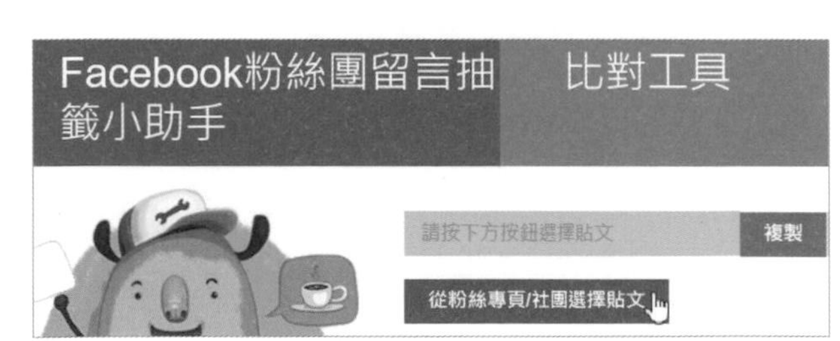

在左方可以選擇要管理哪個粉絲專頁或社團。

若是最近的貼文，可以直接依貼文時間找到該篇貼文後，按下此貼文左方的「選擇貼文」鈕，如果要找比較早期的貼文，可以輸入 FBID 進行查詢。

在電腦網頁版的 FB 專頁裡，要得知每一篇文章的 FBID，可以點選該篇文章左上角的日期超連結，網址的 posts/ 之後有 15 位數字，即為該篇文章的 FBID。

選擇貼文後，會返回前一個畫面，再按下「抓留言」鈕。

開啟「排除重複留言」，當有同一個帳號來重複留言，系統會進行排除，在「至少要 @ 多少人」裡可以選擇 0-3 人的條件，設定截止日期（在此日期後的留言也不列入抽獎），再輸入要抽出的人數後，按下「抽獎」鈕。

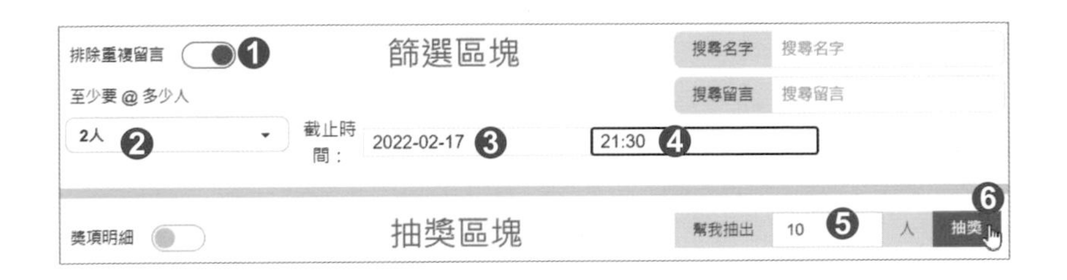

得獎者會顯示在「得獎名單」與「得獎名單（表格）」區裡，若點選「得獎名單（表格）」的右上角「複製表格內容」鈕，則可以將得獎者相關文字資料複製，以方便您貼到其他地方留存資料。

擷取內容　得獎名單　得獎名單(表格)　複製表格內容

序號	名稱	留言內容	按讚數	留言時間
1	[illegible]	留言Tag創意眼金魚坊過年優惠活動，我要抽免費金魚 [illegible]	0	2018-02-18 09:25:33
2	[illegible]	留言Tag創意眼金魚坊過年優惠活動，我要抽免費金魚 [illegible]	0	2018-02-14 15:26:06

直播也是有技巧需要多練習的，如果能一人負責操作抽獎畫面，一人負責直播（類似主持人要掌控流程）會更佳，例如在抽獎之間還要看手機畫面，隨機對一些登入進來看直播的帳號寒暄打招呼或回覆問題互動，營造直播的即時感與真實感會更好。

5.7 洞察報告

本小節列舉粉專部分的數據分析功能，提供給您參考，FB 的三種型態（個人頁面、粉絲專頁、社團）裡，粉絲專頁的數據功能最多且最詳細（個人頁面沒有數據分析功能，社團近幾年推出的數據分析功能較有限）。

進入到 Meta Business Suite 的介面後，點選左邊選單裡的「洞察報告」。

一開始進入的畫面為「總覽」，在右上角可以選擇要查詢的日期區間，選擇完按下「更新」鈕。

在左側選單裡選擇「受眾」，可以看到粉絲年齡和性別，更底下還有城市排名、國家／地區排名等數據，瞭解自己的粉絲族群，是否與自己設定的客群方向大致上符合。

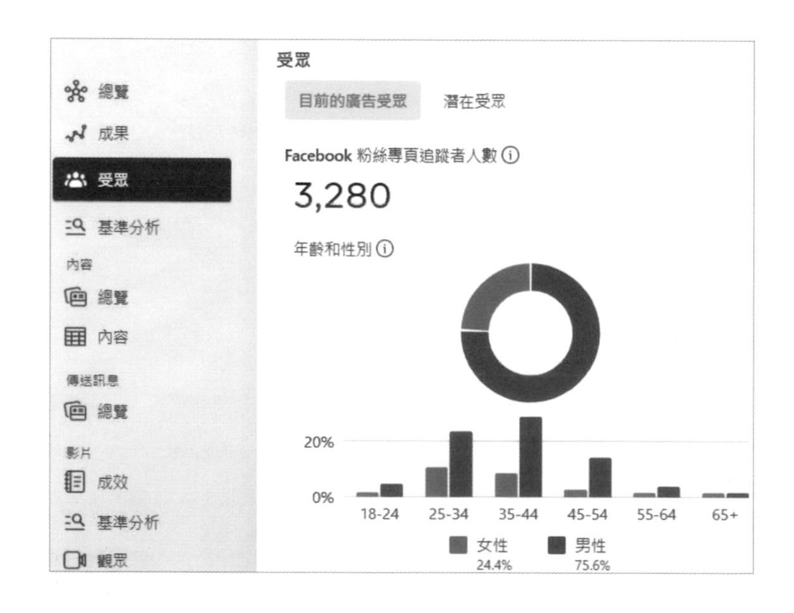

在左側選單裡選擇「基準分析」，再點選「可觀看的商家」，按下「新增企業管理平台」鈕。

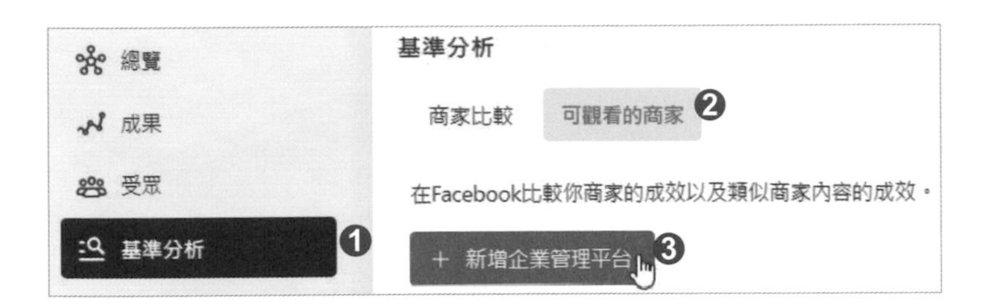

您應該清楚自己的行業別 / 領域裡有哪些知名的同業，可以直接輸入他們的名稱進行搜尋，或是輸入行業別關鍵字也可以找到相關的 FB 粉專。用這樣的方式，可以把相關競爭對手的粉專加進來。

您自己的粉專也會在這個清單裡，可以跟競爭對手做比較，查看是否名次與數據有提升，建議加入的對手是有競爭力的領導品牌，誠實以對才能讓自己有更大的進步空間，例如競爭對手按讚數提升較多，可以點去觀看一下是否有舉辦什麼活動造成的，也許能從中找到可參考借鏡之處。若要把某粉專從這個清單列移除，則按下右方的「三圓點」圖示，選擇「從清單中移除」即可。

粉絲專頁	粉絲專... ↓	粉絲專... ↑↓	已發佈的內容	
[illegible]	3,215	↑ 23	20	···
創意眼金魚坊-台北金魚專賣店、水族專門店 創意眼金魚坊-專營精品金魚、特殊金魚，請到 https:...	3,160	↑ 6	3	從清單中移除 前往 Facebook 粉絲專頁
[illegible]	2,356	↓ 1	0	···

設定完「可觀看的商家」後，選擇「商家比較」，可以看到跟同類商家比較的資料，以及您的經營成效是否高於競爭者們的平均值。

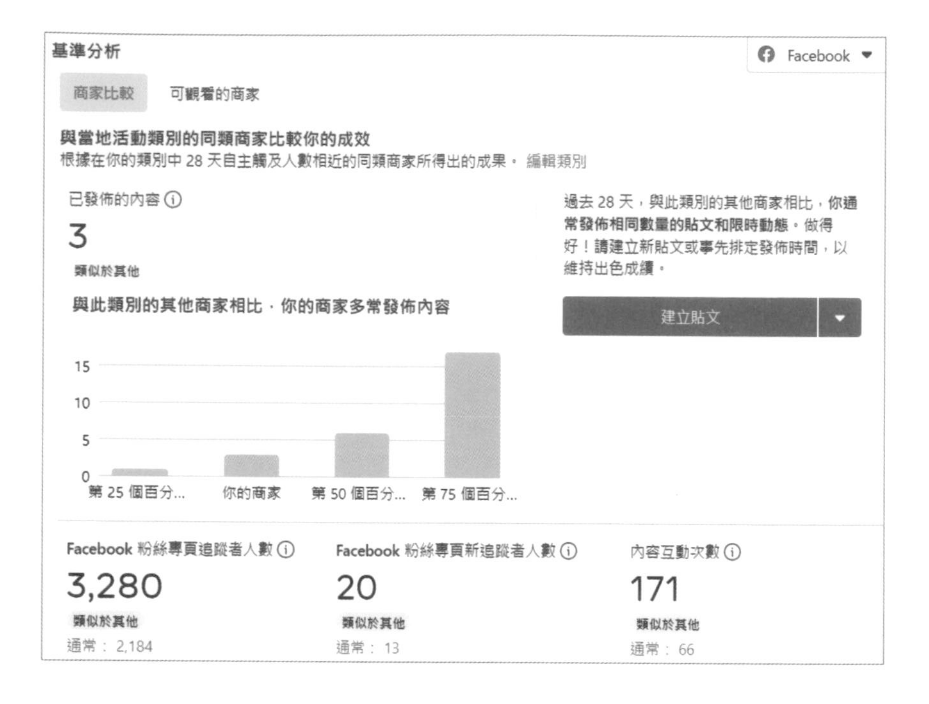

在左側選單裡選擇「內容」/「內容」能看到每篇貼文的觸及人數、按讚和心情數等數據，在這些不同條件上點選「遞增排序」或「遞減排序」，可以列出最少或最多的貼文。

第 6 章

Instagram 與 Pinterest 視覺行銷

在全球社交網路的發展上，除了 Facebook、Twitter…等以文字交流為主的模式之外，隨著行動裝置盛行，圖片共享社交網路成為新興寵兒，其中的佼佼者為 Instagram（簡稱 IG，）與 Pinteres。由於 2012 年 4 月 Facebook 宣布收購 IG，因此本章除了說明 IG 的操作與行銷，也會進行 IG 與 FB 粉專的資料整合發佈，而 Pinterest 則會設定可以直接抓取 Google Blogger 裡的資料，節省我們資料發布及更新的時間。

6.1 視覺化行銷

根據歐美的統計資料顯示，IG 與 Pinterest 比較吸引女性，但 IG 的手機用戶較多，Pinterest 則是平板電腦用戶較多，而要在 IG 與 Pinterest 裡發佈一則訊息必須至少上傳一張圖（不一定要打字），較符合年輕世代「有圖有真相」、「一圖代表千言萬語」、「不想解釋太多，看得懂圖的自然就看得懂」的觀念，加上很多潮流廠牌紛紛經營這些視覺平台，上傳大量精美的產品照，更是加速了視覺化行銷的盛行。

一、視覺化行銷建議的方向

▶ **個人追星：**

例如 follow 職籃職棒運動明星、偶像藝人、電影明星…，以及這些明星延伸出來的商機。

▶ **嗜好、收藏品：**

尤其有些中古商品需要照片或影片來呈現保存的品質等級，例如古董、動漫玩偶公仔、懷舊商品…。

▶ **寵物：**

各式各樣賣萌的動物，有趣可愛的行為、豔麗漂亮的體色紋路，以及飼養的週邊商品。

▶ **藝術品、唯美、視覺設計：**

例如畫作、陶瓷、木雕創作、裝置或公共藝術品、珠寶…。

▶ **潮流、流行時尚、新奇玩意：**

例如潮牌服裝、鞋子、飾品、文創商品、搞怪商品…。

▶ **交通工具：**

名牌跑車、重機、纜車、遊輪…，特殊有造型、容易吸引人目光的交通運輸類工具。

▶ **美食飲品：**

各種餐廳、夜市、果汁、剉冰、麵包、餅乾，尤其有特色有造型的食品，更容易讓人想拍攝與轉傳。

▶ **旅遊、風景：**

上山下海的各種大自然美景、季節性風景、指標性建築物…，例如民宿除了拍外觀與房間房型佈置之外，也可以拍周圍風景或放上吸引人拍照打卡的吉祥物、場景，成為網紅打卡拍照的熱門景點。

二、視覺化行銷不建議的方向

▶ **長期販售相同尺寸外觀的產品：**

例如數十年都固定販售木頭板凳這樣的單一商品，就比較難長期產出優質的照片，可以搭配不同的周圍場景來產生不同的照片，或是改為比較有設計感的裁切、不同的材質紋路或油漆變色等方式，增加產品額外的用途或增強設計感，將產品做變化。

▶ **民生必需品：**

一包鹽、一盒衛生紙、一塊肥皂，這類平價常見的商品，就不容易做視覺行銷，可能要做產品的結構變化，例如普通肥皂變成造型香皂之類的方向去做思考。

▶ **工業、工廠、工地：**

例如機械車床工廠這類重工業，拍攝現場可能比較不容易做視覺化行銷，但製作出來的成品會比較適合拍照，或是拍攝施工前跟完成後的照片。

▶ **無實體商品：**

例如律師、會計師的顧問諮詢服務，這類無實體商品的服務，也不適合拍攝。

6.2 IG 申請與切換為專業帳號

使用手機搜尋「Instagram」原廠 APP 並完成安裝後，點按「開啟」。

開啟後，出現「新增帳號」的畫面，可以選擇「登入現有的帳號」，以「Facebook 帳號登入」或是選擇「建立新帳號」，依畫面導引完成申請流程。

過去一支手機只能建立一個 IG 帳號，但後來 IG 已解除此項限制，所以可以考慮創立不同 IG 帳號來行銷宣傳不同的內容，若之後要再建立第二個 IG 帳號，必須先點選右下角的「大頭貼圖示」，左上角會出現下拉式選單可以點選「新增帳號」，前述的建立新帳號申請流程會再出現，若有兩個以上的 IG 帳號，同樣在左上角的下拉式選單中進行不同帳號的切換。

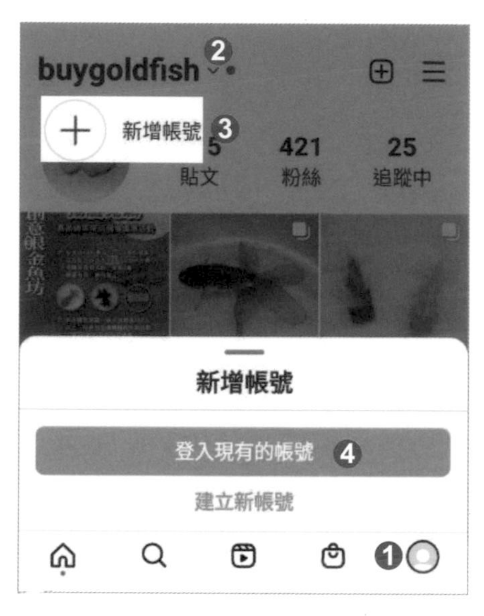

點選右下角的「大頭貼圖示」後，再點選右上角的「三橫槓」圖示，在選單裡選擇「設定」。

找到選單裡的「帳號」進入後，在最底下的選單裡點選「切換為專業帳號」。

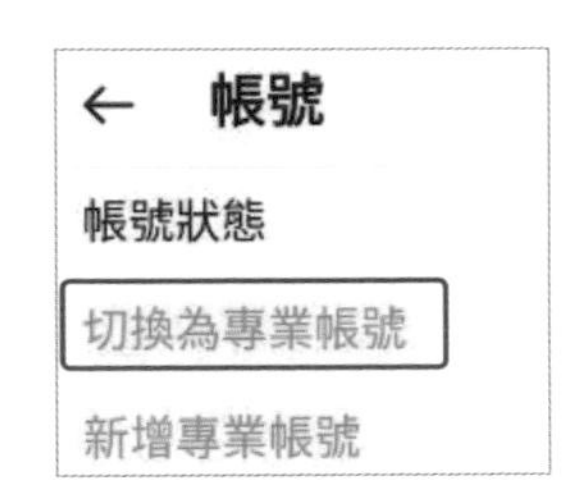

在 IG 裡因為翻譯問題，有時候會看到描述為「專業帳號」、「商業帳號」或「企業帳號」等字詞，其實指的都是相同的服務。

接著會看到「取得專業工具」、「深入瞭解粉絲」、「觸及更多用戶」、「使用新的聯絡選項」這四個畫面，同樣點按底下的「繼續」鈕即可到「哪一項描述最適合你？」的畫面，請將「在商業檔案上顯示」開啟，選擇一個「類別」後，按下「完成」鈕。

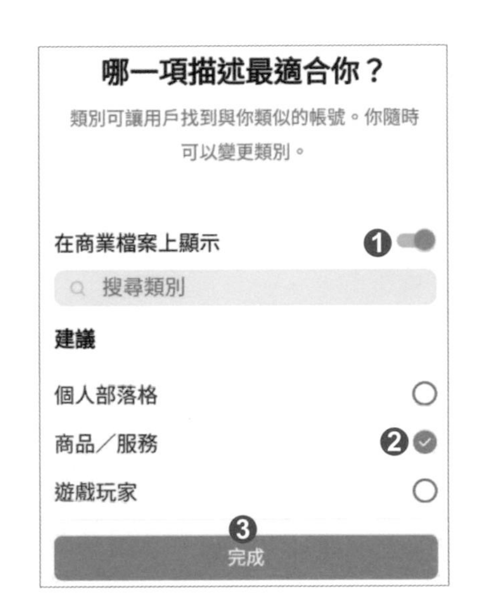

原本我們申請的 IG 帳號「切換為專業帳號」，有點像是 FB 個人帳號升級成 FB 粉絲專頁的概念，但 IG 變為專業帳號後就無法將帳號設定成不公開，而在點選右下角的「大頭貼圖示」後，也會看到多增加了「專業主控板」（洞察報告的數據分析功能）與「聯絡資料」（公開的聯絡資訊）這兩個功能。

未來如果此 IG 帳號想要還原為個人帳號或變更為創作者帳號，可以回到「設定」/「帳號」裡點選「切換帳號類型」，就能選擇「切換成個人帳號」或「切換成創作者帳號」。

點選進入「專業主控板」，就可以看到帳號洞察報告，具有相關的數據分析功能。

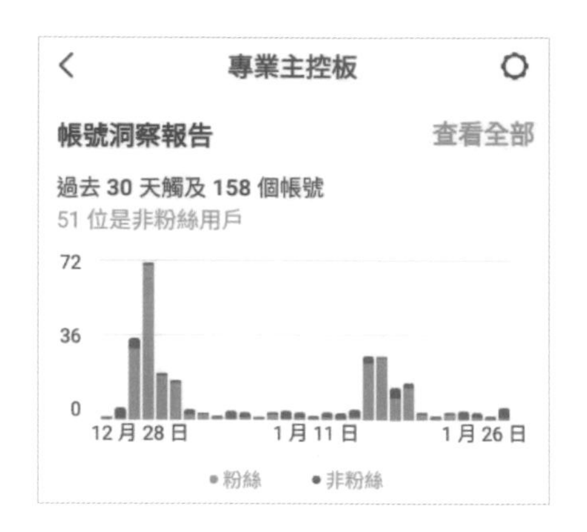

隨著您未來 IG 的經營，可以看到粉絲的成長數、城市、國家 / 地區、年齡、性別、活躍時間…等數據（如下左圖）。

未來您開始發文後，還能看到貼文的各項數據，也能依不同的排序條件進行篩選（如下右圖）。

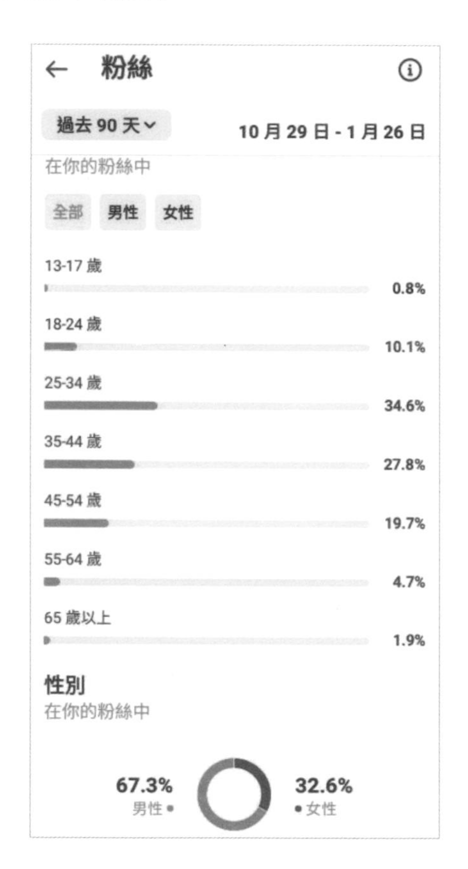

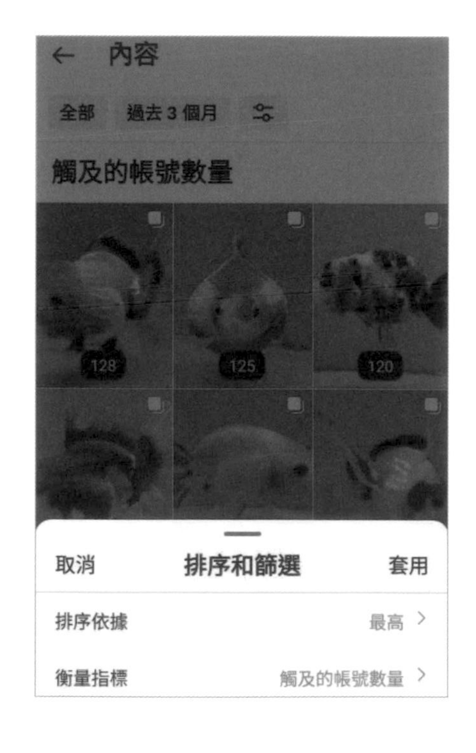

6.3 IG 拍照上傳與管理

本小節介紹三種在 IG 新增資料的方式：

一、使用手機 IG 的 APP 直接拍照上傳

先點選右下角的「大頭貼圖示」，若要新增貼文請點選「加號」圖示。

出現「建立」的選單，選擇「發佈」。

由於本例要用手機拍攝照片，請選擇「相片」，按下「圓環」按鈕，即可進行拍照。

拍下來的照片可以選擇「濾鏡」，裡面有超過 20 款以上的效果，能夠讓照片變得更明亮或更復古；也可以選擇「編輯」，裡面有 10 款以上的選項，例如調整照片角度、對比、飽和度等各式功能，設定調整完成後，請按下右上角的「往右箭頭」圖示。

「輸入說明文字」欄位裡可以放上文字敘述，亦可放上網址進行導流，也可以加上半形 # 符號的主題標籤（hashtag），每個主題標籤之間用空格做區隔，這等於是這篇貼文的關鍵字，IG 對這種標籤行銷更是重視。「新增地點」裡的地點則是抓取 FB 系統裡的地標，可以開啟「發佈到其他 Instagram 帳號」與「分享到 Facebook」的功能，系統會引導如何取得權限的畫面，但一個 IG 帳號只能同時同步新增到另一個 IG 帳號及一個 FB 粉專帳號，設定好後，請點按右上角的「打勾」圖示，完成一則新貼文的發送。

二、使用電腦網頁版 IG 上傳

到 https://www.instagram.com，登入帳號密碼後，在左側選單裡點選「建立」。

出現「建立新貼文」畫面後，可以開啟檔案總管，同時選取多個照片或影片，按住滑鼠左鍵不放，將檔案一次拖曳此畫面，後續流程跟手機拍照後上傳大致上差不多，此處不再贅述。但從網頁版上傳時，就無法設定同時新增到別的 IG 帳號或 FB 粉專。

三、使用 FB 的 Meta Business Suite 上傳

有不少知名潮流品牌的 IG，上面精美的照片，其實都是另外用專業相機等拍攝器材甚至是攝影棚拍攝，這些大量拍攝的照片，可能也是利用電腦的美編軟體（例如 Photoshop）再後製修圖，然後使用電腦版的介面大量裁切上傳、設定內文與主題標籤，這樣才會更有工作效率。之前都必須透過第三方軟體來做這些事情，但隨著 FB 宣布收購 IG，兩邊系統的整合互動性大增，目前筆者欲將大量照片在兩系統內更新，多半使用 Meta Business Suite 來進行，非常省時方便，但必須先做好相關設定。

請使用電腦登入您的 FB 粉專網頁，點選左側選單的「設定」。

再點選左側選單裡的「已連結的帳號」，選擇「Instagram」，按下「連結帳號」鈕，依畫面引導完成連結。

請注意，若您的 IG 沒有切換升級為專業帳號，則在 FB 粉專就無法建立成連結帳號。

完成連結帳號後，可以再返回原本設定畫面，會看到多了一個「允許在收件匣存取 Instagram」的選項，若是將此選項開啟，則未來 Meta Business Suite 的收件匣裡將會多出「Instagram」與「Instagram 留言」兩個功能，也可以在此同時收取及回覆 IG 上的私訊或留言。

進入到 Meta Business Suite 的介面，點選「建立貼文」，在「發佈到」的下拉式選單裡，就可以勾選 FB 粉專與 IG 專業帳號。

若本則貼文需要同時發佈到 FB 粉專與 IG，通常要遷就 IG 這邊的規格限制（本則貼文至少要有 1 張相片、最多只能有 10 張相片、圖片寬高比例限制），點選「新增相片」/「從桌上型電腦上傳」，內文、網址、主題標籤、地點等使用方法，都跟之前介紹的相同。

新增完相片後，在影音素材區裡點選其中一張相片縮圖右方的「筆」圖示。

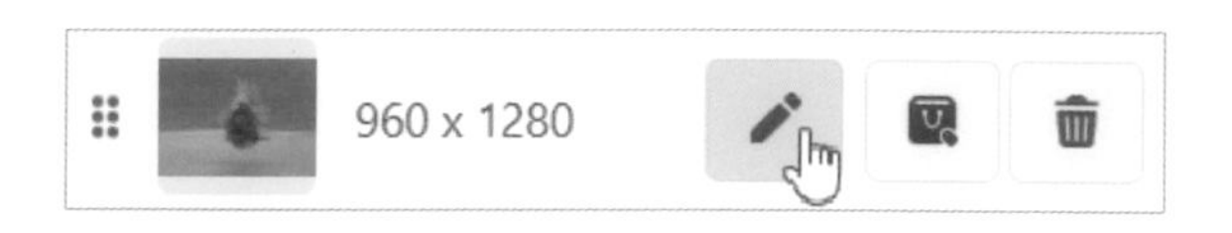

即可進入編輯相片畫面，由於 IG 相片寬高比例有限制，建議最好是剪裁成正方形，所以我們點選「裁切」，並點選「正方形 1：1」，就可以對此相片進行裁切，還能使用滑鼠拖曳要裁剪的區域大小，若是在裁切區裡按著滑鼠左鍵不放進行拖曳，則可以移動裁剪區域範圍，做完一個相片的處理後，可以直接在下方的「選擇的相片」區域裡，再挑別張相片進行編輯，最多可以一次編輯 10 張相片後，再按下右下角的「套用」鈕，這樣可以節省不少介面往返開啟的等待時間。

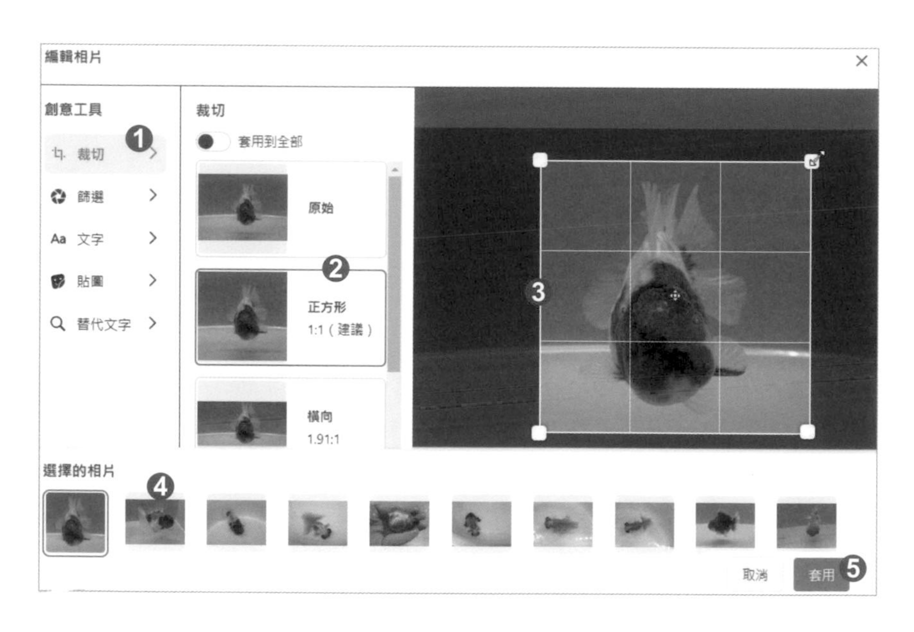

6.4 IG 搜尋優化設定

IG 裡的搜尋優化設定，其實前面小節有部分提及如何設定，但本小節統一彙整在此，落實做好這些設定，無論在 IG 本身內建的搜尋或是 Google 上的搜尋，都會有排名提升與增加曝光率的效果。

一、貼文時能建立地標會更好

地標（地點）名稱包含主要有流量的關鍵字，建議此地標能成為 FB 粉專會更好，例如在手機版 IG 裡搜尋「金魚」這個關鍵字後，選擇「地標」這個頁面就可以看到筆者的地標名列前茅。

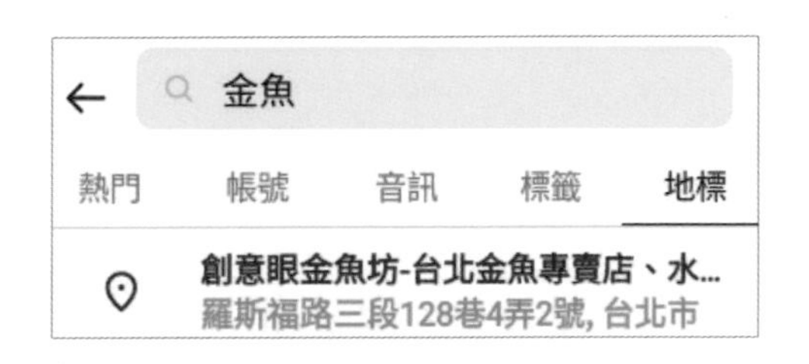

二、貼文加入主題標籤

在發佈貼文時，加入 # 符號做主題標籤（Hashtag）當成貼文的關鍵字，增加曝光量（標籤行銷），主題標籤允許使用數字，但是不可使用空格以及 $ 或 % 等特殊字元，一則貼文最多可使用 30 個標籤。

三、姓名包含主要關鍵字

在電腦網頁版登入帳號後，選擇左方選單裡的「更多」/「設定」/「編輯個人檔案」，「姓名」欄位要包含主要關鍵字，例如「創意眼金魚坊 - 金魚專賣店、台北精緻金魚、特殊金魚、水族專門店」這樣較長的名稱，IG 系統是可以審核通過的，這樣「專賣」、「專門」、「水族」…這些次要與輔助的關鍵字也納入到名稱裡，會更有助於此 IG 在這些字詞的搜尋排名提升，但本欄位 14 天內只能變更兩次。

姓名 創意眼金魚坊-金魚專賣店、台北精緻金魚、

使用你為大眾所熟知的姓名 / 名稱，例如全名、暱稱或商家名稱，幫助其他用戶探索你的帳號。

你在 14 天內只能變更姓名兩次。

四、用戶名稱輸入相關且有意義的英文

在電腦網頁版登入帳號後，選擇左方選單裡的「更多」/「設定」/「編輯個人檔案」，「用戶名稱」欄位建議輸入相關的英文（不能跟其他人重複），這也會是您 IG 網頁版對外的網址（Google 搜尋引擎會收錄），例如筆者申請的用戶名稱為「buygoldfish」，IG 的網址就是 https://www.instagram.com/buygoldfish/ 。

五、個人簡介撰寫描述句子與次要關鍵字

在電腦網頁版登入帳號後，選擇左方選單裡的「更多」/「設定」/「編輯個人檔案」，「個人簡介」欄位可輸入 150 個以內的字元，除了可寫入要對外公告的事項之外，也可加入句子式的描述與次要關鍵字。

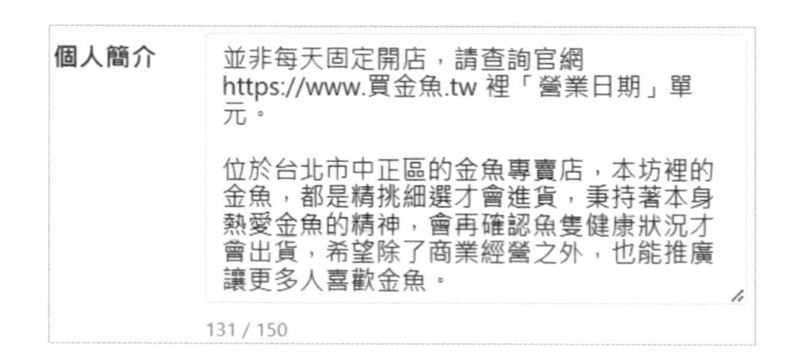

六、勾選類似帳號推薦

在電腦網頁版登入帳號後，選擇左方選單裡的「更多」/「設定」/「編輯個人檔案」，請勾選「類似帳號推薦」，讓此 IG 帳號有更多的曝光機會出現。

七、選擇相關類別

在電腦網頁版登入帳號後，選擇左方選單裡的「更多」/「設定」/「專業帳號」，會顯示此 IG 帳號目前的類別，如果修改請點選「變更」，盡可能選擇相近的類別，建議勾選「顯示類別標籤」。

類別 水族館
變更
☑ **顯示類別標籤**

八、Instagram 認證標章

此功能必須使用手機 IG APP，點選右下角的「大頭貼圖示」後，再點選右上角的「三橫槓」圖示，在選單裡選擇「設定」，接著選擇「帳號」，點選「申請驗證」。

> Instagram 認證標章，是指顯示在 IG 帳號名稱旁的藍色勾號，表示該帳號是代表重要公眾人物、名人或全球品牌或實體的真實身分，但提交驗證要求並不保證您的帳號一定能夠獲得驗證（需經過審核），需附上身分證件（例如駕照、護照或國民身分證），或是正式企業文件（報稅單、近期水電費帳單、公司組織章程），以及新聞媒體報導等網址連結，以便 IG 進行人工審查。

6.5 Pinterest 建立企業帳號

「Pinterest」是由「Pin」及「interest」兩個字組成，由英文就大概可以了解其主軸意思，就是把您有興趣的東西用針釘起來，可以讓使用者利用此平台作為個人創意及專案工作所需的視覺探索工具，也有人將其視為一個圖片分享類的社群網站，使用者可以按主題分類添加和管理自己的圖片收藏，並與好友分享，由於網站布局為瀑布流（Pinterest-style layout）呈現方式，在歐美也有些設計類企業將網站作品集或產品連結到 Pinterest，以取代原有網站的某些分類單元使用。

請到 https://www.pinterest.com 點選網站右上角的「註冊」鈕，如果要做產品或服務的行銷，建議直接點選「建立免費企業帳號」，依其導引完成帳號的申請。

若您之前已經有申請 Pinterest 帳號，可以登入後點選右上角的「往下箭頭」圖示，若看到的屬性是「個人」，仍建議點選「轉換至企業」。

企業帳號會多了洞察和分析的功能，一些設定也會有差異，本章節後續說明皆以企業帳號為準，所以建議您進行帳號的「升級」。

6.6 Pinterest 建立圖版與釘圖

點選左上角的「建立」/「建立釘圖」。

進入後再點選右上角的「選擇」，會有往下箭頭的下拉式選單，按下「建立圖版」，可以把圖版想成是目錄或產品分類。

在「姓名」欄位輸入您要的名稱，按下「建立」鈕。

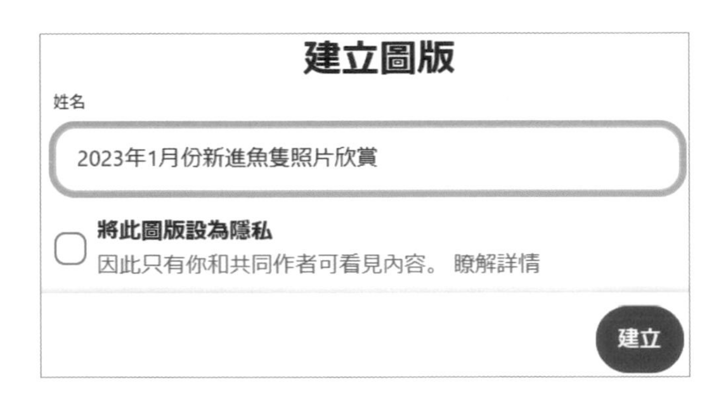

如果要以行銷曝光為主要考量，請勿勾選「將此圖版設為隱私」。

開啟檔案總管，同時選取數個照片或影片，按住滑鼠左鍵不放，將檔案拖曳至此畫面（但每次最多只能上傳 5 個檔案）。

出現「挑選釘圖」畫面，可以選擇「建立輪播釘圖」或「建立拼貼」，選擇好後按下右下角的「建立釘圖」鈕。

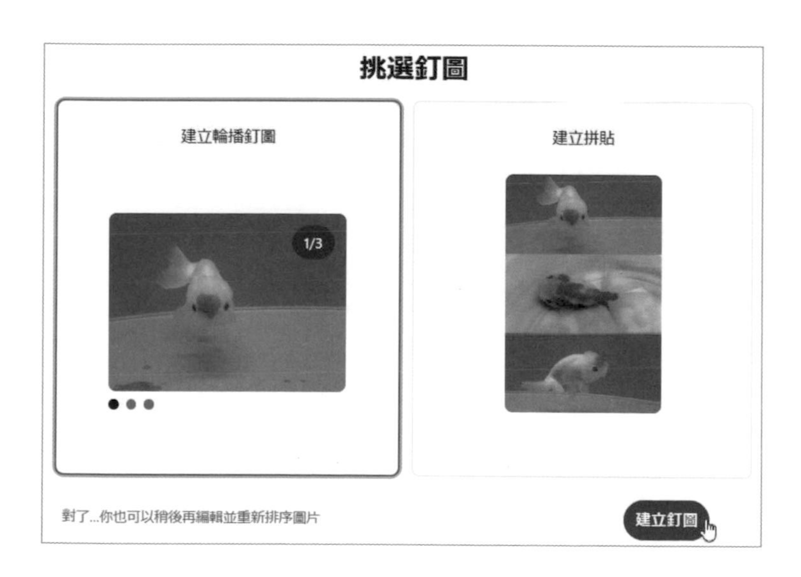

出現圖片「裁切」畫面，可以在此「裁切」圖片或設定圖片「長寬比」及「調整」圖片角度方向，也可以為圖片新增「標誌」或「重疊文字」，設定完成後，請按下上方的「更新變更」鈕。

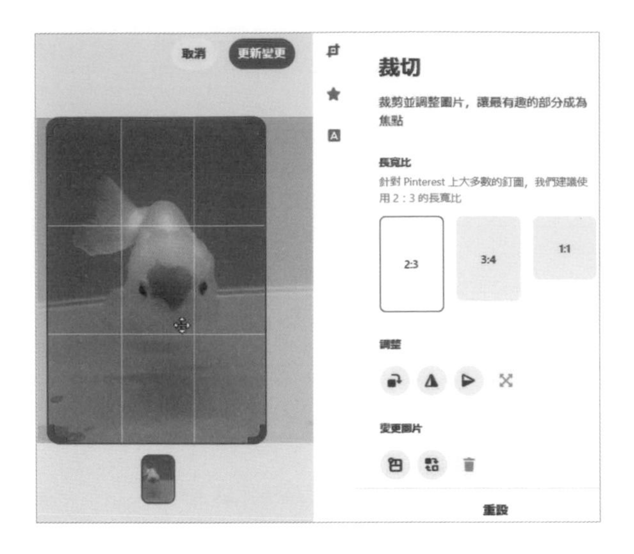

請填寫「標題」與「說明」文字，「替代文字」若有輸入，則有利於搜尋引擎了解這張圖的內容，若希望圖片能連結到某網址，則可以在「網站」裡輸入要連結的網址，因為本例是選擇「輪播釘圖」，若有需要可以勾選「每張圖片使用相同的文字和網址」，節省要個別圖片另外輸入的時間，完成後按下右上角的「發布」鈕。

點選右上角的「您的個人檔案」圖示，在前台「已儲存」的位置，就可以看到我們剛剛發布的新圖片資料。

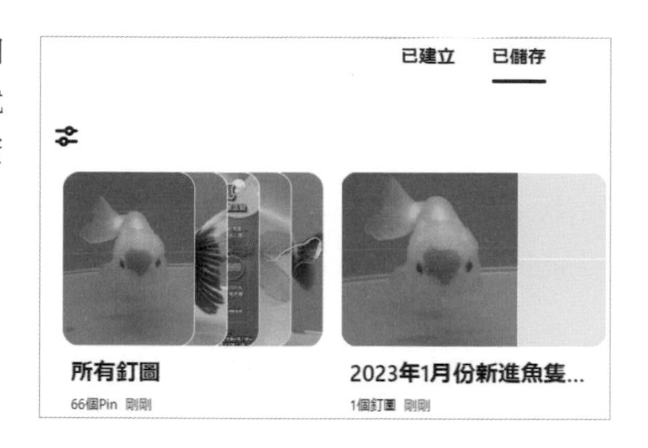

除了使用上述基本的新增圖片方式之外，其實 Pinterest 更有特色的是在瀏覽別的網站時也能夠使用釘圖的功能，將其他圖片也釘進來我們的 Pinterest 裡，但要做到這樣的功能，Chrome 瀏覽器必須安裝「Pinterest 儲存按鈕」，請到 Chrome 線上應用程式商店 https://chrome.google.com/webstore，搜尋「Pinterest」即可找到「Pinterest 儲存按鈕」，請按下「加到 Chrome」鈕完成新增擴充功能，按下瀏覽器的拼圖圖示（擴充功能），再按下清單裡「Pinterest 儲存按鈕」右方的圖釘圖示（固定），將此功能釘選到瀏覽器的工作列上。

安裝完成「Pinterest 儲存按鈕」的擴充功能，之後當您在瀏覽器上瀏覽網頁，只要將滑鼠移到有圖片的地方，會發現圖片左上角出現「儲存」，再將滑鼠游標移到「儲存」上，就會出現「儲存至圖版」的視窗，可以在此挑選之前設定的圖版名稱後，再按下右方的「儲存」鈕，即可將此圖釘選到您的 Pinterest。

6.7 Blogger 貼文自動同步到 Pinterest

上一小節介紹如何將圖文資料上傳到 Pinterest，但筆者自己大多是使用本小節介紹的方式去更新 Pinterest，此處必須整合前面第二章介紹的 Google Blogger，讓 Pinterest 去自動抓取在 Blogger 的資料。

請登入您的 Blogger https://www.blogger.com，選擇左邊選單裡的「版面配置」，在右欄找到「新增小工具」。

選擇裡面的「訂閱連結」。

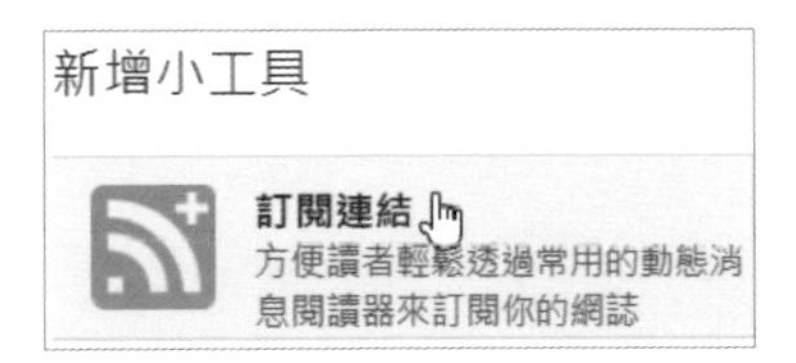

開啟「顯示這個小工具」，給予一個「標題」名稱後，按下「儲存」鈕。

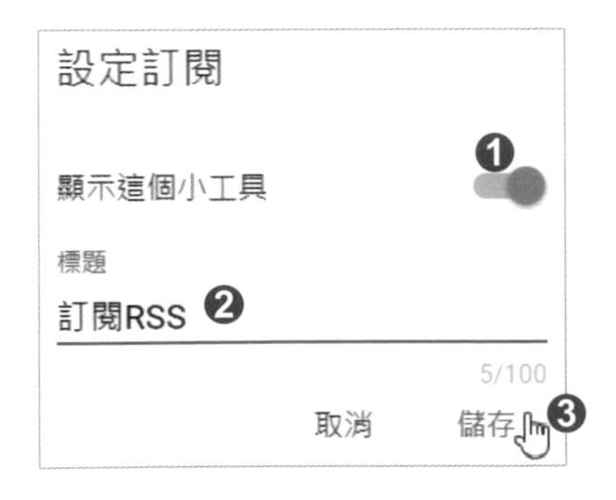

到此 Blogger 前台，找到您之前新增「訂閱連結」的區域，點選「發表文章」/「Atom」。

將網址列上的網址全部複製起來。

回到 Pinterest 的後台，點選右上角的「往下箭頭」圖示，再點選「設定」，找到左方選單裡的「大量建立釘圖」，將前面複製的網址貼在「RSS 動態網址」裡。

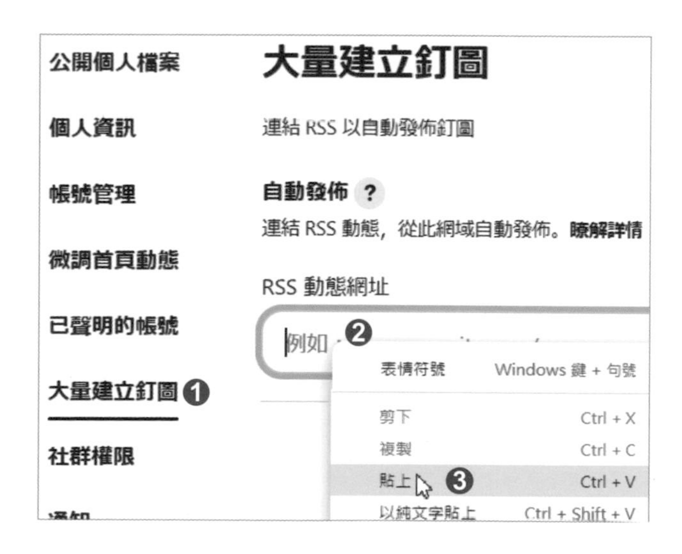

按下在「RSS 動態網址」右邊的「往下箭頭」圖示，挑選屆時抓取匯入的資料，確認要放到哪一個「圖版」裡，挑選完再按下「儲存」鈕，即完成匯入關聯的設定，之後您在 Blogger 裡面有新增文章，大約過經幾個小時，Pinterest 系統就會自動抓取資料到您之前設定的圖版裡。

6.8 Pinterest 搜尋優化設定

做好 Pinterest 相關的搜尋優化設定，除了在 Pinterest 本身自己的搜尋裡會有比較好的曝光量之外，更重要的是在 Google 搜尋上也能搶佔有利的排名，因為 Google 對 FB、IG、Pinterest 這類大型有流量的網站，通常在某個關鍵字搜尋結果中，會在大約前 20 筆資料裡有一席的保障名額，所以應該要極力爭取在某個關鍵字裡讓自己的 Pinterest 能名列前茅，以達成較佳的行銷曝光效益。

一、名稱包含主要關鍵字

在 Pinterest 的後台點選右上角的「往下箭頭」圖示，再點選「設定」找到左方選單裡的「公開個人檔案」,「名稱」最好包含主要的關鍵字，系統也允許稍長的文字長度，建議可善加利用。

二、撰寫描述句子與次要關鍵字

在 Pinterest 的後台點選右上角的「往下箭頭」圖示，再點選「設定」找到左方選單裡的「公開個人檔案」,「關於」除了可寫入要對外公告的事項之外，也可加入句子式的描述與次要關鍵字。

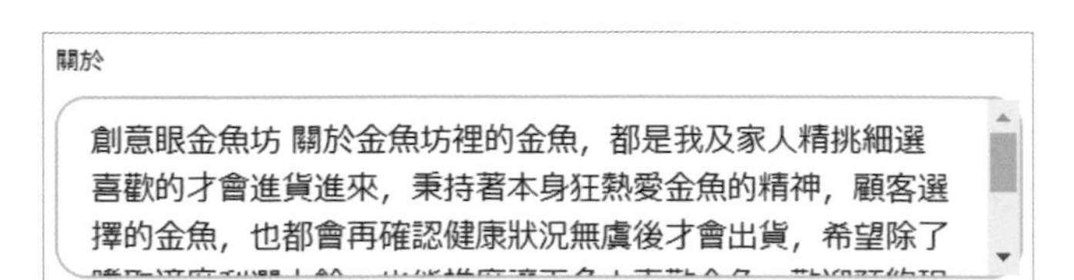

三、使用者名稱輸入相關且有意義的英文

在 Pinterest 的後台點選右上角的「往下箭頭」圖示，再點選「設定」找到左方選單裡的「公開個人檔案」,「使用者名稱」建議輸入相關的英文（不能跟其他人重複），這也會是您 Pinterest 對外的網址（Google 搜尋引擎會收錄），例如筆者申請的用戶名稱為「buygoldfish」，Pinterest 的網址就是 https://www. pinterest.com/buygoldfish/ 。

四、實體店建議勾選包含零售位置

在 Pinterest 的後台點選右上角的「往下箭頭」圖示，再點選「設定」找到左方選單裡的「公開個人檔案」，若您有實體店面，則建議勾選「是否包含零售位置」，並填入國家 / 地區與詳細地址。

是否包含零售位置？

第 1 行地址

第 2 行地址

羅斯福路3段128巷4弄2號1樓

城市

台北市

州/省/地區

中正區

郵遞區號

100

國家/地區

重設 儲存

五、企業類型、國家地區、語言設定

在 Pinterest 的後台點選右上角的「往下箭頭」圖示，再點選「設定」找到左方選單裡的「個人資訊」，「企業類型」請挑選與您比較相符的種類，如沒有合適的但有實體店，建議可以挑選「當地服務」，「國家 / 地區」與「語言」也要記得設定相符的資訊。

六、設定企業帳號目標

在 Pinterest 的後台點選右上角的「往下箭頭」圖示，再點選「設定」找到左方選單裡的「個人資訊」，「企業帳號目標」裡建議在「銷售更多產品」、「為企業產生更多潛在客戶」、「提升網站流量」、「提高品牌知名度」這四個選項中挑選前三個為宜。

七、設定已聲明的帳號

在 Pinterest 的後台點選右上角的「往下箭頭」圖示，再點選「設定」找到左方選單裡的「已聲明的帳號」，按下網站右方的「聲明」鈕。

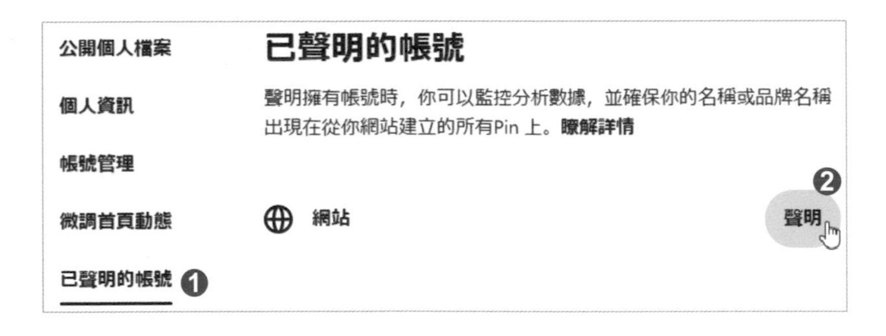

以使用 Blogger 當作我們官網為例來做整合，請選擇「新增 HTML 標籤」，將產生的程式碼「按一下以複製」。

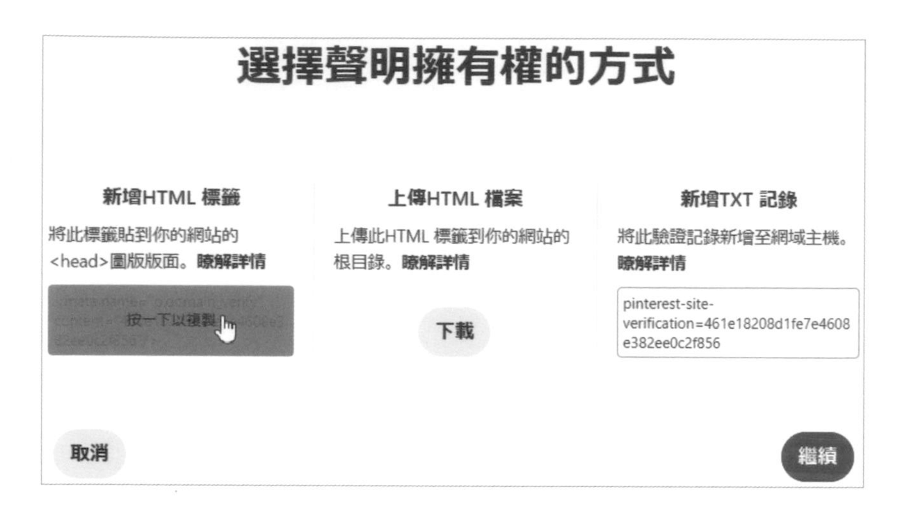

到 Blogger 管理後台選擇左方選單「主題」，點選在自訂右方的「往下箭頭」圖示選擇「編輯 HTML」。

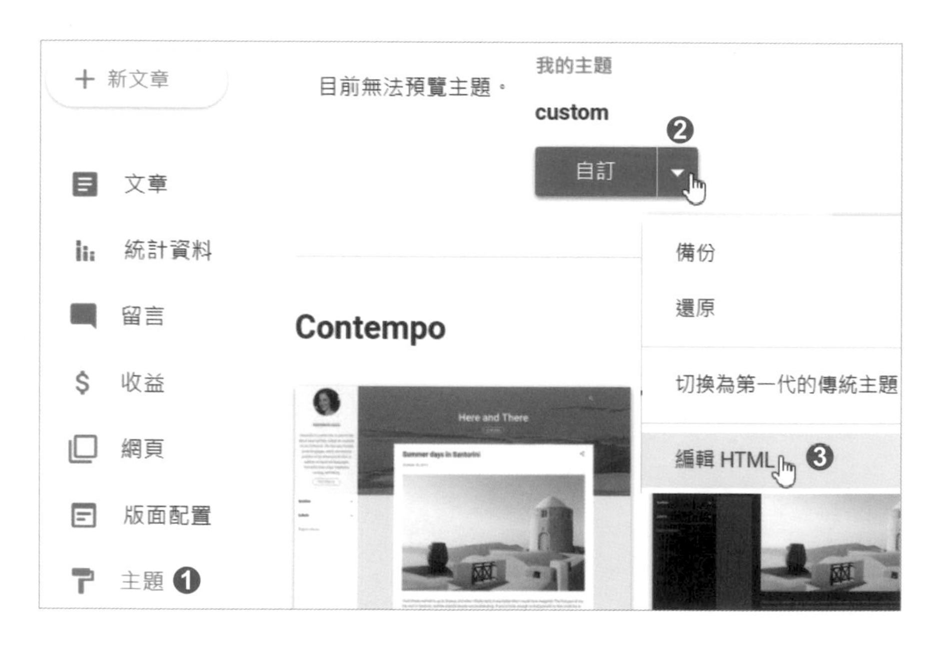

找到 <head> 標籤，在其後面按鍵盤 Enter 鍵，空出一行後，在此空白按滑鼠右鍵選擇「貼上」，再按下右上角的「磁碟片」圖示做儲存。

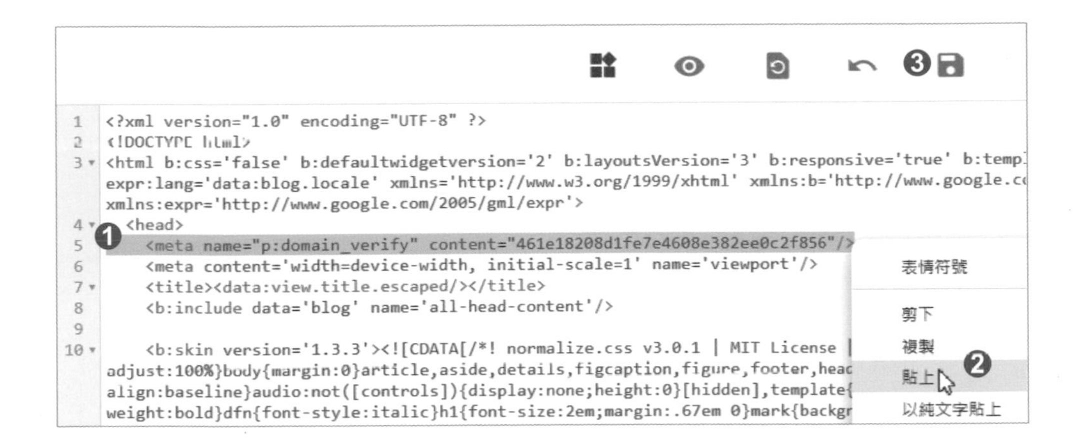

回到 Pinterest 原本的畫面，按下右下角的「繼續」鈕即可完成已聲明帳號的關聯，完成聲明帳號的驗證後，在 Pinterest 後台左方選單裡「公開個人檔案」,「網站」的欄位會有您之前驗證的網站網址，右邊也會出現「打勾」圖示。

八、圖版的關鍵字設定

點選右上角的「您的個人檔案」圖示，在前台「已儲存」的位置找到想要設定的圖版，將滑鼠游標移動到此圖版上會在右下角出現「筆」圖示，點選此圖示進入。

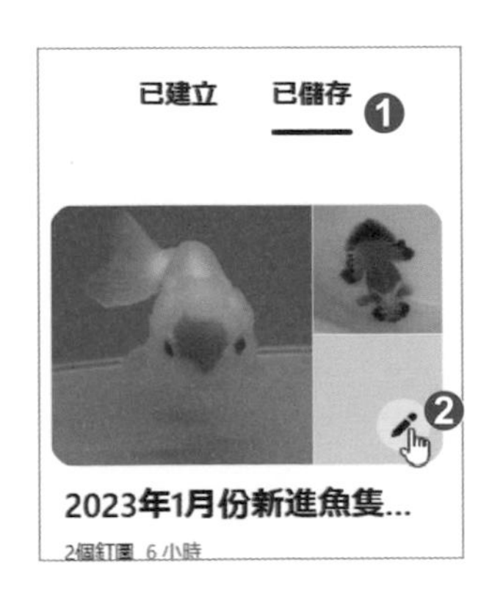

在「說明」欄位裡輸入這個圖版相關的關鍵字，關鍵字之間可以用半形逗號做區隔，輸入完請按右下角的「完成」鈕。

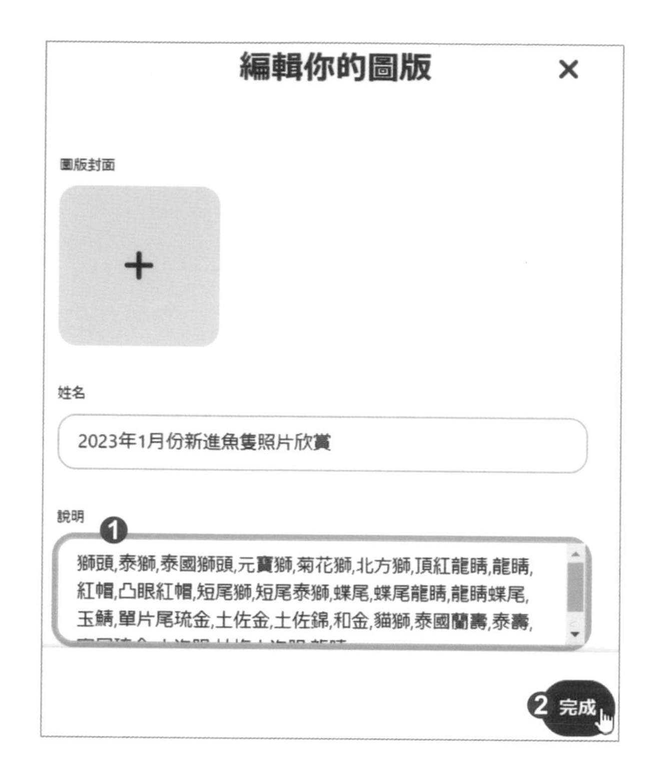

第 7 章

LINE 官方帳號行銷

LINE 在台灣的市佔率高的驚人，幾乎可以說有用智慧型手機的人，就一定會安裝 LINE APP，而 LINE@ 生活圈目前皆已經轉移升級為 LINE 官方帳號 2.0，新版官方帳號發送訊息由無限制模式，改由依照訊息發送量計價，好友人數多時，容易導致每月訊息費用增加，因此本章主軸將會在使用 LINE 官方帳號免費功能（僅需購買專屬 ID，每年幾百元年費），以低成本的方式進行規劃，仍能達成行銷曝光效益。

7.1 LINE O2O 模式：官方帳號與熱點的顧客使用觀點

本小節模擬顧客在手機上的 LINE APP 的操作行為，例如在「主頁」裡找到「服務」區，您可以先確認一下此區域裡是否有「官方帳號」、「LINE 熱點」、「社群」這三個圖示，若沒有則請點選右方的「新增」。

找到「生活」區域裡的「官方帳號」、「LINE 熱點」、「社群」這三個選項，點選右方變成「打勾」加入後，按下右上角的「儲存」，點選左上角「往左箭頭」返回前一畫面。

「官方帳號」與「LINE 熱點」會在本章介紹，「社群」則會在第八章介紹。

接著點選在「服務」區裡的「官方帳號」圖示，在上方搜尋框輸入關鍵字進行查詢，例如搜尋金魚、金魚 專賣、台北 金魚、金魚 水族等不同字詞排列組合，皆可以找到筆者的店。

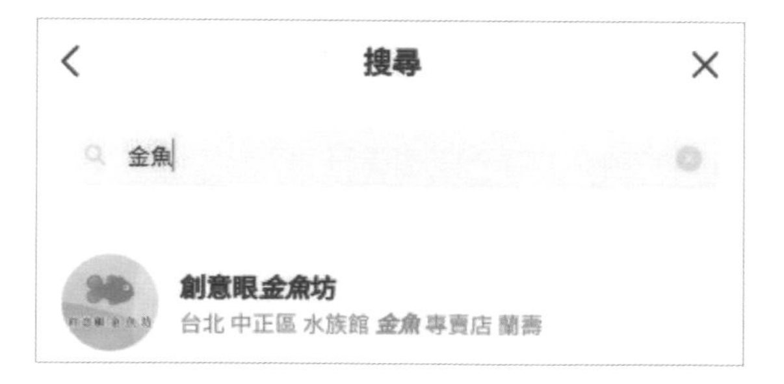

點選進去此店後，可以觀看到此店的貼文、集點卡等基本資料，如果顧客有興趣要與店家聯繫，可以按下「加入好友」鈕。

創意眼金魚坊
好友人數 1,332
台北 中正區 水族館 金魚 專賣店 蘭壽
金魚 專賣店 專門店 找金魚 水族館 台北 中正區 大安區 >
加入好友
貼文
商品服務
最新貼文
集點卡
基本資訊
最新貼文
顯示更多
創意眼金魚坊
春節過年來店現場優惠活動
加入好友

即可觀看到更多細節或者跟店家開始「聊天」傳遞訊息，如果決定要前往實體店面逛逛，也可以點選「地圖」後，再按下「規劃路線」鈕，此時可以選擇「開車」、「騎摩托車」、「大眾交通工具」、「走路」等方式前往，並預估到達的距離，按下「在應用程式中導覽」鈕就能轉換到手機裡地圖 APP 的畫面，依指示即可導引到實體店面去做參觀消費。這就是結合 LINE 的虛實整合 O2O 平台功能之一，能提高實體店家的官方帳號曝光率。

顧客也可以在官方帳號首頁的下方，點選「好康資訊」圖示。

例如要找附近有無美食店家優惠，可以選擇「美食．餐飲」這個類別，會依據「現在位置周邊」(手機需開啟 GPS 定位）即可看到附近店家提供的優惠券，吸引顧客到實體店面去參觀消費。

可以點選「加入好友並使用優惠券」，優惠內容是到實體店出現本優惠券時可以兌換小贈品、打折等方式。

另外一個查找曝光的模式是，有實體店面地址的商家就可以申請的 LINE 熱點（LINE SPOT），在手機的 LINE APP 裡點選「主頁」的「服務」/「LINE 熱點」即可進入，一樣可以在上方利用搜尋關鍵字的方式去查找店家，手機若有開啟 GPS 定位並允許存取，看到的搜尋清單應該就是所在位置附近的店家。

點擊進入某店家熱點後，可以撥電話聯絡店家，若要直接前往可以按下「路線」，開啟手機裡的地圖 APP 導引到店家地址進行參觀選購。

亦有評論功能，可以讓顧客留下評論。

另外一個查找方式，是依類別（或活動）進行篩選，例如顧客定位在中正區附近，選擇「折扣優惠」。

就會出現店家的清單，若點選左上角的「更多分類」，則會出現大分類選擇的畫面，如果再點選底下的「看全部店家分類」，則會再列出更詳細、更多的主副分類的選項可以進行篩選。

7.2 申請 LINE 認證官方帳號與熱點

認證帳號僅有特定業種才可申請，並通過 LINE 官方帳號審核團隊審查認證後才可取得，認證帳號申請是免費（但需要支付每年專屬 ID 費用），必須取得認證帳號才能有上個小節展示的搜尋曝光效果。

申請 LINE 認證帳號，共有兩種方法：

❶ **尚未有一般帳號**：可透過電腦版 LINE 官方網站，創立及申請帳號一次完成。

❷ **已經有一般帳號**：可以直接從手機 App 或電腦版提出認證申請。

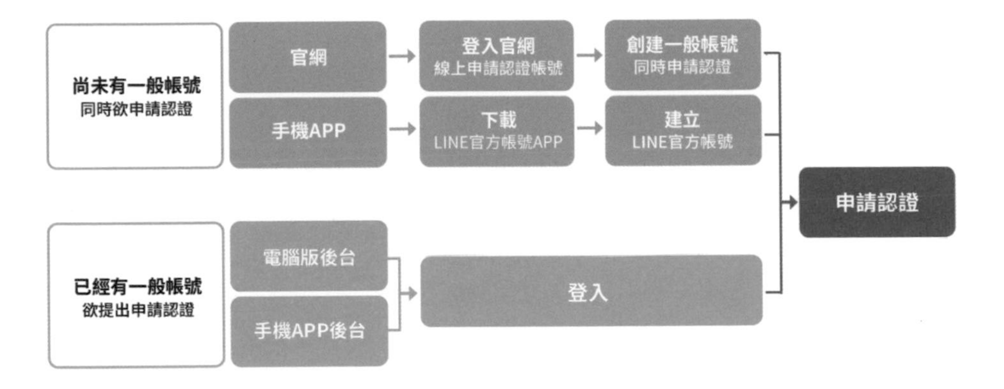

LINE 官方帳號 APP 名稱為「LINE Official Account」。

以透過電腦網頁版 LINE 官方網站申請為例，請到 https://tw.linebiz.com/account/ 點選「免費開設帳號」鈕。

若不希望使用個人的 LINE 帳號登入，或希望以公司公用的電子郵件帳號登入，請點選「建立帳號」申請商用帳號來登入。

欄位左方若有出現綠色圓圈，代表為必填欄位，「業種大分類」與「業種小分類」必須選擇 LINE 系統規劃好的分類（無法自行新增分類），例如傳直銷類型的行業就不允許申請，若有實體店面可供前往，則建議「申請類別」選擇「實體店家 / 機構 / 設施」。

接著會出現「商家資訊」、「公司資訊」、「申請者資訊」三個區域，請依序填寫必填欄位，其中的「商家名稱」請盡量填入跟此行業相關且有流量的關鍵字，填完後點按最底下的「確認」鈕，系統會將填寫的資料再顯示一次，若無誤請按下「提交」鈕。

要購買專屬 ID 的話請登入「LINE Official Account Manager」電腦版管理後台 https://manager.line.biz，點選帳號名稱進入，再點選右上角的「設定」，在「帳號資訊」/「專屬 ID」裡，請點選「購買專屬 ID」。

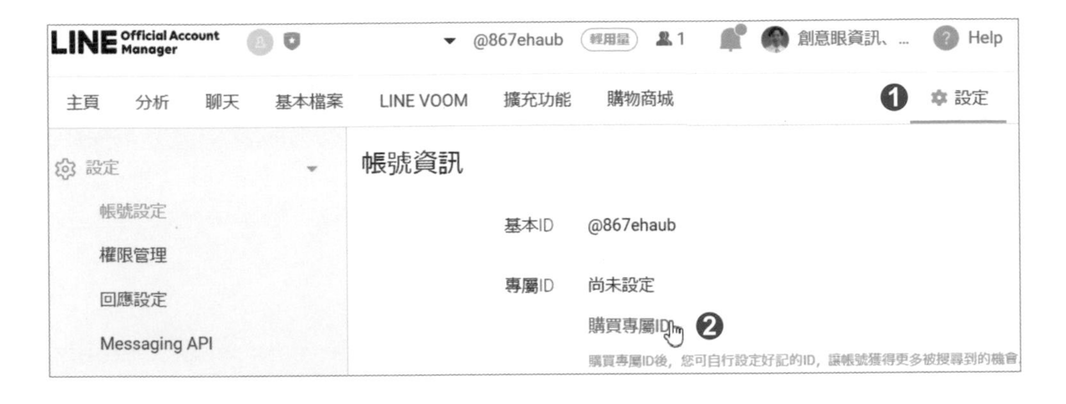

專屬 ID 方案內容與價格請參考下表：

概要	一般 ID	專屬 ID (Android/電腦版用戶)	專屬 ID (iOS 用戶)
年費	免費	720 元	1,038 元（未稅） ★若您從 iOS 應用程式購買時，價格和使用條款將有所不同，購買前請事先確認。

專屬 ID 需為「@+ 文字內容」，除了 @ 外，僅能使用半形英數或「.」、「_」、「-」等符號，最多輸入 18 個字，輸入查詢名稱若能購買，才表示此名稱尚未被申請走，確認名稱後請按下「購買專屬 ID」鈕。

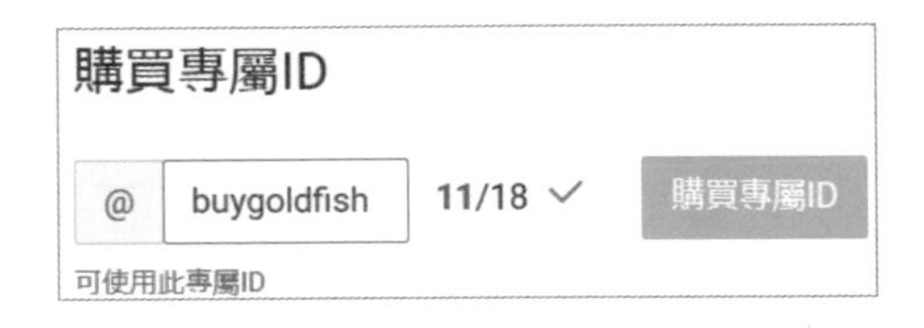

要先「登錄付款方式」才能購買專屬 ID，可以使用 LINE Pay 或信用卡方式支付。

完成購買專屬 ID 後，請先準備好「繳交備查文件」，依項目的不同大約會有二十多類可申請的項目，在此僅列出最常見的「實體店面」與「電商平台」，若您是屬於其他項目，需要準備的備查文件可查詢 https://tw.linebiz.com/column/line-lac-id-0418/

項目	官網/電商平台例如：蝦皮賣場	營業登記	外觀(含招牌之照片)	身份證明(名片、識別證或在職證明擇一)	商標	總代理文件	其它
實體店面	△	●	●	●	×	×	×
電商平台	●	●	×	●	×	×	×

遞交備查文件請至 LINE 官方帳號認證審核平台 https://twoav.line.biz/application，點選「申請」，依系統提示流程完成提交後，該帳號才會進入正式的審查。

若申請認證官方帳號成功，當登入電腦版管理後台，點選帳號名稱進入後，在左上角可以看到出現藍色的盾牌符號與專屬 ID 名稱。

接著申請 LINE 熱點（LINE SPOT），在手機的 LINE APP 裡找到「主頁」的「服務」/「LINE 熱點」，開啟後點選右下角的「我的」圖示。

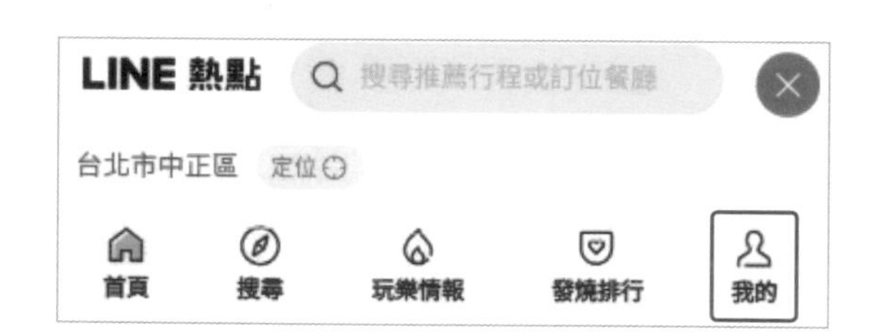

再點選「新增店家 / 地點」。

要建立 LINE 熱點的店家，請選擇「我是店家管理人」。

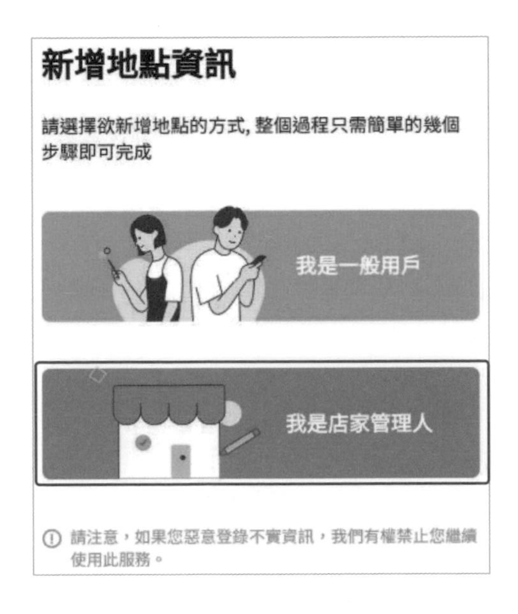

如果之前已有申請過 LINE 熱點，會在此出現是否通過審核的通知，要新申請則按下「註冊新店家」就會出現「店家註冊」畫面，請依畫面導引，依序填入店家名稱、地址、電話號碼…等必填欄位，等待 LINE 後續審核通知。

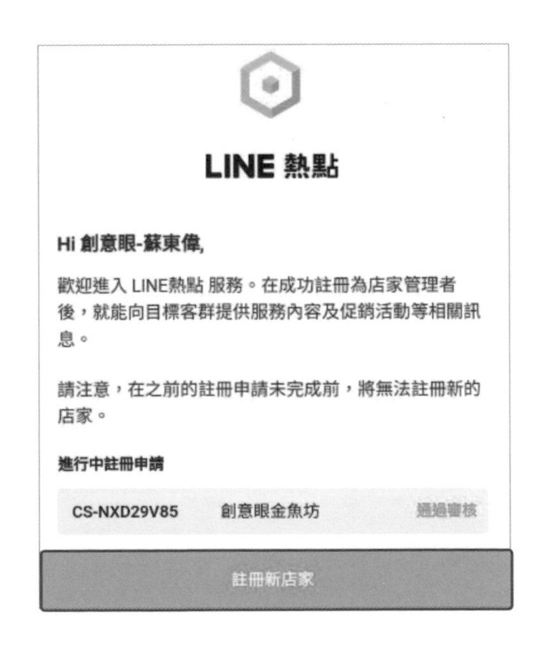

若通過審核，可以在手機的 LINE APP 裡開啟「LINE 熱點」，一樣點選右下角的「我的」圖示，再點選「店家管理」。

在左上角點選「三橫線」圖示，在彈出的選單裡會有「編輯店家資訊」等功能，若需要將 LINE 熱點跟官方帳號做綁定連結，請點選「連結 LINE 官方帳號」，依其畫面導引即可完成。

7.3 搜尋曝光策略

一、申請為認證或企業帳號，才有搜尋曝光效益

LINE 官方帳號可分成「企業、認證、一般」三種官方帳號，通過 LINE 官方帳號的審核流程，可取得對應的盾牌識別，如下圖說明：

	企業帳號	認證帳號	一般帳號
帳號意義	積極經營好友的帳號類型	審核通過的合法企業/商家或組織帳號類型	任何人或商家都可以開啟的帳號類型
審核方式	LINE主動邀請	企業/商家主動文件審核 須具備Premium ID資格	無需審核
其他	可被搜尋	可被搜尋	不可被搜尋

* 官方帳號類型與價格方案沒有關係。
* 官方帳號類型不影響基礎功能，影響審核功能資格。
* 成為企業帳號前受邀請需先為認證帳號。

「一般帳號」無法在手機 LINE APP 裡的官方帳號進行搜尋（也無法被 Google 搜尋到），只能利用搜尋 ID、連結網址或掃描 QR Code 等方式被他人知道，曝光量會少很多，且由於沒認證，會讓人有疑慮而不敢洽詢，容易流失商機。

「企業帳號」必須先成為認證帳號後，再經由 LINE 主動邀請，公家機關或知名大企業等類型比較可能，一般中小或微型企業不容易獲得企業帳號。

因此以行銷曝光為主要考量，建議申請上一小節介紹的「認證帳號」。

二、狀態消息設定關鍵字

請登入「LINE Official Account Manager」電腦版管理後台網址 https://manager.line.biz，再點選右上角的「設定」，在「帳號設定」/「基本設定」中找到「狀態消息」欄，由於此處僅能容納 20 個字元，建議以主要關鍵字搭配輔助的關鍵字，每個關鍵字之間佔用一個空格字元做區隔。

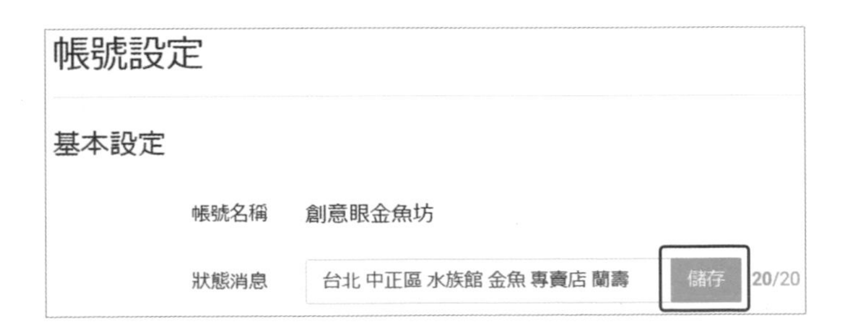

例如輸入主要關鍵字「金魚」，搜尋時帳號名稱與狀態消息都會命中曝光。

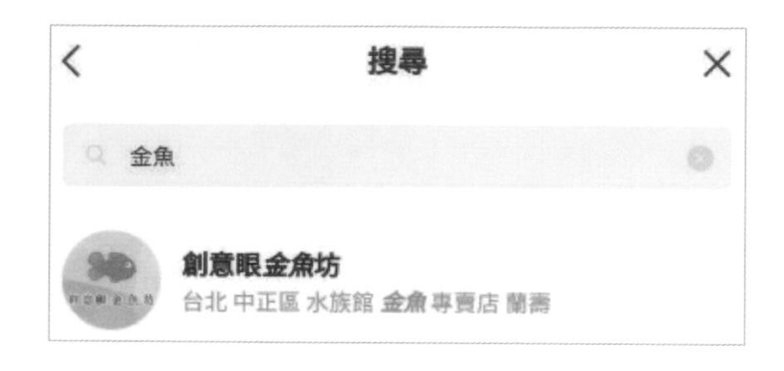

如果消費者用複合式的兩個字加空格做搜尋，例如「台北」加「金魚」、「台北」加「水族」、「中正區」加「金魚」、「金魚」加「專賣」…等方式做搜尋，將會發現這些搜尋的排列組合皆會命中曝光。

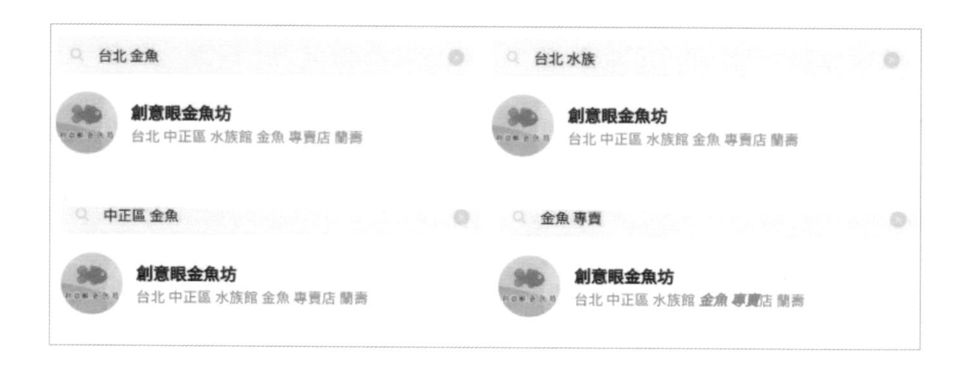

三、專屬 ID 設定英文關鍵字

建議在申請專屬 ID 時，將主要英文關鍵字申請在其中（也避免浪費狀態消息裡面的字數），例如筆者申請的專屬 ID 是 buygoldfish，當有人搜尋 goldfish 時，就可以查的到。

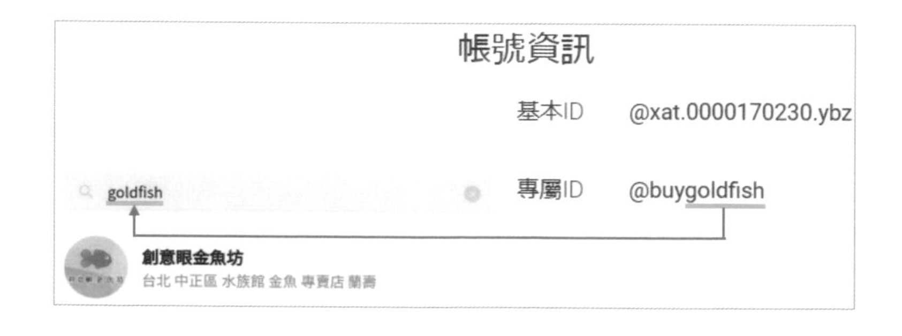

四、建立優惠券增加曝光率

在「LINE Official Account Manager」電腦版管理後台，選擇「主頁」裡左方選單的「推廣相關」/「優惠券」，依照畫面欄位導引填寫，即可產生優惠券。

顧客可以使用手機 LINE APP，在「官方帳號」/「好康資訊」裡查看到店家發出的優惠券，就能吸引客戶「加入好友並使用優惠券」並前往實體店面使用，帶動後續商機。

五、加入 LINE 熱點

實體店家請務必申請加入 LINE 熱點（LINE SPOT），並將熱點完成綁定官方帳號的動作（上個小節已有敘述），能增加額外曝光機會。

六、LINE 官方帳號店家網頁設定

在「LINE Official Account Manager」電腦版管理後台，選擇上方的「基本檔案」。

出現「基本檔案的頁面設定」畫面後，選擇左方「基本資訊」上方的「編輯」。

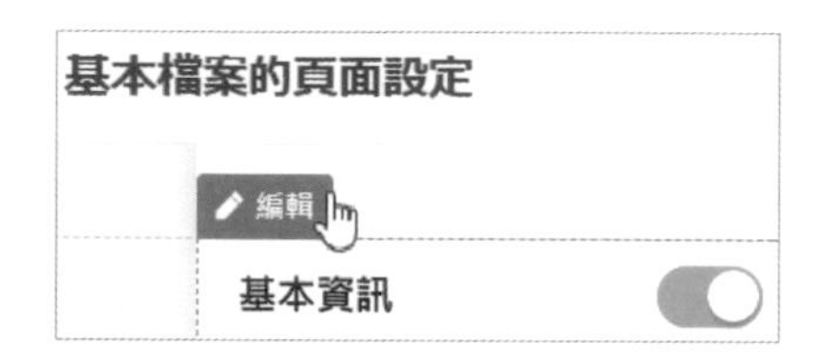

在右方的「介紹」欄位啟用，並填入最多 30 個以內的字元，請善加利用，完成後按下「儲存」鈕，再按下「公開」鈕。

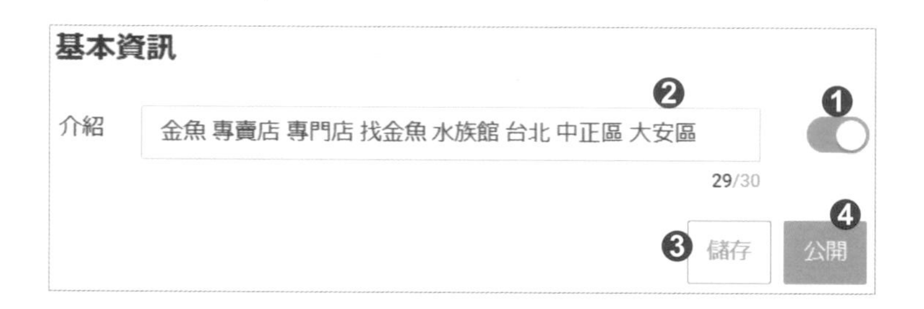

LINE 官方帳號店家網頁，會在 Google 等搜尋引擎多了曝光的機會，店家網址會是 https://page.line.me/ 基本 ID，例如筆者金魚店的店家網址 https://page.line.me/xat.0000170230.ybz，也可以輸入成專屬 ID 的網址，例如 https://page.line.me/buygoldfish。

七、時常更新 LINE VOOM

「LINE VOOM」以前叫做「LINE 貼文串」，改版後定位在短影音創作社群平台，在此貼文無數量限制（不會像群發訊息有數量限制），一則貼文最多可上傳 20 個檔案，若時常更新 LINE VOOM，以及讓更多人願意對此貼文按讚，對於搜尋排名曝光也會有幫助。

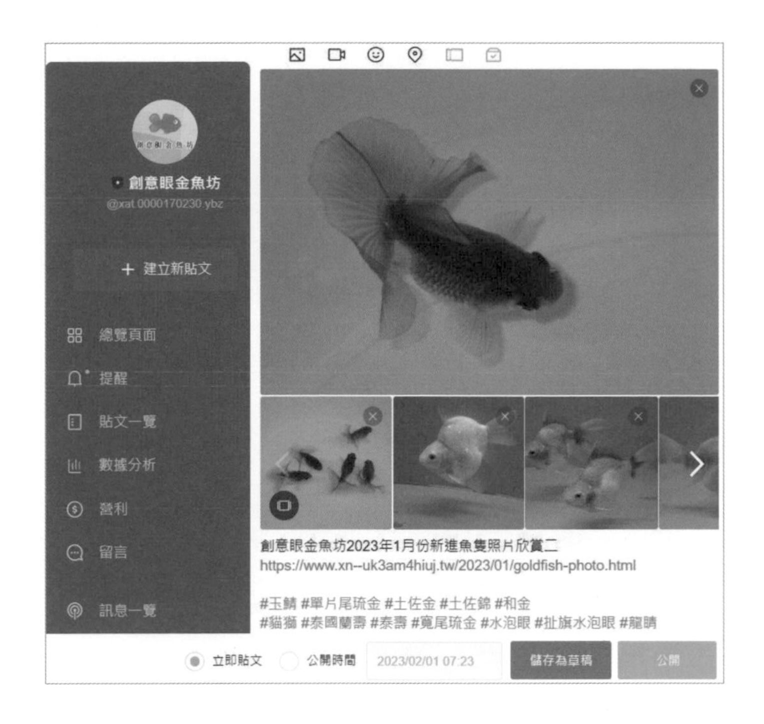

7.4 回應模式設定

使用 LINE 進行洽詢與回覆，是很多人日常生活裡習慣的功能，例如顧客在手機 LINE APP 裡找到一個店家官方帳號，點選「加入好友」後就可以跟店家線上聊天詢問。

而店家回覆的方式有兩種，第一種是到「LINE Official Account Manager」電腦版管理後台點選「聊天」。

可以在左方找到此顧客洽詢訊息並點選，右方會出現此洽詢的聊天畫面，店家即可在此進行回覆，也可以點選右上方的「待處理」或「處理完畢」，將此訊息進行狀態分類。

若點選左上方的「三橫條」圖示，可以在此篩選不同處理狀況的訊息。

在右方的顧客大頭貼圖示區裡，可以點選「新增標籤」進行編輯標籤（將顧客做歸類，例如優良客戶），也可以點選右上方的「三圓點」圖示，將此留言設定成垃圾訊息或刪除，還可以按下右下方的「加號」圖示。

就可以在此記錄處理的一些細節，在大頭貼圖示區裡做的動作僅為店家內部作業，顧客不會知道，也算是一種顧客關係管理的系統。

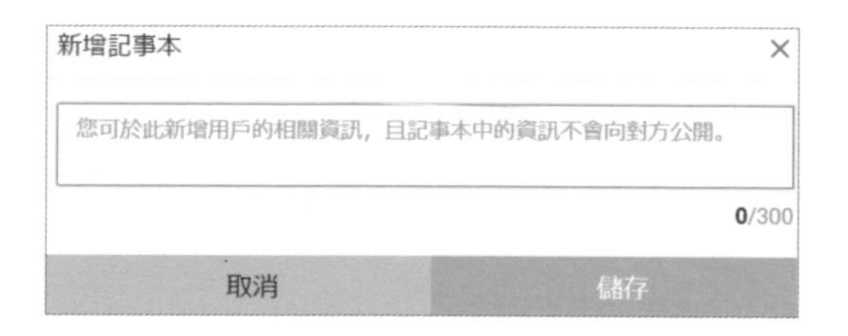

而店家第二種回覆方式是使用手機進行回覆，這樣人在外面也可以找空檔即時回覆，請先到 Google Play 或 App Store 搜尋「LINE Official Account」這款原廠 APP，完成安裝後「開啟」並登入帳號。

點選底下的「聊天」圖示，即可在清單裡找到顧客洽詢訊息。

7

7.4 回應模式設定

點選進入後，即可在此回覆訊息，也可以再點選右上角的「往下箭頭」圖示。

同樣可在此將訊息進行狀態分類，也可以按下「管理用戶的基本檔案」，裡面會有「編輯標籤」跟「記事本」的功能。

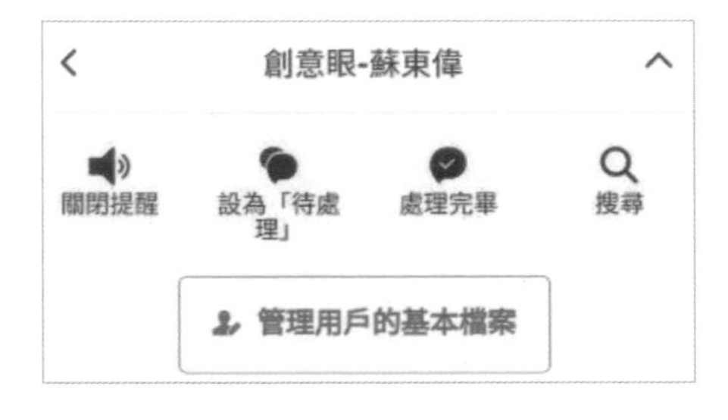

若希望顧客在下班時間洽詢時系統能自動回應訊息，可以到「LINE Official Account Manager」電腦版管理後台「主頁」/「自動回應訊息」/「自動回應訊息」。

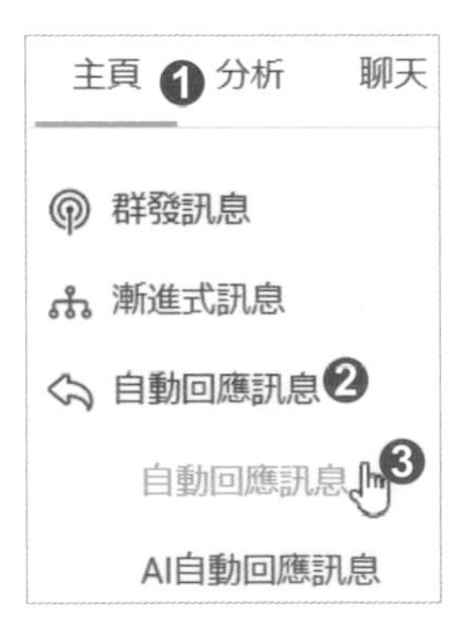

點選清單裡的「basic」。

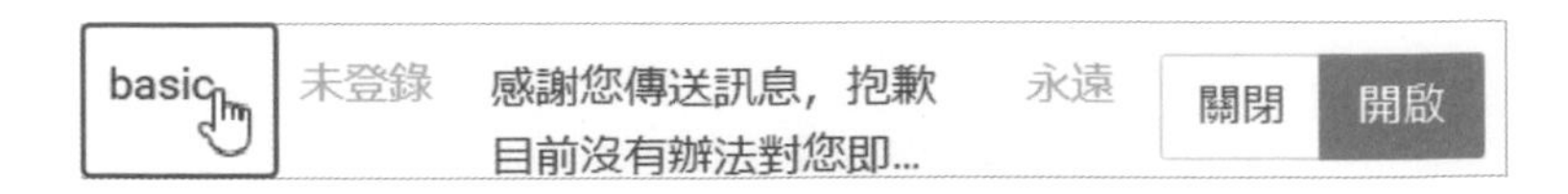

可以在裡面填寫顧客一開始洽詢時的說明文字，以及功能代碼（類似像電話總機裡的語音，介紹要查詢什麼請按幾號的功能）。

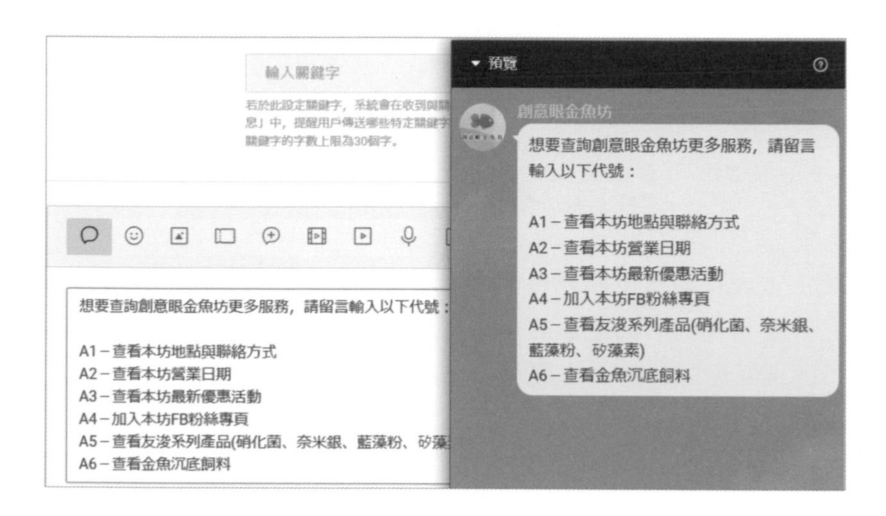

接著建立各代號要顯示對應的內容，請點選右上角的「建立」鈕，例如在「標題」輸入「A2」這個自訂代號，在「關鍵字」則可以輸入「A2」、「營業時間」、「營業日期」、「開店日期」、「開店時間」等字詞，若顧客有輸入這幾個字詞，系統就會回應開店日期的官網網址。

逐步建立各個代號與希望對應的內容後，也可以點選清單列標題進入修改。

標題	關鍵字	內容	指定日期或時間	狀態
A1	已登錄 (1)	聯絡人：蘇東偉	永遠	關閉 開啟 開啟
A2	已登錄 (5)	創意眼金魚坊的開店日期時間，請參考以下...	永遠	關閉 開啟 開啟

若需要設定上班時能直接跟顧客聊天回應的時段，請點選右上角的「設定」，再選擇左方選單裡的「回應設定」,「聊天」與「回應時間」請選擇「開啟」，再點選「開啟回應時間的設定畫面」。

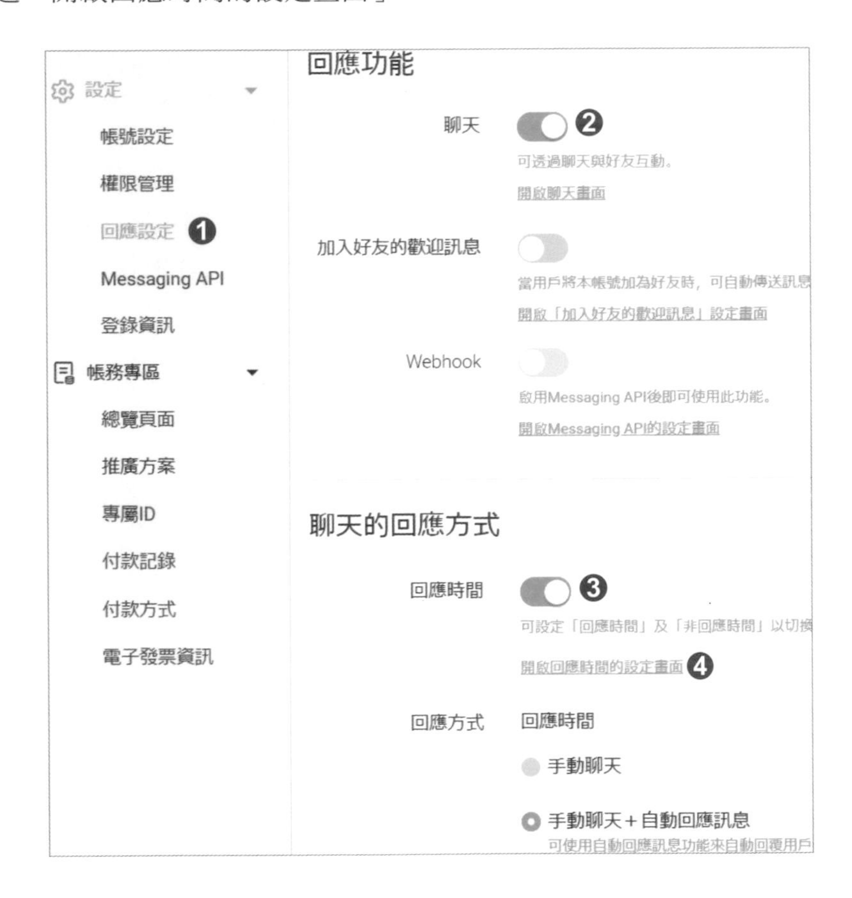

就可以自行設定週一到週日的回應時段。

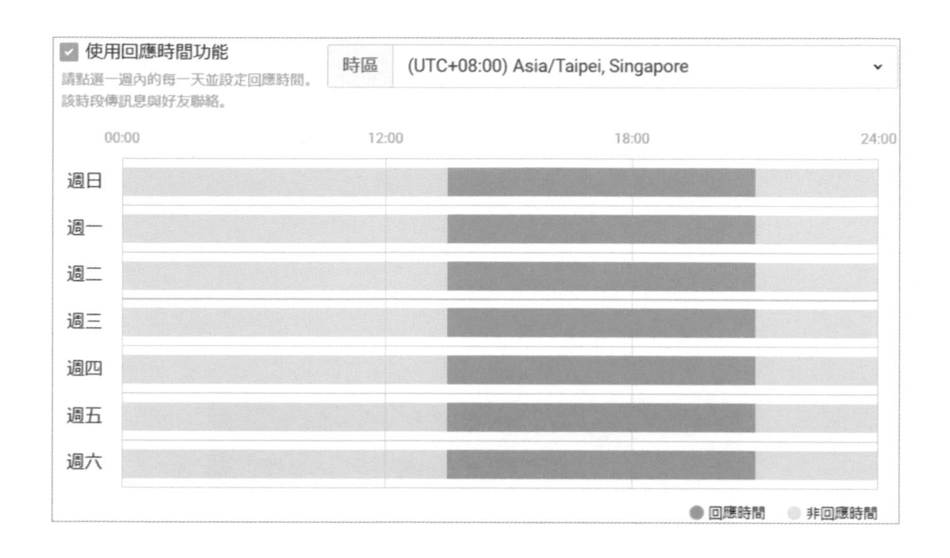

在設定時段之外的時間，顧客若是聯繫，則會出現之前設定的自動回覆訊息。

系統裡還有一個「AI 自動回應訊息」(快問快答)可導入聊天機器人機制，有興趣的讀者可以再延伸繼續設定。

7.5 到店消費集點卡活動規劃

本小節要規劃一個像傳統紙卡消費滿多少元蓋章集點的活動，藉以吸引顧客常回購消費與提高忠誠度，利用官方帳號內建的集點卡功能可以免除忘記帶卡片或是遺失卡片的問題，顧客只要手機有網路與 LINE 帳號即可使用。

規劃集點卡消費滿多少元為 1 點，需要檢視商品價格與顧客來店平均消費是落在哪些價格區段比較多，並計算商品的利潤與付出的折扣或贈品成本等因素，才能去訂定出一個對顧客有吸引力、對商家仍有足夠獲利的活動方案。

下圖為筆者店內舉辦的集點卡活動海報，有指定必須是購買活體（獲利較高的商品），才有累積點數，只要消費滿 500 元（新台幣）以上就計算為 1 點（滿 1000 元則是計算為 2 點，依此類推），且為鼓勵首次來店的顧客積點的習慣，第一次消費滿 500 元者，現場再加發 1 點，第一與二次各集滿 5 點，可以取得 250 元優惠券（在店內等同現金，沒有設定時效，亦可集滿但留著之後再使用），且為了讓顧客感覺老客戶會優惠更多，第 3 與 4 次一樣各集滿 5 點，獲得的優惠券變成 350 元，第 5 與 6 次一樣各集滿 5 點，獲得的優惠券變成 450 元，依此類推⋯，如果顧客已經集到最高點數，則之後每次集滿 5 點，會以最後最高的 650 元優惠券計算。

相信店家難免都會遇到顧客殺價，例如只買一兩件就說老闆能否算比較便宜、買個 3、5 件就說老闆我買很多要算更便宜（顧客往往跟店家買多便宜的觀念不同，也許有些店家要便宜的批發價一次得買 30、50 件才叫做買多），若有導入集點卡的機制，店家可以改這樣跟顧客說：「按照我們集點卡活動，買多

不用您殺價，結帳結算自然會有優惠」，還可以誘導顧客：「您再差 50 元就有 1 點，要不要多買點小東西補足？」，當然行銷本來就有多面向，每位顧客會有自己的喜好想法，店家很難推出一個活動就能討好所有族群又不損傷自身利益，導入集點卡可以降低只買一兩件，而顧客在現場無理殺價的尷尬情況，店家可用活動規則來說明立場，活動辦法事先多加考量與詳列出來，才能避免糾紛降低爭議。

集點卡的活動規則制訂出來後，店內就得嚴格執行，不能有時耳根子軟或看心情，自己不遵守規則多給或少給優惠，以筆者店內實施集點卡活動數年的經驗來說，有些精打細算型的顧客，其實很會善用集點功能為自己創造最大利益，例如在結帳時會詢問店家目前消費金額可以有幾點，或是差多少元又會有多 1 點，有些顧客甚至在來店前，自己就先計算好要如何集點與兌換，也有顧客來店裡憑之前累積的優惠券，在沒有額外花 1 塊錢的情況下，就直接兌換店內商品拿走，顧客會喜孜孜有種好像佔便宜拿免費商品感覺，但其實這些優惠券，本來就是顧客之前對店家有消費貢獻換來的。

一個官方帳號只能有一個集點卡活動進行中，不能同時有多個集點卡活動（會這樣設計應該是擔心店家與顧客都容易混淆），而已發行的集點卡如果店家不依照規則提早刪除，可能會導致顧客權益受損，進而影響商譽，導致獲得負評或網路抱怨，不可不慎！

在「LINE Official Account Manager」電腦版管理後台，選擇上方的「主頁」，再選擇左方選單「推廣相關」/「集點卡」/「集點卡設定」，在右方點選「建立集點卡」鈕。

「背景圖片」可以不設定，「樣式」可選擇 10 種不同的色系或角色人物，「集滿所需點數」按照之前規劃的點數（例如 5 點），請按下「滿點禮」右方的「選擇優惠券」。

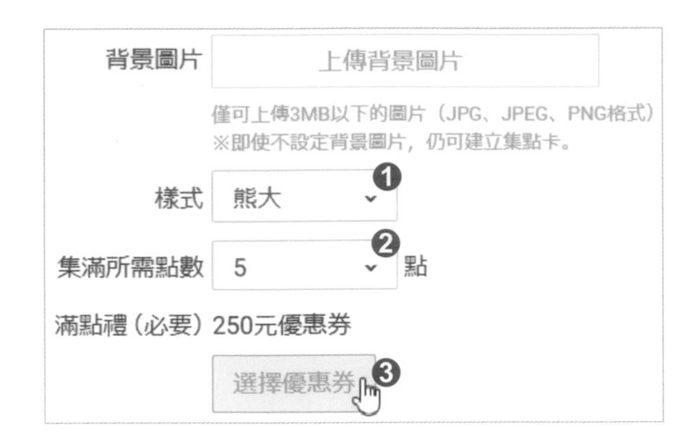

會出現「選擇優惠券」畫面，請按下「建立優惠券」鈕，出現「建立優惠券」畫面，「樣式」有三種顏色可選擇，請自訂「優惠券名稱」，「優惠券有效日期」可選擇「無期限」，還可另行製作與上傳「優惠券圖片」，完成後按下「儲存」鈕。

會出現「儲存後的優惠券無法刪除或編輯，確定要儲存嗎？」訊息，請按下「是」。

再度返回「選擇優惠券」畫面，請按下剛剛建立優惠券右方的「選擇」鈕。

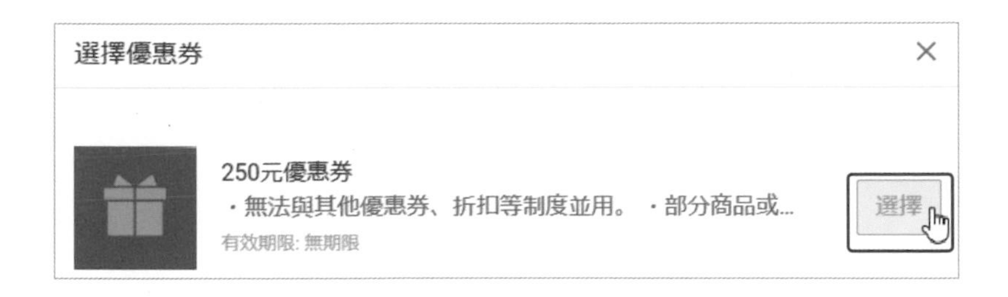

回到「升級集點卡設定」畫面，「額外獎勵」按照預設值不選取，「有效期限」選擇「不設期限」，「有效期限提醒」則選擇「不提醒」。

之前規劃第一次加入的顧客會多贈送 1 點（並不是每次取卡都會送點，以現場觀看顧客是第一次消費加入時，再人工額外發放點數即可），因此「取卡回饋點數」選擇「0」，「連續取得點數限制」選擇「不設限」（若擔心店內員工

幫來店消費的朋友作弊，可以選別的設定)，「使用說明」建議寫仔細清楚一些為宜，設定完成後請按下「儲存並建立升級集點卡」鈕。

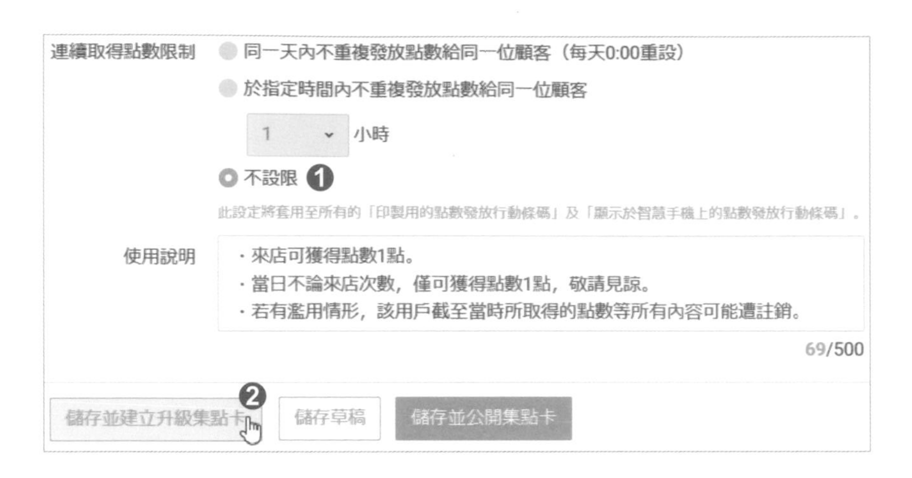

在「升級集點卡共通設定」畫面裡，按下右上方的「新增升級集點卡」，按照之前的設定方法繼續產生不同等級的集點卡與優惠券。

如果第一次設計集點卡活動還不熟悉，怕太複雜導致內部員工訓練跟不上，可以考慮不要設定這麼多等級，只用一個等級的集點卡，但自然就沒有老客戶長久消費時能給予較多的回饋優惠。

確定全部都設定完成後再回到「集點卡設定」畫面，按下「儲存並公開集點卡」鈕，就可將此活動正式公開在官方帳號中。

接著介紹當顧客來到店家現場付款後，店家手機（或平版電腦）開啟「LINE Official Account」這款 APP 的操作，在「主頁」裡點選「集點卡」圖示，出現「集點卡」畫面時，選擇「於智慧手機上顯示行動條碼」。

點選下方綠色按鈕，可以選擇要發放點數，會產生 QR Code 供現場顧客掃描。

接著介紹顧客看到店家發放點數的 QR Code，要掃描運用的流程，顧客需要開啟手機 LINE APP 使用內建的「掃描行動條碼」功能，掃描店家手機顯示的 QR Code 會轉到「集點卡」畫面，顯示本次獲得的點數（若還沒加入官方帳號，可導引加入）。

如果顧客集滿點數，可在「持有的集點卡」裡找到此集點卡，點選「查看已獲得的優惠券」。

此時如果確定要兌換，店家請現場點選「將優惠券狀態改為已使用」，會出現「是否要將優惠券改為已使用？即使因為操作錯誤而使用了優惠券，亦無法復原」的提示視窗訊息。

現場店員、客服人員的觀念與教育訓練很重要，請注意不要被截圖或修圖的畫面所騙（或沒點選已使用，導致重複到其他分店兌換贈品，造成店家損失），請務必確認現場已將此優惠券使用完畢，並給予贈品完畢，不要口頭承諾或改次補給贈品，以免發生糾紛。

使用完畢的優惠券顯示如下，若離開此畫面，此圖也會消失不見（無法再點開觀看）。

若之後店家要觀看集點卡的使用成效，在「LINE Official Account Manager」電腦版管理後台點選上方「主頁」，會在左側選單「集點卡」裡，若集點卡有正式發佈出去，則選單裡會增加一個「點數發放記錄」，可以在此觀看兌換日期、來店顧客點數的取得狀態，也可以點選某筆「顧客 ID」(為維護顧客個資等隱私，系統不會顯示真實帳號名稱，會改以較長的亂數 ID 做顯示)。

點數發放記錄

下載

2023/01/01 ~ 2023/01/31 清除

日期	時間	點數類型	發放點數	顧客ID
2023/01/14	17:43	來店點數	9	Qto_FG0038qCLzUHKEilfA
2023/01/11	15:41	來店點數	5	5QnswugQZm2TIUQj8vcDzg
	14:21	來店點數	5	M3aYUASXWghLN_1k7WjEEQ
2023/01/09	20:18	來店點數	3	aarcEA7UqKmvvZDNP8U9_w

在此看到顧客取得點數的日期時間等細節清單。

點數發放記錄（依顧客區分）

Qto_FG0038qCLzUHKEilfA

日期	時間	點數類型	發放點數
2023/01/14	17:43	來店點數	9
2022/11/02	20:48	來店點數	4
2022/10/02	19:28	來店點數	8

點選上方「分析」，再點選左側選單「推廣相關」/「集點卡」。

在「卡片 / 點數」裡，可以看到已發放的集點卡與優惠券各類概況統計。

在「點數分布情形」裡可以看到獲得最多點數的顧客由多到少的排行榜，例如此圖獲得 74 點的顧客，如果以支付 500 元取得 1 點來計算，保守估計此客戶已累積消費超過 3 萬 7 千元以上。

卡片／點數　點數分布情形

統計完成資料：至2023/02/01止

點數	已使用的用戶
74	1
66	3
59	2

第 8 章

LINE 與 BAND 社群會員行銷

賣出去一次商品固然是可喜可賀，但很多人一直只有做新客戶開發，卻忘了去思考怎樣留住舊客戶，若要讓客戶再回購，就必須要有會員制的系統與規劃，培養熟客持續產生回購的動力，畢竟以行銷一位新客戶跟舊客戶的難易度來說，後者相對會簡單一些（前提是要有愉快的購買體驗）。

因此若能讓顧客再度回購，並維持一個細水長流的長遠銷售關係，甚至變成朋友式的熟客銷售，對於銷售業績自然有很大的幫助。本章將介紹使用 LINE 社群聊天聊出生意來，以及運用 BAND 的機制進行會員制的熟客行銷，使用這些數位工具讓顧客願意持續掏錢出來買單。

8.1 進行會員制差異化行銷

在行銷上要獲得顧客青睞採購，可以分成四個階段：

一、集客	利用各式各樣方式開發陌生新客戶，例如購買廣告、使用本書前幾章介紹的平台做 SEO 搜尋引擎優化行銷、舉辦網路活動等方式。
二、育客	持續發佈內容，讓集客來的新客從不認識到熟悉您，進而願意信任您，才會下單採購。
三、鎖客	持續提供更多附加價值，經營客戶關係（跟客戶交流與解決問題），讓新客變成持續購買的熟客，這就需要導入會員制，也就是本章節要介紹的內容。
四、拓客	對商品熟悉並認同度高的熟客，除了產生持續口碑，還可以設計一個好的轉介方案，像很多企業會徵求經銷商、代理商、加盟商，或是嘗試做團購合購（例如愛合購），也可以進行聯盟行銷（例如 Yahoo! 奇摩購物中心大聯盟計畫），利用這些管道與方式，讓您能開拓到原本接觸不到的新客戶，可以等到您前面階段穩固有成後，再去進行規劃與嘗試。

一、導入會員制的理由

❶ 人性虛榮心及優越感

例如一群人到 KTV 開個包廂歡唱，結帳時有人表示有卡可以打折，或是認識裡面幹部可以有優惠價；再例如某些俱樂部，可能需要較高的入會門檻或特殊資格限制，或是進階的 VIP 權限才能使用某些設備服務，如果有人能招待進入，您會不會覺得這個人蠻厲害甚至是羨慕？人難免都會有虛榮心（我比較厲害有能力）或想展示優越感（高人一等或愛現），行銷若能激起這些情感的延伸與滿足，推行會員制也會比較容易成功。

❷ 降低純問不買白做工的機率

有時候在銷售上，難免會遇到形形色色的各類顧客，例如筆者開店時，就曾經發覺有位顧客多次洽詢卻從來沒購買過，但此顧客總是喜歡每次店家新進貨時，就私訊請店家一定要優先拍給他看，後來偶然跟同業聊起，同業說這位顧客是蠻有名的問問哥，也是跟他問了很多次要求拍照但不會購買，推測可能不願意花錢，只是想享受店家專屬傳照片影片給他看的滿足感…，在銷售上遇到這類永遠只問不會買的類型（或只希望以最便宜價格買到最好東西），其實婉轉以新貨必須是有消費過的舊顧客才能在某私密社群觀看，用會員制來因應也是一種不錯的方法。

❸ 降低被當免費客服無收入的機率

如果賣的產品是別人也有在販售的（例如到五分埔批衣服），但您的價格比較高，往往變成顧客跟其他店家購買後，遇到商品有問題卻來詢問您（因為您服務態度比較親切），讓您莫名其妙就變成免費客服，耗費人力時間瞎忙而賺不到錢，其實在人力時間成本有限的情況下，以功利現實層面來說，就是對銷售金額上有貢獻度的顧客優先服務，企業的本質畢竟是營利事業而非慈善公益事業，如果只是叫好（好評）而不叫座（少人購買），企業營運自然會出現問題。

❹ 詢問做為進貨或開發新品依據

例如可以做投票或問卷，可以跟會員詢問哪些新產品感興趣，例如餐廳可請會員做投票，票選「若推出新菜色 A 與新菜色 B，會比較喜歡哪一道菜？」，由於是購買過的顧客投票，會比在外面一般網站的票選來的更貼近真實。

二、如何創造差異化

❶ 製造門檻

會員制不需要盲目追求人數多（人數多代表管理與回覆的人力時間成本也跟著高），有消費力會下單購買才重要，可以去思考加入的門檻為何？例如有消費才加入、消費幾次才加入、消費多少金額才加入…，建議讓顧客至少要有消費（付出）才能加入，也才會比較珍惜，創造門檻也可以避免同業加入來打探虛實，甚至私下偷拉走您的顧客。

❷ 創造加入前後的差異

沒有人會想要花時間填寫加入一個沒有意義與幫助的會員系統，所以必須思考規劃加入前後有何差異，例如首次加入有會員禮、可以搶先看到新貨（優先觀看權）、專屬活動、優惠價、特殊資料（加入才能觀看下載）、不定期的會員好康…，營造出加入會員才能享有的優越感，或是能帶來什麼實質的好處，還可以導入預購與預訂制，因為是曾經消費的顧客，比較不會有棄單的狀況（如果擔心可以先收費），若能規劃成封閉性的社群（在外面搜尋都找不到），就可以打造成只有會員才能優先知道新訊息的平台，營造出專屬私房小店的感覺，甚至讓顧客有「我都提前先知道」的竊喜感。

❸ 取得對方認同與向心力

尤其是休閒娛樂嗜好類型的行業，若可以建立一個會員彼此可以交流聊天的機制，您將會發現把一群有相同嗜好興趣的人聚集在一起，其互動交流產生的良性變化可能會超乎想像，有時會引起一陣你買我也買的跟風現象，針對裡面常留言的活躍分子（領頭羊），也可以私下給些額外的小獎勵優惠，讓他更樂在其中。

❹ 提供更好的客服體驗

秉持著外面簡單回（但盡量快速），內部（會員）詳細回的原則，優先回應與服務會員，因為會員對店家有實質的銷售貢獻度，且提供售後服務原本就是很合理與該做的事情，甚至是讓會員逐漸認同把店家當成是朋友，當顧客把您當作朋友時，價格就不再是唯一的考量因素。

8.2 LINE 社群與 BAND 社團的區分與互補運用

本章要介紹的會員工具，是使用 LINE 社群與 BAND 社團（都是 LINE 公司開發的），這兩個系統都是使用 LINE 帳號即可申請，因為 LINE 帳號幾乎可以說是智慧型手機必備的，不需要再去記憶別組帳號密碼（顧客就不會覺得太麻煩），也不需要花費太多時間去適應。

LINE 社群（OpenChat）是為了解決 LINE 群組上遇到的問題，例如群組被惡意解散（翻群）、群組沒有管理員（大家權限一樣大）、群組最多 500 人上限、群組為真實 LINE 帳號名稱加入容易被騷擾…，所以由 LINE 群組再加以延伸修改而成的新服務。

BAND 社團的使用方式與功能，和 FB 社團很接近，但 FB 社團比較容易被惡意檢舉（例如販售活體）導致停權，BAND 社團除了可以使用 LINE 帳號註冊之外，也可以使用 E-mail、電話、FB 帳號來註冊，BAND 社團管理者更容易把手機裡的 LINE、FB 和通訊錄內的使用者拉進 BAND。

LINE 群組、LINE 社群、BAND 社團的差異：

主要差異	LINE 群組	LINE 社群	BAND 社團
人數上限	500 人	預設 800 人，可調整到最多 5,000 人	預設 1,000 人，可調整為無上限
管理員	沒有	有	有
加入方式	成員邀請	提供 3 種（超連結、QR Code、邀請好友）加入方式	提供 4 種（超連結、QR Code、BAND 群邀請、邀請碼）加入方式
加入後可看到前面的訊息	不行	可以 文字 180 天內、圖片 30 天內、其他（影片 / 錄音）14 天內	可以
不同聊天室可設定不同暱稱與大頭貼	不行	可以另取暱稱隱藏身份，防止騷擾與私下交易	可以另取暱稱隱藏身份，防止騷擾與私下交易
溝通內容限制	訊息加密 最高隱私	1. 需遵守 LINE 社群守則 2. 透過人工智慧過濾違規內容 3. 管理員可設定要過濾的關鍵字	無限制
檔案期限	有期限 （7 天）	不能傳送檔案	無限制
相簿	有 最多 100 本相簿，每本相簿最多 1000 張	沒有	有

主要差異	LINE 群組	LINE 社群	BAND 社團
記事本	有	管理員可決定是否開放給所有成員	可使用上傳「附件」來因應
置頂公告	有	管理員可決定是否開放給所有成員	管理員可決定是否開放給所有成員
統計數據分析功能	無	APP 版有	APP 版有

LINE 社群守則如右圖所示，若連續（幾秒內）大量傳圖文會被系統暫時封鎖禁言，或是留言裡面包含自己或別人的 LINE ID，則此則留言會被系統自動偵測刪除，由於是以匿名方式加入，裡面其他成員（包含管理者）都無法私訊給其他群友（例如要私訊討論價格或規格）。筆者的解決方式為，一開始顧客來店時，現場先加對方個人的 LINE ID 成為好友後，再傳 LINE 社群加入的超連結或 QR Code 給顧客，如此其他群友無法私訊騷擾對方（保障隱私），但顧客若需要私訊詢問時，仍可順利私下聯繫。

社群使用小提醒

1. 禁止事項
禁止揭露LINE ID；禁止暴力、血腥、色情、恐怖、有害兒少身心健康之討論；禁止單獨會面、傳銷討論及任何違法行為

2. 建議事項
請避免揭露個人資訊、傳遞負面或未查證的訊息

3. 開心使用
為讓所有用戶開心使用，請保持禮貌 、尊重他人發言、遵守LINE社群使用條款

筆者使用 LINE 社群跟成員進行線上聊天互動做售後服務，以及新貨到的搶先照發佈，但由於 LINE 社群聊天訊息只要一多，就得要往前捲動查看，會比較不方便，所以 LINE 社群主要在即時訊息發佈以及吸引同好互動討論，而筆者把新貨詳細照與價格，都會發佈在 BAND 社團裡，除了比較容易搜尋查找資料，並有相簿、投票、檔案下載等功能，而 BAND 社團雖然有聊天的功能，但很少人會使用（大部分人還是習慣在 LINE 上聊天）。

LINE 社群與 BAND 社團如果是以服務舊客戶（會員）為主，就不用考量對外的搜尋曝光的相關設定，可以設定權限為「私密」，如此就可以避免好奇者與不相關人員辨別的問題，或是容易被同業加入刺探營運機密，徹底打造成封閉式的專屬會員機制。

8.3 申請 LINE 社群

LINE 社群的申請必須在手機（或平板）上，請在手機開啟 LINE APP（記得版本要更新到最新版），在「主頁」裡找到「群組」，點選裡面的「社群」。

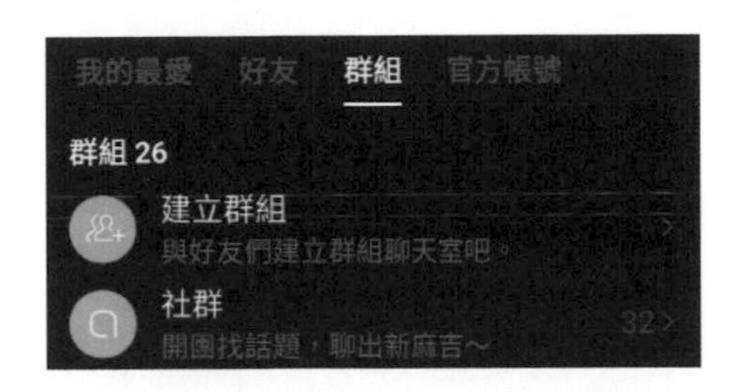

本書 7.1 小節有提到手機 LINE APP，在「主頁」裡找到「服務」區，裡面有之前已設定的「社群」圖示，亦可在此點選進入。

出現社群畫面，點選右下角的「建立社群」圖示。

選擇一個社群封面照片與輸入社群名稱後，如果想跟筆者一樣，希望建立一個專屬封閉性的會員社群，「輸入簡介」裡就不一定要輸入「# 關鍵字」來增加搜尋曝光率，「類別」就不選擇，「允許搜尋」為不勾選。設定完成後，點選右上角的「下一步」。

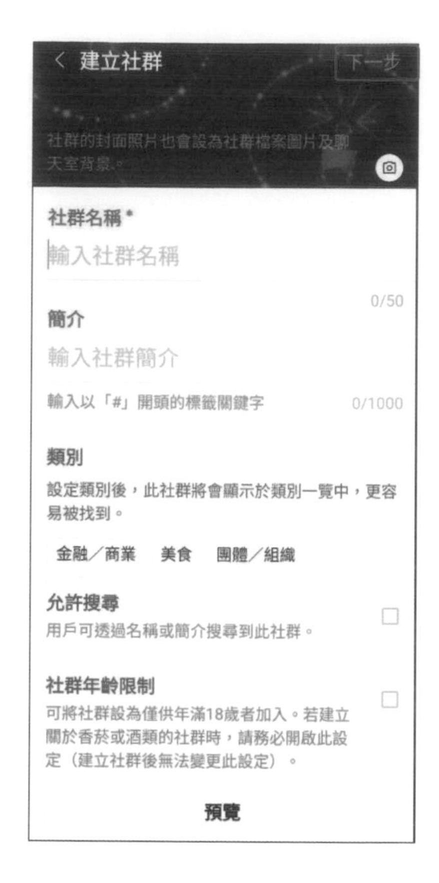

接著設定要進入聊天室時顯示的大頭貼圖示與暱稱，按下右上角的「完成」會出現「社群使用小提醒」畫面，再按下「確定」即可進入。

之後可以按下右上角的「人員加號」圖示。

創意眼金魚坊-...(1)

就會出現「傳送社群邀請」畫面，「複製連結」與「分享行動條碼」可以產生加入的超連結跟 QR Code 給顧客，也可以「分享連結」到 LINE 群組、FB、IG、電子郵件…等各處平台，或是按下「邀請好友」直接分享給 LINE 裡面的好友。

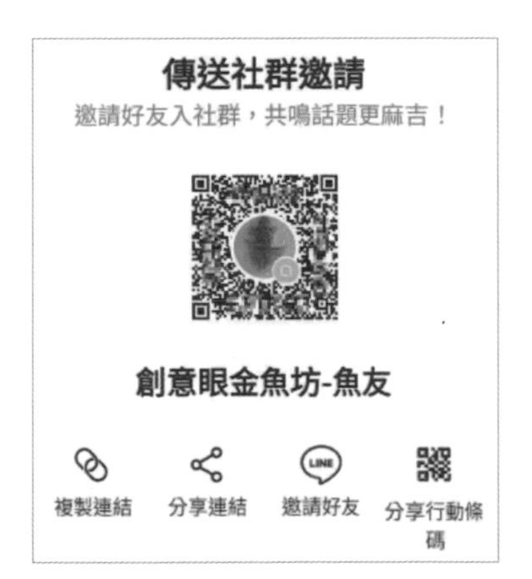

點選右上角「三橫線」圖示，再點選最底下的「其他設定」。

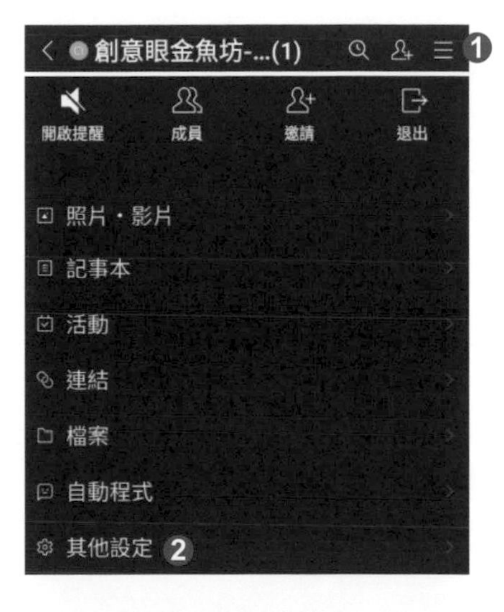

出現「社群設定」畫面，「參與人數上限」預設是 800 人，最高可以調整到 5,000 人，建議等到加入人數接近時，再來調高上限數，接著點選「公開範圍設定」。

一開始權限是「向所有人公開」，請改點選「需管理員核准」，會出現「設定問題」畫面，可輸入希望對方加入時回答的問題（例如何時購買什麼物品），按下右下角的「完成」就會變成加入時有審核制了。

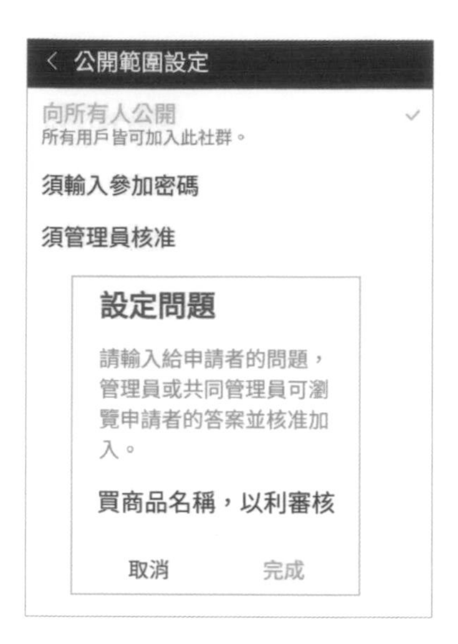

之後有新成員提出加入申請時，可以在「管理成員」/「加入申請」裡進行核準或刪除。

接著點選「管理權限」，可以在此設定貼文發佈的權限，建議按照預設值讓所有成員都能「張貼貼文」，但只有管理員能夠「設定為重要貼文 / 公告」、「刪除訊息和貼文」、「將成員退出社群」。

若要加入其他的管理者來此社群協同管理，則必須先按照一般帳號加入程序，加入成為本社群成員後，再到「管理成員」中去「新增共同管理員」，將該帳號升級為共同管理員。

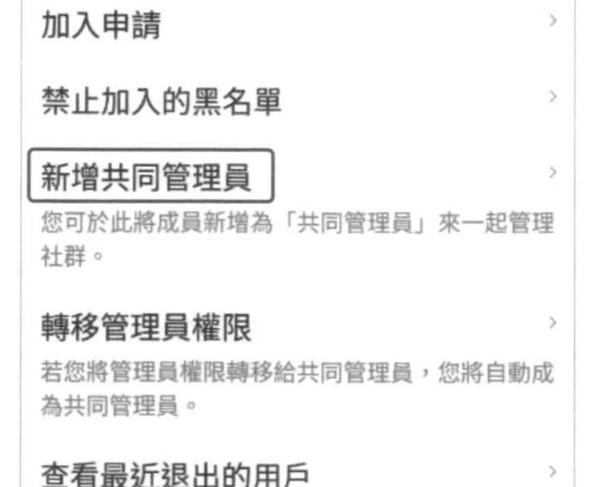

之後您在群裡發言，若覺得本則留言特別重要，可以在這一則留言上面按著不放就會彈出選單，可以選擇裡面的「設為公告」。

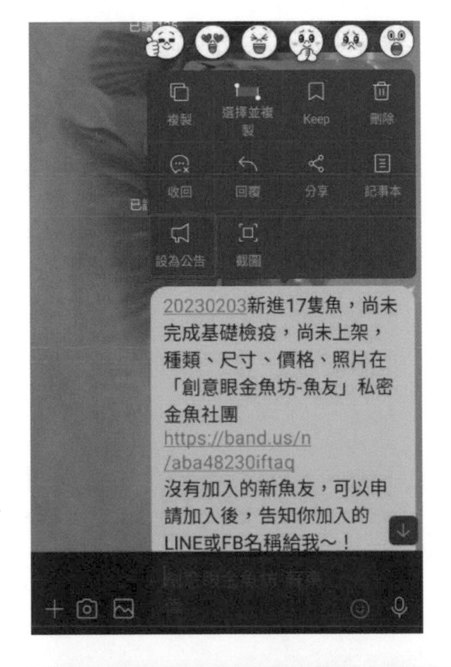

就可以將這則留言置頂設定為公告。

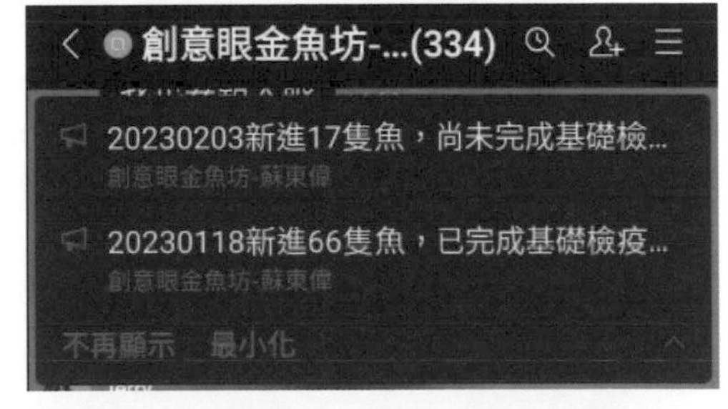

點選右上角「三橫線」圖示，選擇「記事本」，點選右下角的「加號」圖示就可以在此發表「貼文」，這樣有比較重要的文章（文字與圖片）即可長久保留在社群裡供群友查閱。

8.4 LINE 社群聊天聊出生意來

LINE 社群裡面聊的內容，盡量不要牽涉到政治、宗教信仰、攻擊奚落同業…等容易引起爭議的話題，盡可能還是跟行業與產品有相關的內容為宜，多些幽默話語、開開無傷大雅的玩笑，讓群內氛圍充滿歡樂，也會有助於銷售，當然不同的行業別，發佈的內容與語氣等可能還需斟酌調整，當群裡長時間沒人留言時（或是剛開群時），也要多想些梗與話題（平常可以多留意相關的新聞報導），維持群裡討論度，或是遇到有人詢問的內容，若覺得還可以再延伸討論，就可以多加回覆。

如果 LINE 社群裡面都是購買過產品的舊客戶，那當有人詢問產品的相關問題時，就是您展現專業知識的時候，培養自己真心喜愛這個行業與產品，自然就會有詳細回覆的熱誠與動力，顧客在社群待久了，慢慢也能感受到這個店家是真心熱愛這個行業（不是敷衍推託的回應），有詳細的售後回覆，自然顧客也會更有信心回購。

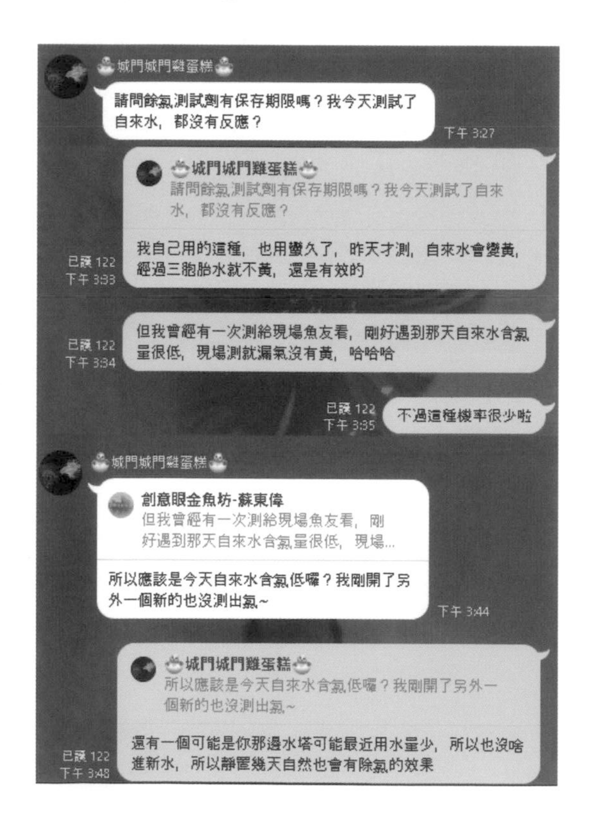

常常被重複問到的問題，可以儲存到 LINE Keep 裡，就能夠很快速又詳盡的回覆內容。

例如：規劃在社群內才能有新品搶先照（會員專屬權限），提供熟客比新顧客更早看到新進商品，尤其對休閒嗜好類的商品來說，每個玩家追求心目中夢幻逸品的定義可能不同，貼美照（影片）更能引起顧客興趣來詢問，但建議雙方洽談細節私訊聊即可，免得佔太多版面（別的顧客不見得有興趣看你們討論內容，或是有個資考量）。

也可以貼美照時輔助加上一些吸引人、擬人化的文字旁白，或是貼出預訂、已售商品，有時候人的心態很微妙，有人訂了或已售，沒買到的反而又更想購買，筆者就常常發出售出照後，接到顧客私訊詢問：「剛剛群裡賣掉那個是什麼？還有沒有？多少錢？」。

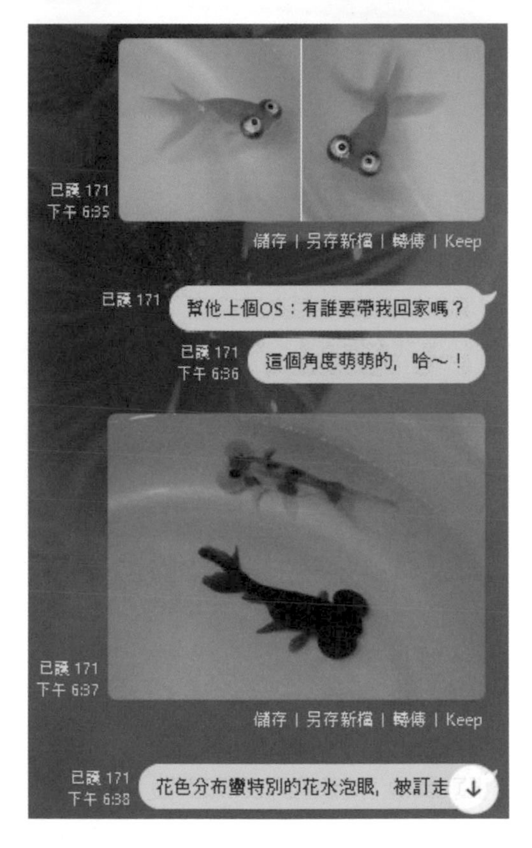

針對購買過的顧客，可請他們當場先加入 LINE 社群，然後會在社群裡貼上每批商品的少部分照片當誘因，再發佈文字與超連結提醒群友，若要觀看更多詳細照與尺寸、花色、價格等資料，可再申請 BAND 社團，用這個方式來帶動 BAND 社團的流量與加入新成員。

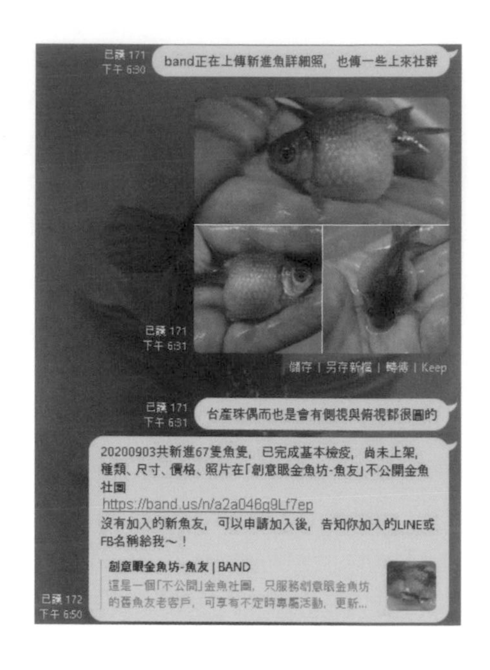

再來要提到的，是如何跟顧客打成一片變成朋友，因為前面有提過「當客戶把您當作朋友，價格就不再是唯一考量」，例如筆者把原本經營幾年的 LINE 群組裡面的顧客，宣傳轉移到 LINE 社群裡，由於社群的其中一個特點是可以隨時自訂不同暱稱與大頭貼，所以剛搬移過來的其中一位群友（原本就是群組裡的意見領袖），就把他自己的暱稱改為「雞大霸」，結果就引起群友們一陣的雞系列暱稱亂改名跟風。

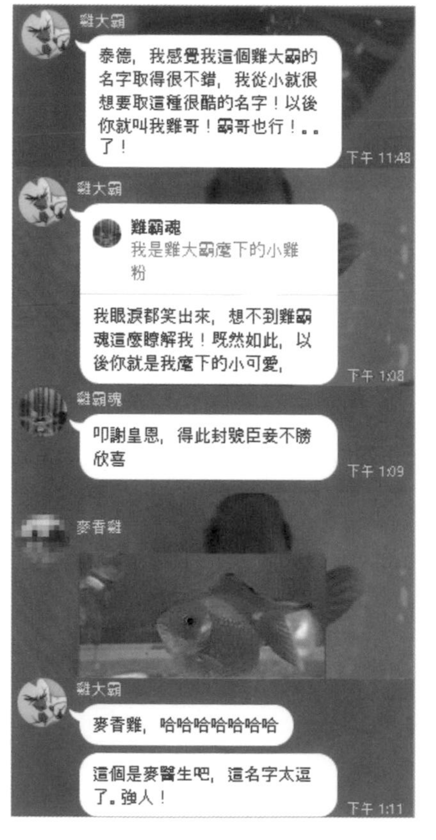

因為筆者姓蘇，就有群友起鬨說要筆者暱稱改成「鹹蘇雞」，筆者也順應改了此暱稱跟著推波助瀾（自我幽默會比較好），群裡就笑翻了，也會引起更多人想要改暱稱跟著玩，很容易群裡的氣氛就炒熱起來了。

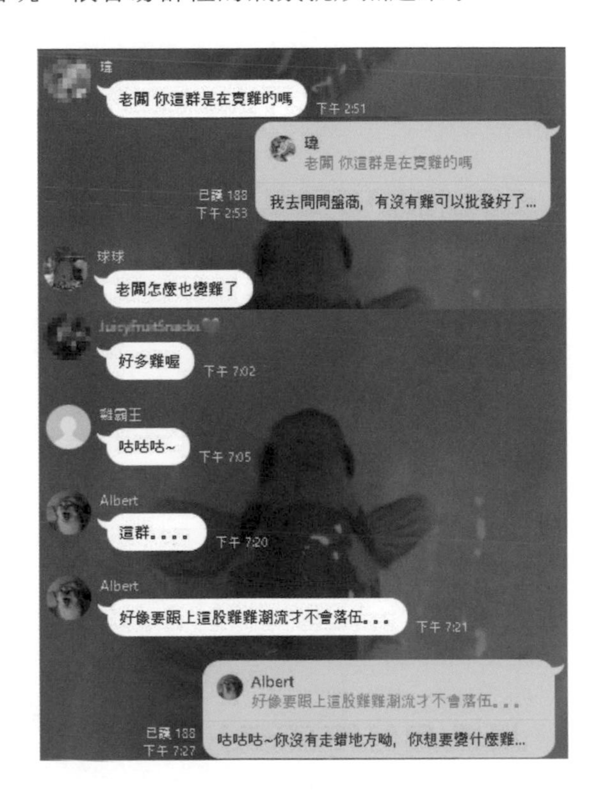

也許您會覺得疑惑，前面這些瞎搞胡鬧的留言跟行銷有何關係？但請仔細回想一下，您跟自己的死黨、閨蜜平常聯絡時的語氣是怎樣呢？真的感情好的朋友，彼此講話就不會太客套（甚至可能會講些粗話），可能聯絡時劈頭就會說「欸～！笨蛋啊～！是我啦！我最近…」，這樣的說話語氣通常是要交情夠深才會發生的。

所以同樣的道理，如果放到銷售上來看，您會想要跟講「親愛的客戶您好，很高興為您服務」這樣標準官方場面話的店家購買商品，還是會跟親近店家在插科打諢的交談中就順手購買呢？當與顧客的互動保持愉快的氛圍時，自然是後者的成交率會更高！

例如在跟上游廠商進貨前，可以在群裡發佈公告（並置頂），詢問群友有無需要購買這間廠商的商品，有興趣的群友就會去查看相關資訊，有需要就可以跟著本批貨物讓店家一次訂購，對店家來說可以產生額外商機（賺到原本不會進您口袋的錢），且因為是順便訂，其實也不會產生太多額外的人力時間成本，而對群友來說，可以享有比較優惠的價格（進群後才有的會員價），互利互惠雙贏。

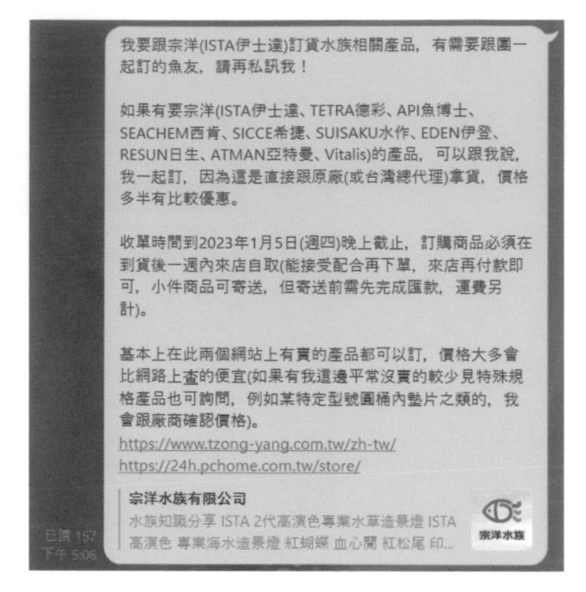

而當您有發佈預購優惠訊息時，若群裡之前有互動討論的商品，想購買的群友常會去請教有經驗的使用者，如果又遇到群裡的活躍分子（意見領袖、使用過的客觀第三者）推薦，成交機率更會大增，例如筆者此款水族增豔燈，已經因為這位意見領袖的推薦，額外增加了不少訂單，所以有多次公開感謝，讓其更樂在其中幫忙推薦！

群友常常互相交換或贈送商品，有時雙方面交時間喬不攏，就會約在筆者有開店時，例如一位下午拿來店裡暫放，另一位晚上才來店裡拿，除了雙方對筆者有一定信任度之外（贈送商品有些市價幾千元），這看似對店家沒有

任何利益好處，其實雙方來店時，往往又逛而產生額外消費（有些人則是會覺得不好意思，多少會消費買些小東西），這就跟大賣場推出青菜一把十元（沒啥利潤）一樣，主要是創造讓顧客多來店裡的誘因，才能帶動後續商機。

現代人普遍壓力都大，建議建立一個 LINE 社群，除了要帶給加入成員售後服務、新品資訊與實用內容之外，還要讓群友覺得這個社群是有趣、可以放輕鬆看的，裡面若有很多認識且常互動的好友，這樣觀看率與黏著度自然就會高，筆者社群裡面的群友組成份子，從國高中生、到大學教授都有，也有工人、工程師、醫生、作家、老師、銷售人員、家庭主婦、退休銀髮族、知名公司高階主管，組成份子可謂是包羅萬象，每個人會有自己主觀的喜好，建議長期經營社群，還是保持做自己的風格，畢竟很難面面俱到的討好所有客群，只要較多比例是喜歡您的即可，喜歡的自然會留下並長期支持。

再提一個人性上的弱點，您自己或周遭朋友可能有這樣的經驗，喜好蒐藏某個東西，卻被家人念說要少買甚至是禁止再買，所以購買後只能謊稱是朋友送的、別人借放的、抽獎中的、買高價回去報低價…，或是偷買回去藏起來，事後被發現說是以前就有的，這些行為看似幼稚可笑，卻很真實的反映出人性，以筆者店內顧客為例，有一位先生不顧家人反對，硬是訂了一個大魚缸，廠商送貨到府後，想當然爾這位就被家人罵慘了，心情很鬱悶貼魚缸照上來社群吐苦水，但還是很高興說他撐過這波被罵完，就有大魚缸可以養魚了，群友卻都一面倒的幫他加油打氣與鼓勵（都是一樣興趣的同好自然會支持），甚至還有人鼓動說擴的好，旁邊還有位置可以再多放…，在群裡得到了鼓勵關懷與溫暖，您覺得日後他對這個群的向心力與支持度會不會更好呢？筆者後來還有推行舊群友貼擴缸照上來，就會有全體群友一週消費都打折的優惠活動去推波助瀾…，更是得到很好的行銷效益與業績，這也是本書第一章提到激起人的某種情緒的延伸，就是一種情感的行銷，這些都可以透過社群聊天互動，真的聊出生意來。

LINE 社群裡新推出分析功能（只有手機版有此功能），點選社群裡右上角「三橫線」圖示，選擇「分析」，即可看到「傳送訊息數」、「傳訊者總數」、「傳訊者排名」三種功能，可以查詢 7 天、14 天、30 天、90 天、180 天、360 天等不同條件的數據，例如在「傳訊者排名」中能夠顯示出留言最多的前幾名活躍分子，考慮給予每月、每季、年度積極留言者獎勵，鼓勵未來在本社群裡繼續積極互動留言。

8.5 申請與設定 BAND 社團

請到 https://band.us，可以使用電話、電子郵件、FB 帳號、LINE 帳號進行註冊。

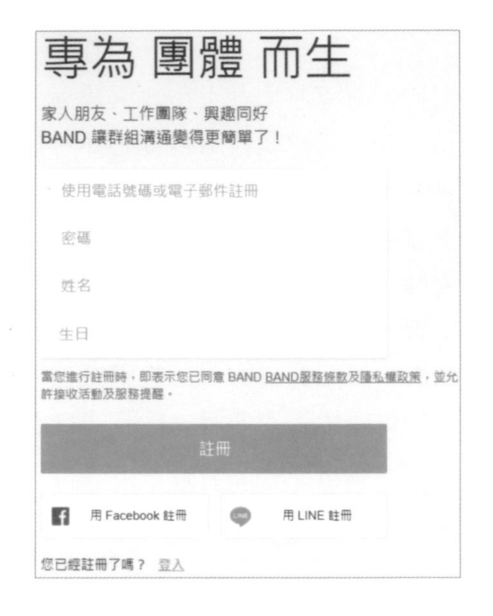

註冊完成後，可以按下「建立 BAND 群」，請選擇一個 BAND 類型。

可以在此輸入 BAND 的名稱以及選擇或上傳封面圖，「BAND 群隱私類型」，如果您想跟筆者一樣打造一個外界搜尋不到的會員秘密社團，則請選擇「私密」，按下「完成」鈕。

點選左上方的「BAND 群描述設定」，輸入對本社團的說明文字。

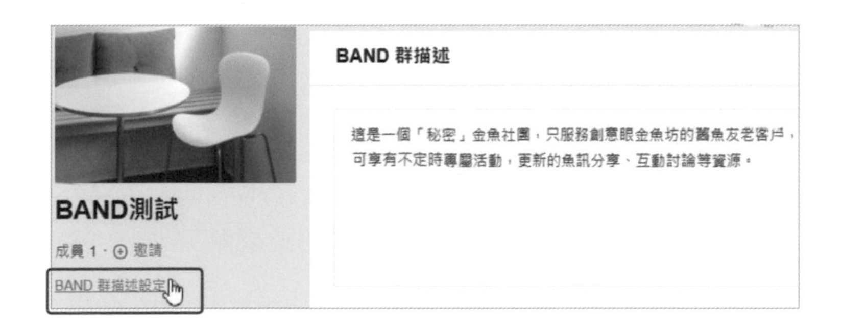

點選左方的「「BAND 群設定」。

找到「BAND 群名稱和封面」，按下右方的「更改」鈕。

除了可以在此變更之前設定過的 BAND 名稱以及封面圖之外，還可以設定「BAND 群顏色」。

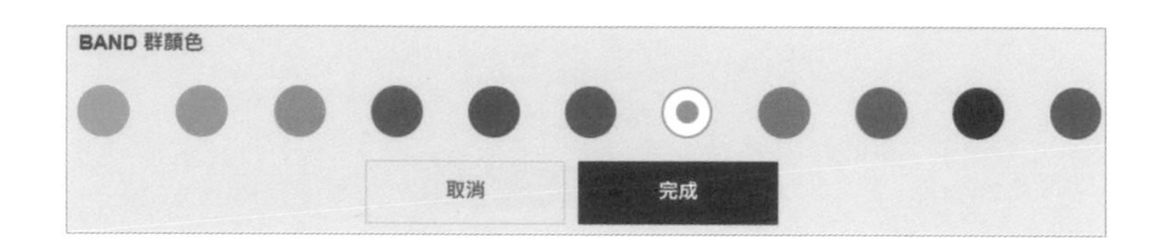

請開啟「審核成員」以及「請寫下申請成員提問」，並輸入想要對方回答的題目，再按下「人數上限」右方的「更改」鈕。

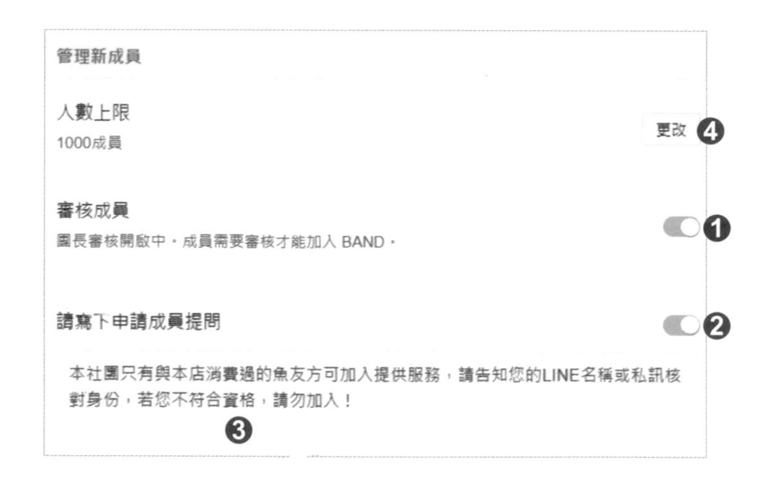

預設的人數上限是「1000 成員」，建議一開始維持此設定即可（新貼文貼通知率較高），未來若團員已接近千人時，再回來此處改成無上限。

找到「成員資格設定」，按下右方的「更改」鈕，可以在此做申請成員的性別與年齡限制（一般較少用到此功能，建議維持預設值即可），BAND 系統比較特殊的是，若開啟「認證電子信箱」功能，當有成員要申請加入時，必須要填寫專屬網域名稱的電子郵件做驗證，只要輸入公司的專屬網域名稱例如 @abc.com，則只有 jerry@abc.com、alex@abc.com 這樣格式的電子郵件才能申請加入成功，適合用在公司內部同仁專屬交流社團之類的功能；但以我們要做顧客專屬社團來說，是不需要做此設定的。

找到「管理成員權限」，按下右方的「更改」鈕，建議「設定置頂文」改為「團長與副團長」。

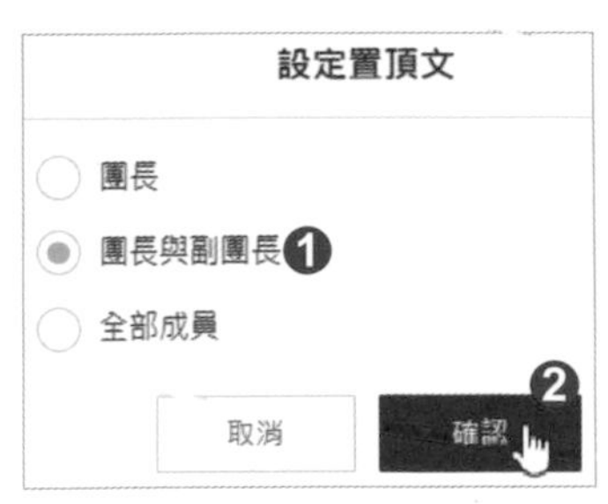

在「管理成員權限」裡，「移除或解鎖成員」可以將已加入的成員「強制開除」，「新增副團長」其實就是新增管理人員，可以先請您的其他管理者加入成為此 BAND 的成員後，再挑選升級成副團長。

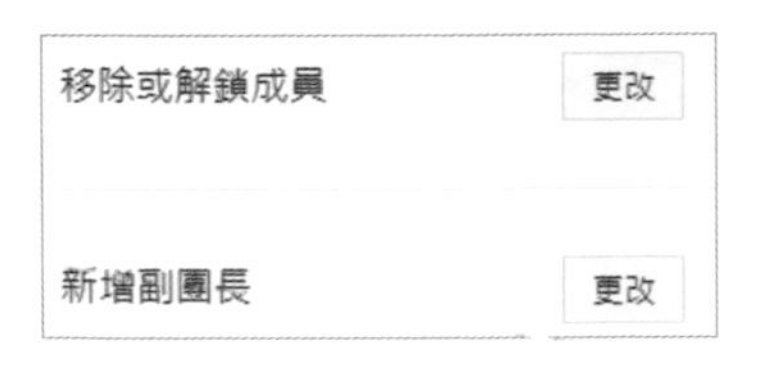

您是申請此 BAND 的人，也就是預設為團長（最高權限管理者），一個 BAND 裡只能有一位團長，但可以在「指定新團長」的右方按下「更改」鈕，可賦予所選成員團長權限，但委任新團長後，自己會降級變為成員。

點選左上方的「邀請」，就可以產生邀請超連結與 QR Cdoe…等四種邀請加入方式。

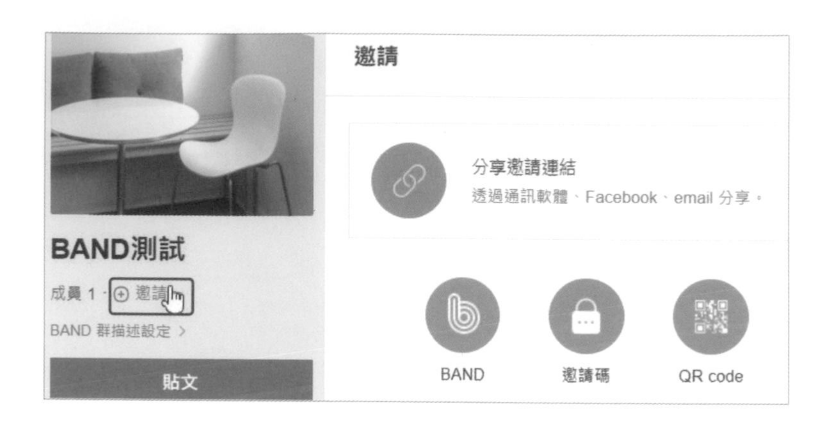

8.6 APP 版額外功能

BAND 有手機版的 APP，建議管理者與成員手機上可安裝此款免費 APP，管理者（團長、副團長）可在手機邀請與審核新成員，請先到 Google Play 或 App Store 去搜尋「BAND」這款原廠 APP，完成安裝後「開啟」。

電腦網頁版裡有的功能，手機 APP 版幾乎都有，在邀請成員時，APP 版會多一項「邀請手機聯絡人」，並且 APP 版還多了一個全新的功能，按下右下角的「齒輪」圖示，可選擇「BAND 群統計」。

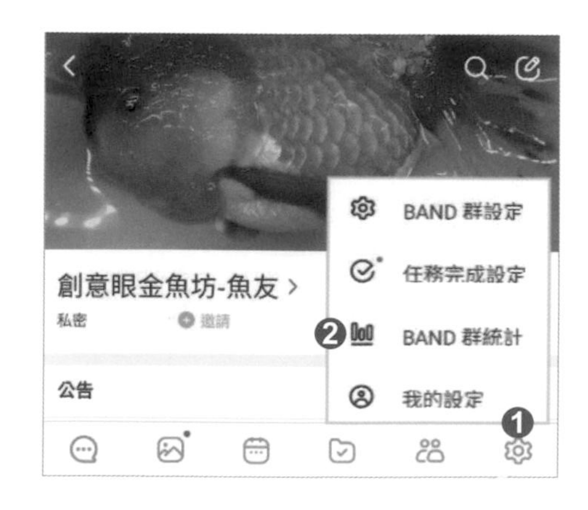

可以看到最近設定的日期區間裡的「最活躍用戶」排行。

也可以考慮公布給前幾名活躍用戶一些獎勵誘因，讓他們更樂於互動。

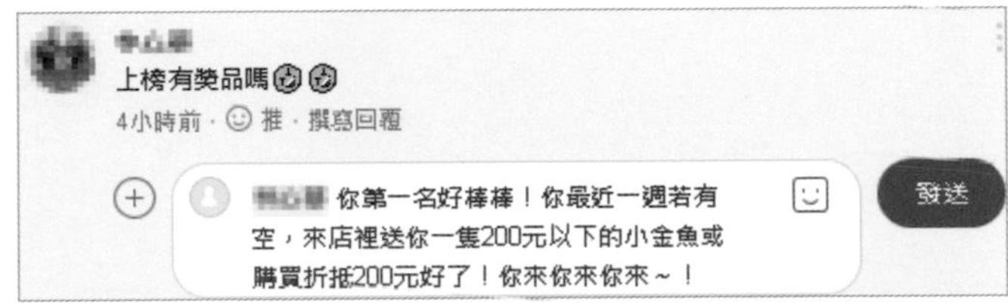

或是點選「查看更多」，查詢 30 天內的「用戶」或「內容」的統計數據資料。

BAND 群統計詳細內容
創意眼金魚坊-魚友

用戶　內容

2023年1月29日 - 2023年2月4日　搜尋

日期	新用戶	登入用戶	活躍用戶
2023-01-29	0	10	0
2023-01-30	0	6	0
2023-01-31	1	10	0
2023-02-01	1	9	0
2023-02-02	0	10	0
2023-02-03	2	52	1
2023-02-04	0	13	0

一次可查詢30日，並可確認最近2年的統計。

還有許多報表可以查看，例如可以瞭解活躍用戶、貼文、登入用戶的每日活動程度，以及成員們的性別年齡分布狀況。

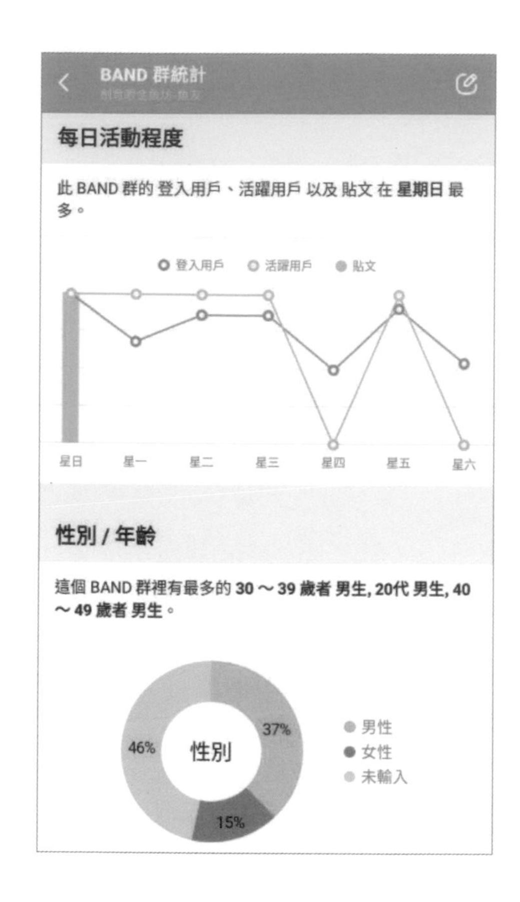

8.7 相簿、貼文、檔案、投票

筆者 BAND 裡規劃了以下誘因：

1. 每週新進魚隻詳細照上傳到相簿，並在貼文裡附上對應的相簿超連結。
2. 每週新進魚隻品種尺寸花色價格，商品什麼時候進貨，都可以在此查看到貼文。
3. 低於市價的水族器材設備清單（跟 LINE 社群的群友同享器材優惠價，此部分獲利少沒關係，提供一個特色誘因）。
4. 提供魚病治療經驗檔案下載（會員專屬，外面看不到）

❺ 上游廠商有新貨品，店家猶豫不曉得要進什麼貨比較好，可以在貼文裡使用投票功能，詢問成員們對哪個產品有興趣再進貨。

❻ 器材要跟上游廠商進貨前，發佈文章時會設定成必看文，提醒與詢問成員們需不需要預訂（享有優惠價）。

請到 BAND 電腦網頁版點選上方的「相簿」，再點選右上方的「建立相簿」會出現「建立相簿」畫面，輸入「相簿名稱」後按下「確定」鈕。

在此相簿名稱裡點選右上方的「上傳相片」，會出現「開啟」畫面，選擇好要上傳的圖檔後，按下「開啟」鈕即可開始上傳單次 100 張以內的照片。

8

8.7 相簿、貼文、檔案、投票

在相簿名稱裡點選右上方的「管理」。

即可在此將相片做多筆點選後，「儲存」變成 zip 檔下載，「移動相片」到別的相簿，「刪除」所選相片，如果要離開目前的管理介面，則可以點選右下角的「離開」。

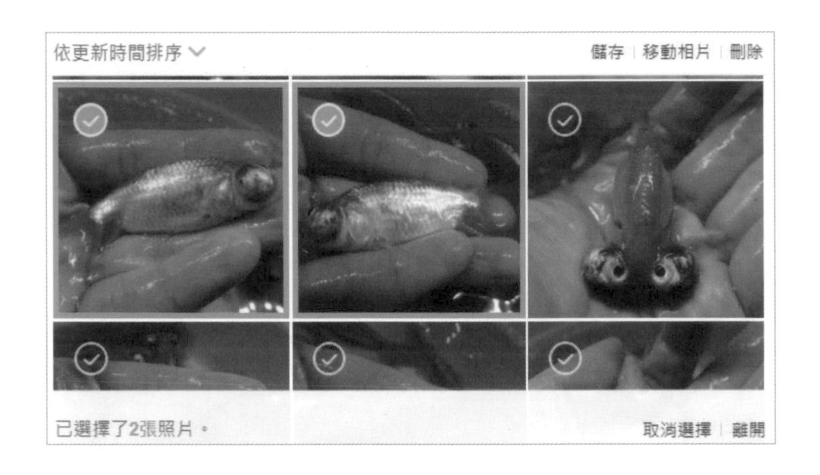

點選上方的「貼文」，再點選「請分享新消息」。

即可開始進行貼文內容編輯，例如將之前上傳的相簿網址貼入，在貼文裡加入 # 字詞，當作此篇貼文的分類名稱，完成後請按下右下角的「發佈」鈕。

就可以在上方的「所有貼文」右邊，出現此貼文分類提供篩選。

點選已發表過的舊貼文，在右上方「三圓點」圖示，即可選擇「修改內容」，或是將此貼文設定成排列在最上面的「置頂」，也可以在此「刪除」貼文。

在新增或修改貼文時，若點選左下角的「貼文選項」，會出現「貼文設定」畫面，可以選擇將此貼文「新增為公告」並勾選為「新增必看文」，提高本貼文被觀看率，也可以在此「設定公告結束日期」，若要設定排程發文，則可以「設定排程時間」。

若在新增貼文時，點選下方「迴紋針」的檔案圖示，即可將選擇的檔案插入內文中。

之後在上方的「一覽附件」/「檔案」裡，就可以看到上傳的檔案了。

若在新增貼文時，點選下方的「投票」圖示。

則會出現「投票」畫面，可以在此輸入「投票標題」與多個「輸入選項」，若勾選「可以複選」，則會出現「複選個數」提供選擇，也可以「設定結束日期」，完成後按下「附加」鈕。

由於每個投票選項無法個別上傳照片，若需要投票選項有照片做參考，可以在貼文內容裡點選左下角的「照片」圖示，將投票選項裡對應的照片依序上傳到貼文當中。

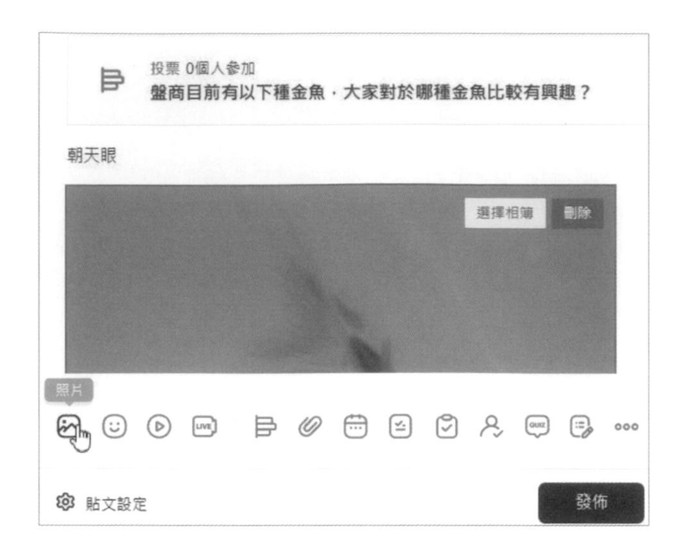

開始投票的畫面如下圖所示。

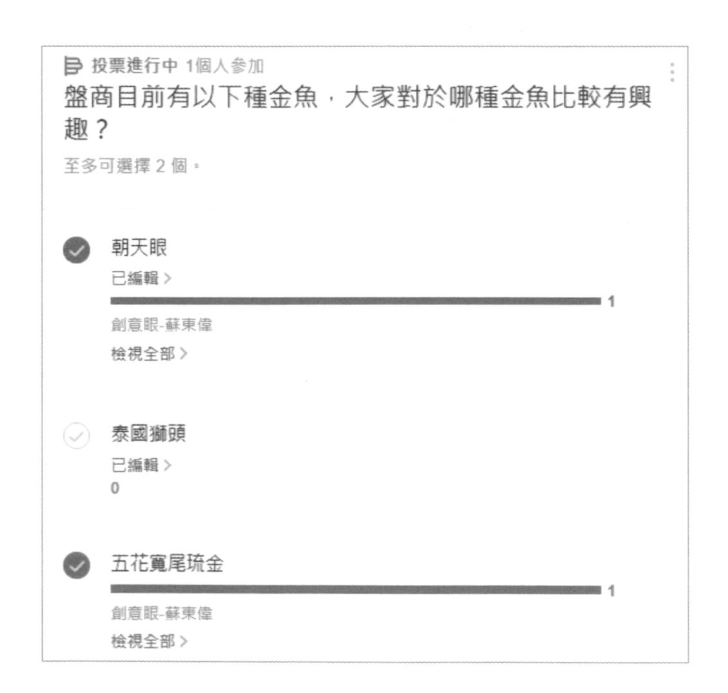

第 9 章

電子書行銷

本章將帶您製作適合在行動裝置上觀看的 EPUB 與 PDF 格式電子書，製作成本較低，能即時提供給顧客或會員，免除實體寄送所需的物流成本，電子檔案不會有缺貨問題，能常進行改版更新，亦可放到官網提供下載做置入性行銷，或是提供 LINE 官方帳號、FB 粉專…等平台當作活動贈品，也可以當作 LINE 社群或 BAND 社團的會員專屬服務內容。

由於本章產生的電子書是標準正規的格式，所以大部分電子書閱讀器內建常用功能即可使用，建議不需要花太多心力在花俏編排或程式功能上，以產生有吸引力的內容才是王道。

9.1 Google 文件製作 EPUB 電子書

請到 Google 雲端硬碟 https://drive.google.com 按下左上角的「新增」/「新資料夾」。

輸入資料夾名稱後，按下「建立」。

接著到剛剛新增的資料夾所在位置後，點選左上角的「新增」/「Google 文件」。

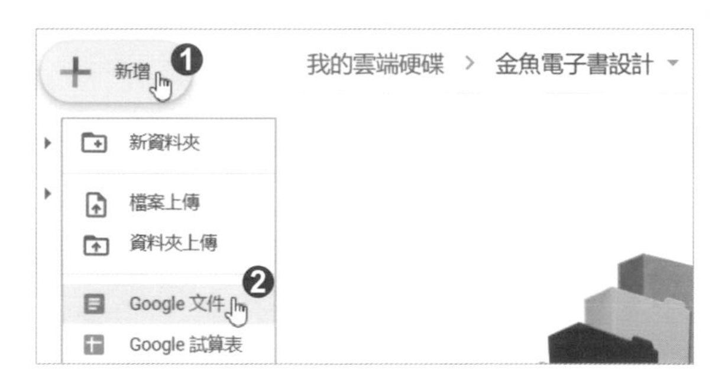

將左上角的「未命名文件」改成本書名稱後，鍵入或貼入文字內容。

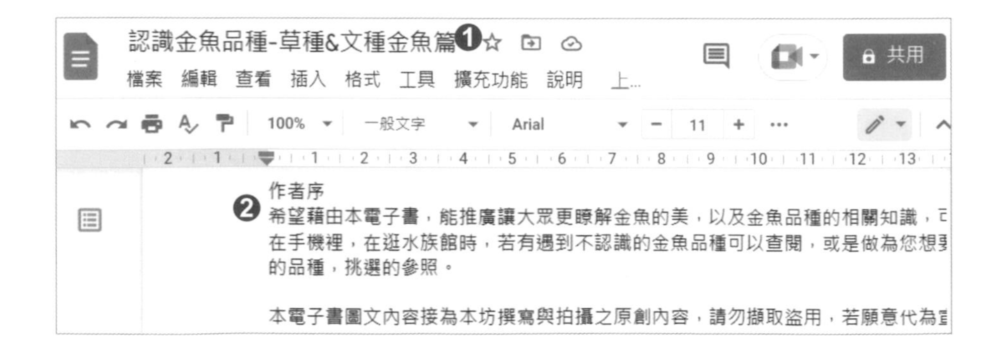

將要變成單元的文字反白選取後，點選上方的「樣式」列裡的下拉式選單。

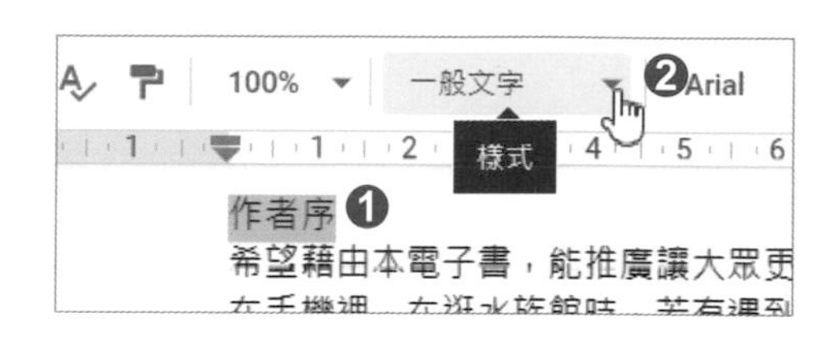

以此電子書內容來說，筆者預計要分成三個階層的單元，所以將「大單元」的文字改為「標題 1」。

將「中單元」的文字改為「標題 2」。

9

9.1 Google 文件製作 EPUB 電子書

將「小單元」的文字改為「標題 3」。

依序完成所有章節單元的文字階層設定後，按下左方的「顯示文件大綱」圖示。

就會看到剛剛設定三種類型（標題 1、標題 2、標題 3）的文字階層，可以在此檢視確認設定的階層是否無誤，並移動滑鼠游標到每一階層文字上點選，畫面即會移動到這個章節的文字位置，之後轉成電子書時，此處就是電子書裡供人點選目錄進入的功能，所以請務必確認此處的章節階層是正確無誤。

接著要置入每個小節裡的圖片，請先將滑鼠游標點選到要置入圖片的位置後，再選擇上方功能表的「插入」/「圖片」/「上傳電腦中的圖片」。

實際上置入圖片還有一個更快的方法，就是將檔案總管開啟到要上傳的圖片目錄位置，將滑鼠游標移到要插入的圖片上，滑鼠左鍵按住圖片不放，將圖片拖曳到 Google 文件要插入的位置，即可完成插入與上傳圖片的動作。

點選剛剛插入 Google 文件裡的圖片，再點選「圖片選項」/「所有圖片選項」。

可以在此設定圖片的大小，建議插入的所有圖片都設定一樣的「寬度」，未來在觀看電子書時會比較協調美觀。

當文字、圖片等內容都完成置入與設定後，將滑鼠游標點選到要分頁的每個單元名稱前，再點選功能表上的「插入」/「分頁 / 分欄符號」/「分節符號（下一頁）」，可以讓每個單元都從新的一頁開始（EPUB 格式無法支援此功能），請依序將各章節完成分節符號的設定，就完成了本電子書的內容製作與設定。

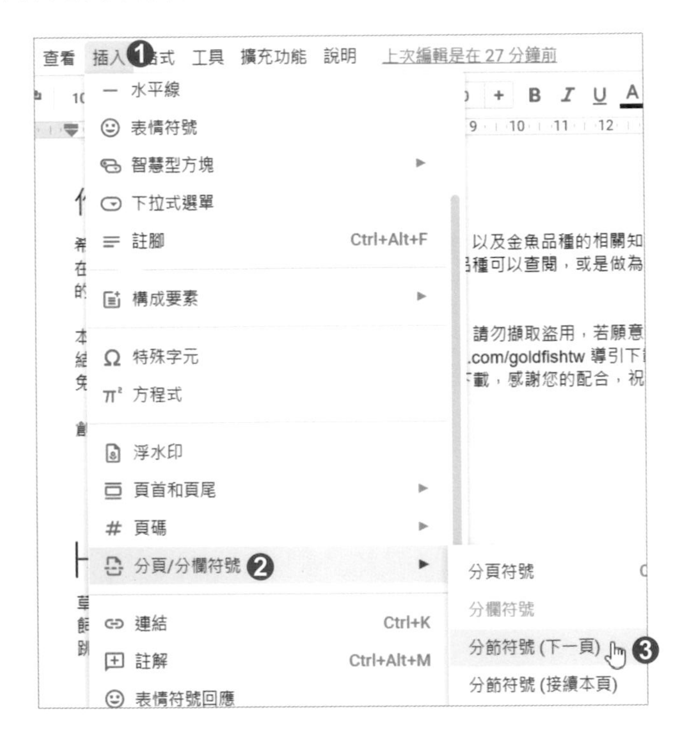

最後點選功能表上的「檔案」/「下載」/「EPUB Publication（.epub）」，即可匯出與下載 EPUB 格式的電子書。

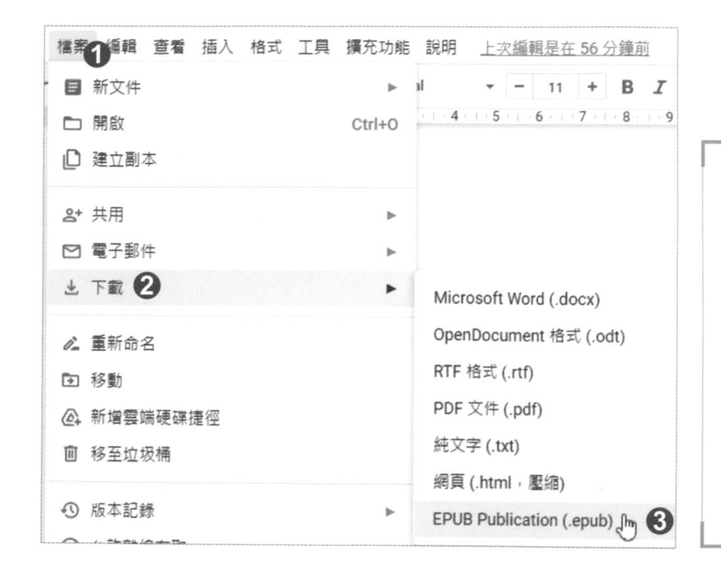

> 如果在「檔案」/「下載」裡選擇直接輸出成 PDF 檔案格式，前面提到「分節符號」才能作用，可以有比較精準位置的排版功能，但無法有章節目錄的功能，如果 PDF 格式需要目錄的功能，就必須使用下一小節介紹的 calibre 進行轉檔。

9.2 使用 calibre 進行轉檔設定

請到 https://calibre-ebook.com/download ，下載 calibre 軟體並安裝與執行。

開啟 calibre，按下左上角的「加入書本」鈕，開啟之前用 Google 文件製作 EPUB 電子檔。

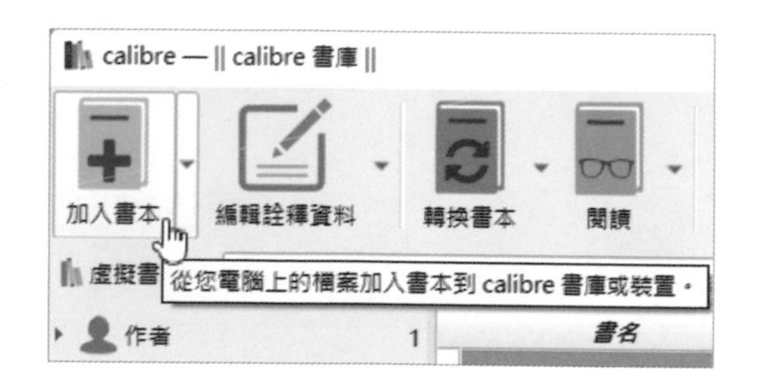

加入書本後，可以在中間區域看到剛剛匯入的電子書，點選即可開啟檔案。

可以在此觀看之前製作的電子書內容，再次確認目錄功能是否正常。由於還需要利用 calibre 加入書籍封面、作者等資料，所以先關閉此視窗。

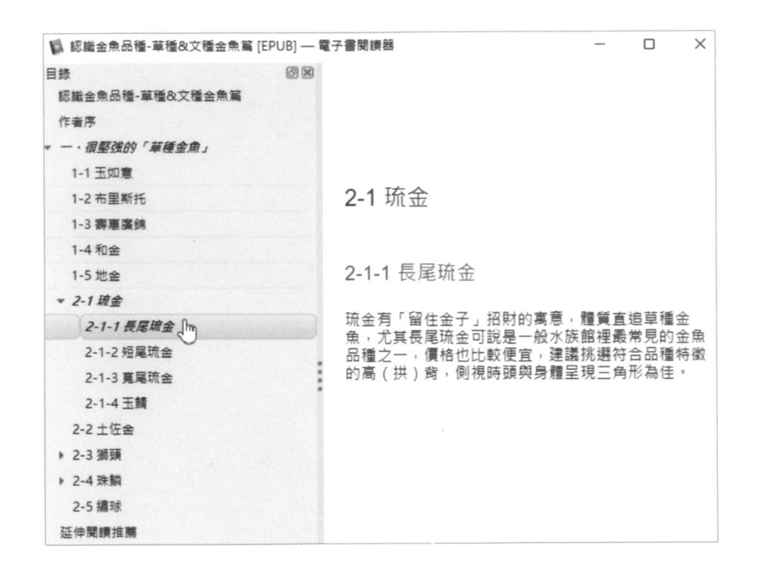

回到之前畫面後，點選此電子書後，按下上方的「轉換書本」鈕。

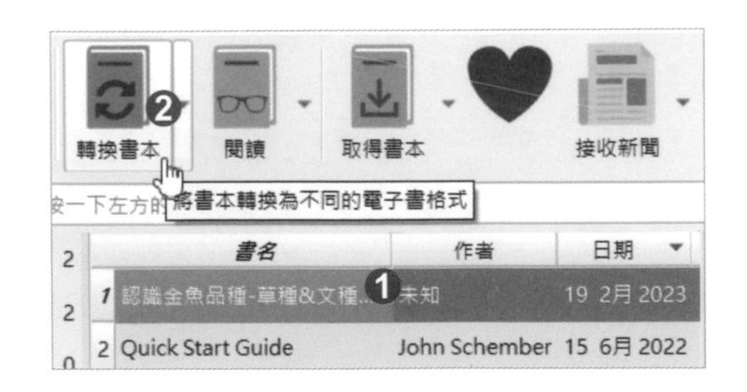

進入轉換的視窗畫面後，按下「改變封面圖片」右方的「瀏覽」鈕，找到之前製作的書籍封面圖片並「開啟」。

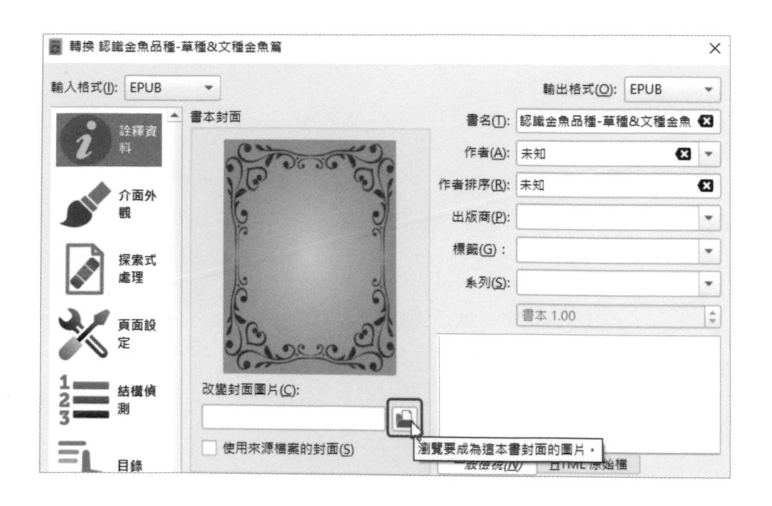

右上角輸出格式仍然維持為「EPUB」，並輸入「書名」、「作者」、「出版商」；「作者排序」欄位是指如果本書有多個共同作者，可以輸入不同的作者名稱，並用半形逗號做不同作者之間的區隔；而「標籤」欄位可以輸入本書關鍵字，不同關鍵字之間用半形逗號做區隔；如果本書是屬於某系列叢書，則可以在「系列」欄位輸入叢書系列名稱，設定完成後，按下右下角的「確定」鈕。

完成 EPUB 格式的設定後，再回到之前畫面點選此電子書，按下在上方的「轉換書本」鈕，出現「轉換」畫面後將右上角的「輸出格式」切換為「PDF」，並按下右下角的「確定」鈕。

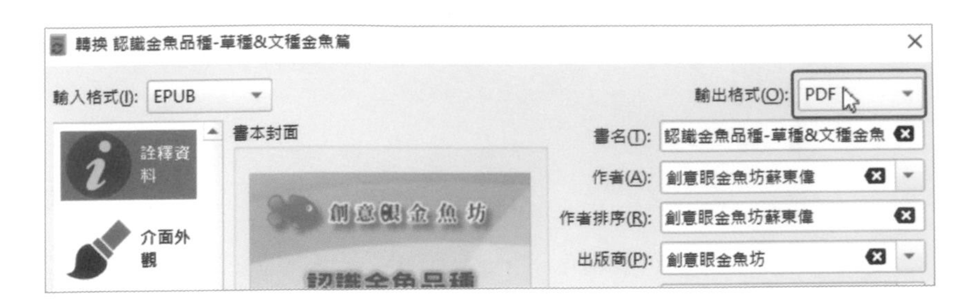

回到之前畫面點選此電子書，可以在右下方看到目前已轉檔的格式，並可以點選開啟觀看，想要取得這些已完成的檔案，可以點選「路徑」右邊的「點擊以開啟」。

透過檔案總管視窗就會看到 EPUB 與 PDF 格式的電子書檔案，也可以複製進行後續運用。

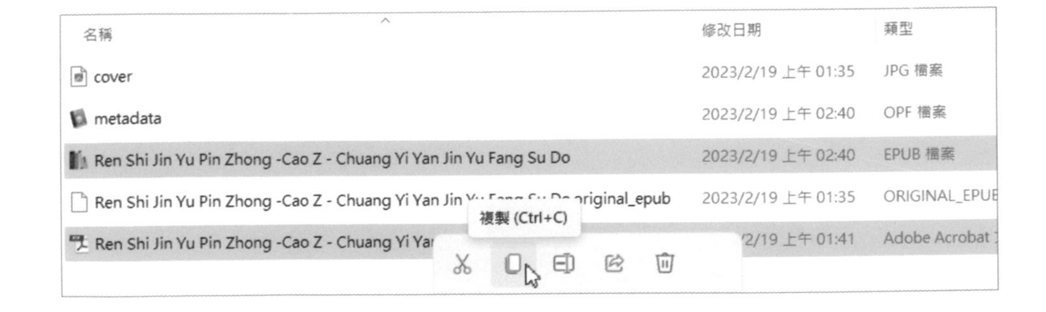

9.3 電子書的體驗與測試

提供一個方便在手機上觀看與測試電子書的方法，請到「Google Play 圖書」網站 https://play.google.com/store/books ，登入帳號並點選「你的媒體庫」。

點選右上角的「上傳檔案」，將我們前面製作的 EPUB 格式電子書檔案上傳。

等上傳轉檔完成後，就可以在「媒體庫」/「上傳的書籍」裡點選我們剛剛上傳的電子書。

測試電子書在電腦上觀看的情況。

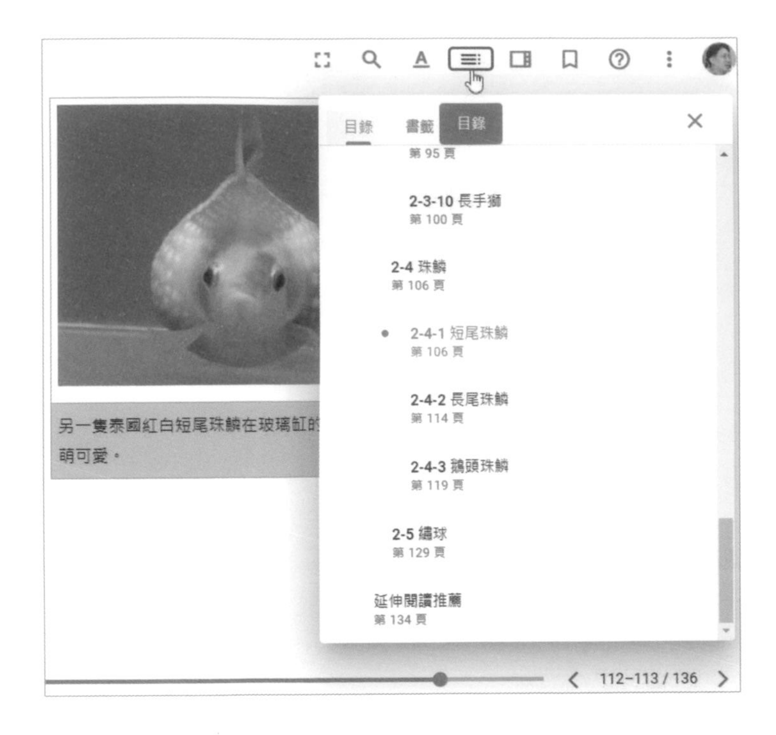

接著來測試電子書在手機上觀看的情況，若您使用 Android 手機，可以在「Google Play 商店」點選右上角的大頭貼圖示，選擇選單裡的「媒體庫」，再點選「圖書」。

也可以直接在手機裡安裝「Google Play 圖書」APP 後再開啟。

就可以在手機上看到之前在電腦中上傳的電子書，請點選此書開啟。第一次點選時會出現「可能需支付行動數據傳輸費用」視窗，按下「立即下載」鈕。

此電子書就會下載儲存在手機裡（可離線閱讀），在開啟電子書的畫面後，利用手指由上往下滑動會出現搜尋、調整文字、亮度等功能。

可以在此變更色系與文字大小，這些功能是大部分電子書閱讀器都有內建的功能，因此我們製作電子書時，對此部分通常不需要再做額外設定。

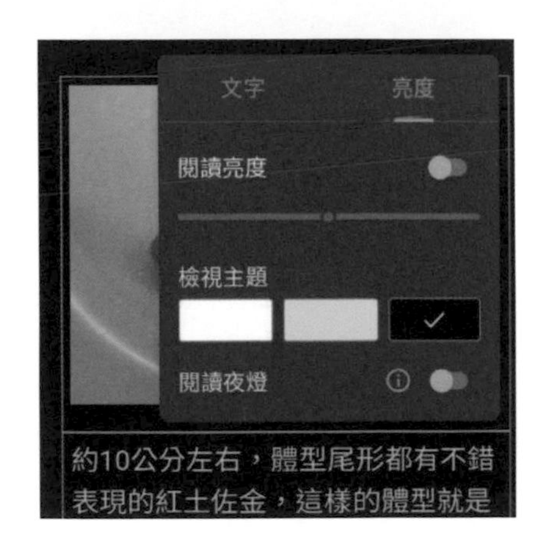

利用手指由左到右滑動畫面則會有翻頁效果，可觀看上一頁或下一頁。

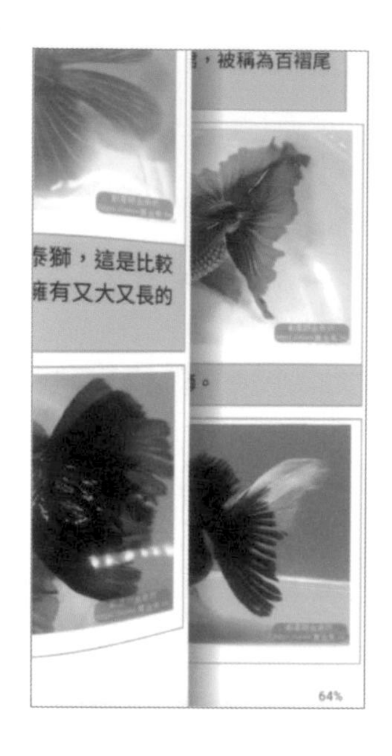

如果要使用章節目錄功能，請將兩個手指做縮小滑動，底下就會出現頁面選擇的橫向桿可以使用，若要使用目錄功能，請點選左下角「三橫線」圖示。

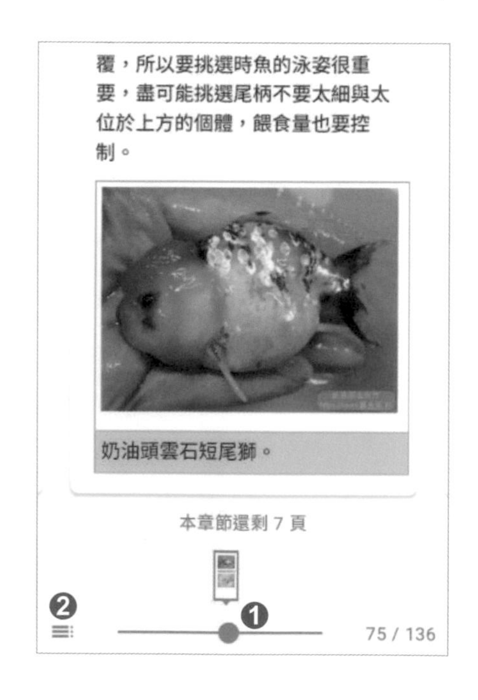

即可出現章節目錄。

雖然手機上有很多免費、付費的電子書閱讀 APP（例如靜讀天下、ReadEra…），但如果您希望將書籍上架到 Google Play 圖書販售並增加更多曝光量，建議使用前面介紹的 Google Play 圖書 APP 進行確認無誤後，再參加「Google 圖書夥伴計劃」，有興趣的讀者可以等製作完整電子書內容後，到 Google Play 圖書合作夥伴中心 https://play.google.com/books/publish/u/0/ 進行申請。

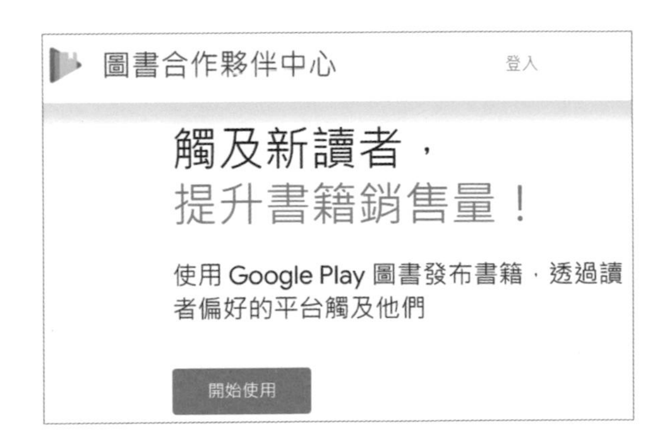

9.4 產生電子書下載連結與 QR Code

請登入到 Google 雲端硬碟 http://drive.google.com，點選左上角的「新增」/「資料夾」輸入資料夾名稱後，按下「建立」鈕。

將滑鼠游標移到剛剛新增的資料夾上，按下滑鼠右鍵選擇「共用」。

將「一般存取權」改為「知道連結的任何人」，我們將存取權設定在此資料夾上，之後上傳到此資料夾的任何檔案，就不需要一個一個檔案去設定權限。

將電子書檔案上傳到此資料夾，傳完檔案後，將滑鼠游標移到檔案上，選擇「取得連結」。

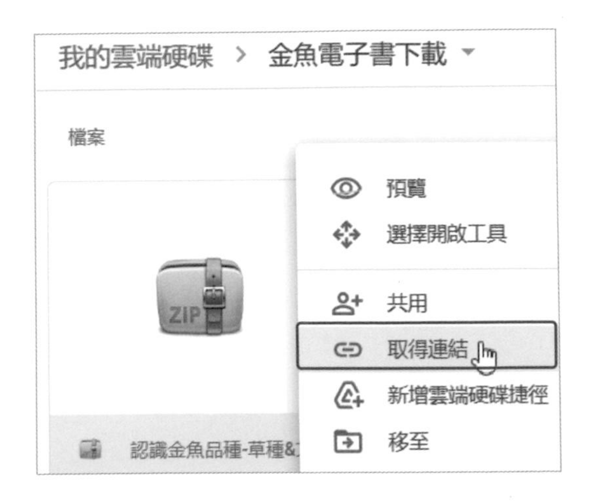

如此就產生了一個電子書下載的連結網址，點選「複製連結」鈕，就能到我們經營的各網站平台貼上此網址進行連結。

如果希望使用手機掃描 QR Code 就可以下載電子書，或是擔心網址太長導致 QR Code 圖案過於複雜而掃描失敗，可以到 https://app.bitly.com 使用 Google 帳戶進行串連登入，登入後點選左上角的「Create new」，再點選「Link」。

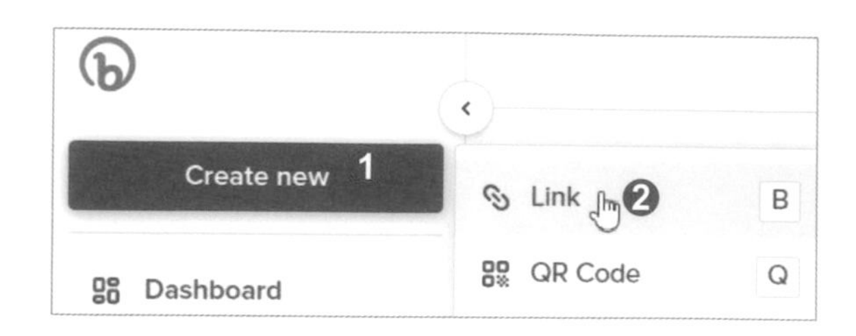

將網址貼入到「Destination」欄位，並啟用「QR Code」功能，按下在右下角的「Create」鈕。

之後在左側選單的「Links」裡可以看到之前建立的資料，也可以在此將縮短後的網址按下「Copy」鈕進行複製。

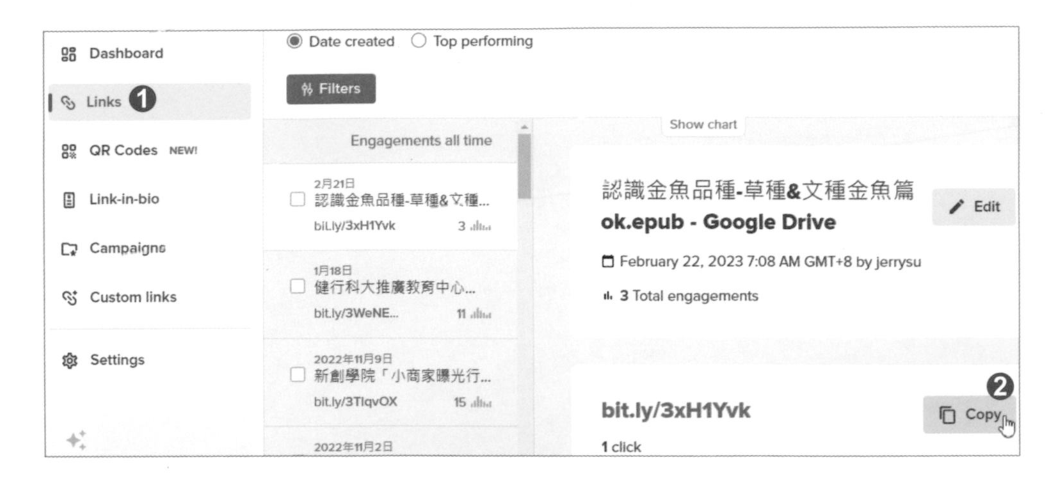

可以在此看到這個縮短網址的被點選次數，以及這個 QR Code 的被掃描過次數，以評估後續的使用成效，按下「View details」右方的「三圓點」圖示，選擇「Download PNG」，可以下載 PNG 檔案格式的 QR Code 圖檔來做平面刊物的宣傳運用。

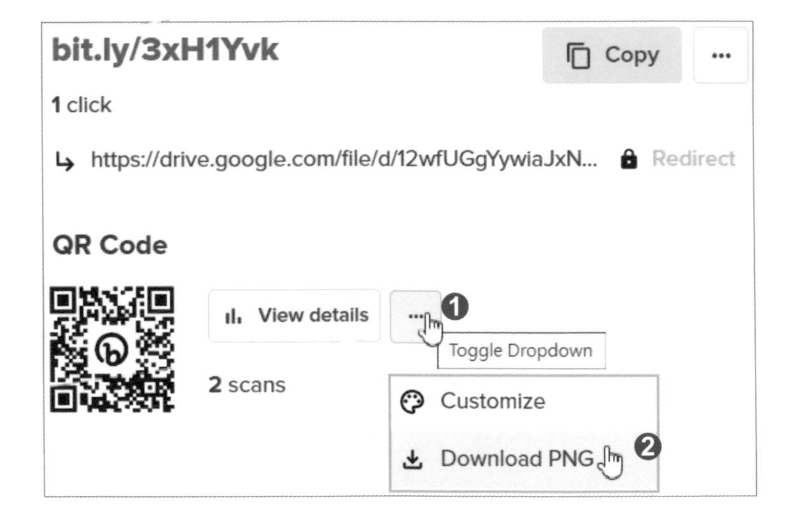

9.5 FB 粉專辦活動自動發送贈品

本小節的功能需要使用第三方廠商 CHATISFY 的機制跟 FB 粉專做結合，請到 https://www.chatisfy.com 點選「立即免費試用」或右上角的「登入」。

需要登入您的 FB 帳號進行連接，必須勾選同意服務條款與隱私權政策選項，按下「Log In With Facebook」鈕。

進入 CHATISFY 後台介面後，點選「新增機器人」。

選擇「新增空白機器人」。

給予機器人一個名稱後，按下「完成命名」鈕。

設定幣值跟選擇時區，按下「完成」鈕。

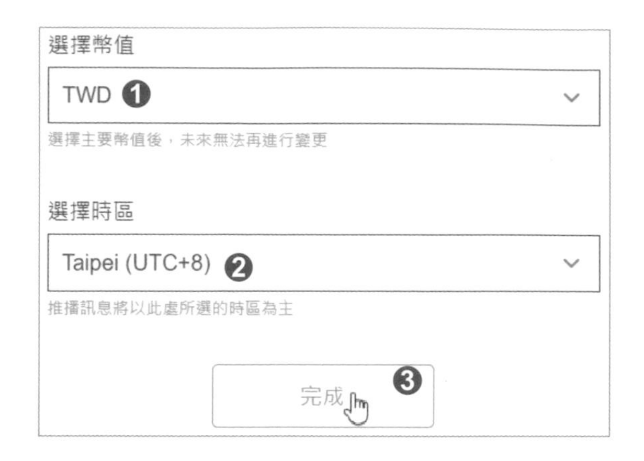

接著按下「連接 FB 粉絲團」鈕。

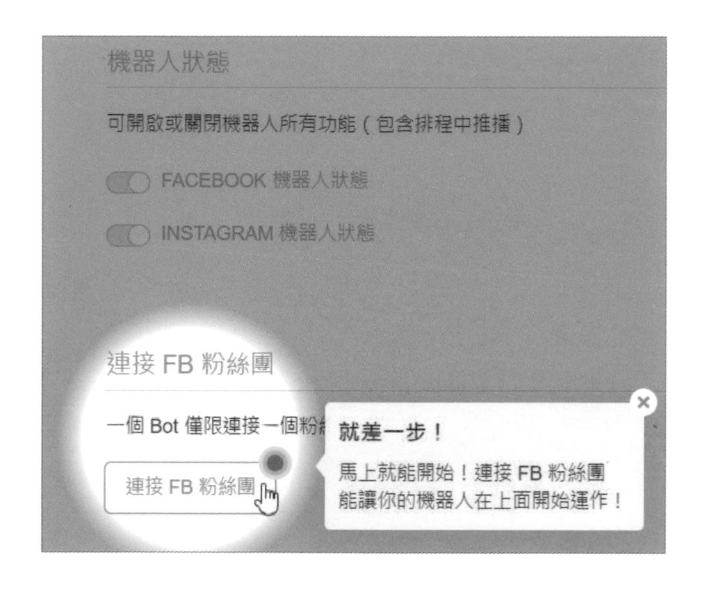

會列出此 FB 帳號能管理的粉專名稱，挑選好要連結的粉專後，按下右方的「連結」鈕，即完成系統的連結綁定。

在 FB 粉專上發佈一篇活動貼文，例如「認識金魚品種電子書限時免費索取中」，內容裡寫清楚留言時必須填寫的字詞，像本例是以留言「我愛金魚」這四個字為觸發 AI 系統的條件。

接著回到 CHATISFY 的後台，進入之前已完成連接的粉專機器人後台，點選上方的「貼文回覆」/「貼文管理」後，再點選「新增貼文回覆」。

在「選擇貼文類型」裡點選 FB「一般 / 直播貼文」，在下拉式選單裡點選剛剛在 FB 粉專裡發佈的那篇貼文。

> 由於我們使用的是 CHATISFY 中的免費方案，一個方案裡同時只能有一個貼文回覆的設定，也無法抓取「排程貼文」或使用「貼上貼文編號」等功能，因此在 FB 粉專發佈貼文後，要盡快來 CHATISFY 後台進行相關設定。

挑選好一篇要設定的 FB 粉專貼文後，請將「自動對留言按讚」選項開啟。

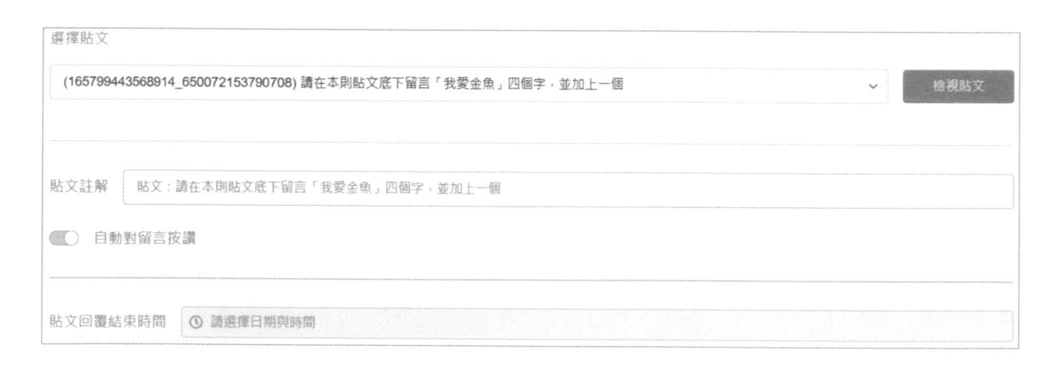

開啟「需要關鍵字」，「留言訊息」請選擇「部分符合」，在「關鍵字」欄位輸入要觸發的字詞，填完字詞後，請務必記得按下鍵盤上的 Enter 鈕，觸發字詞才會生效。

需要關鍵字 ❶

留言訊息 ⊙ 部分符合 ❷ ○ 完全符合 ○ 包含

關鍵字 ❸ 我愛金魚 × 關鍵字請以enter分隔

需判斷標記人數

需包含圖片

> 若要設定滿多少人留言才會傳遞訊息，則可以開啟「需判斷標記人數」，設定等於或大於多少留言人數。

「留言回覆內容」是指當網友留言時，系統會自動在留言下回覆的文字訊息，這個文字訊息是公開在網路上（大家都看得到），此處只要填寫感謝文字與提醒對方留意後續私訊，而為了讓對方感覺此訊息更私人客製化，可以在留言回覆內容裡，輸入 {{sender_name}} 這個參數，即可在回覆內容中出現使用者姓名。

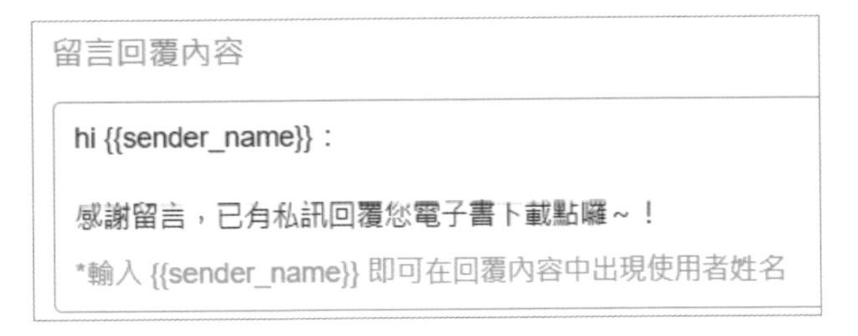
留言回覆內容
hi {{sender_name}}：
感謝留言，已有私訊回覆您電子書下載點囉～！
*輸入 {{sender_name}} 即可在回覆內容中出現使用者姓名

私訊回覆方式請選擇「文字訊息」，最重要的電子書下載網址則要放在「私訊回覆內容」裡，待全部設定完成後，請按下右上角的「確認修改」。

會加入「覺得喜歡請回覆給我一點鼓勵訊息或貼圖呦～！」這樣的訊息文字，是為了誘使留言者傳訊互動才能成為「訂閱戶」(FB 系統會認定為好友，訊息不會是陌生訊息)，也才能在 CHATISFY 付費方案裡做「推播訊息」，以利後續再次行銷。

接著我們可以自己先留言來做測試，請到 FB 粉專這一篇貼文底下留言（包含要觸發的關鍵字），由於我們是使用 CHATISFY 的免費方案，因此自動回應的速度較慢（約要等 10 ～ 30 分鐘）。

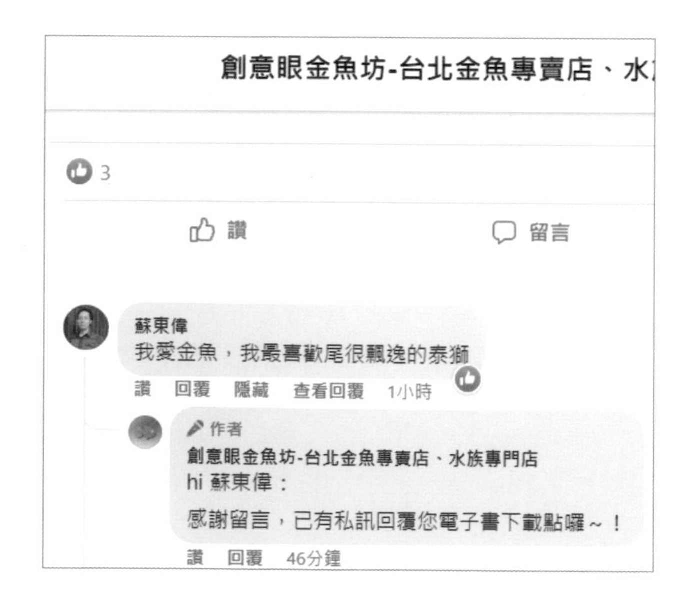

留言者會在個人 FB 裡收到系統的私訊。

打開後就可以看到私訊下載網址的內容，這樣就表示之前的設定成功了。

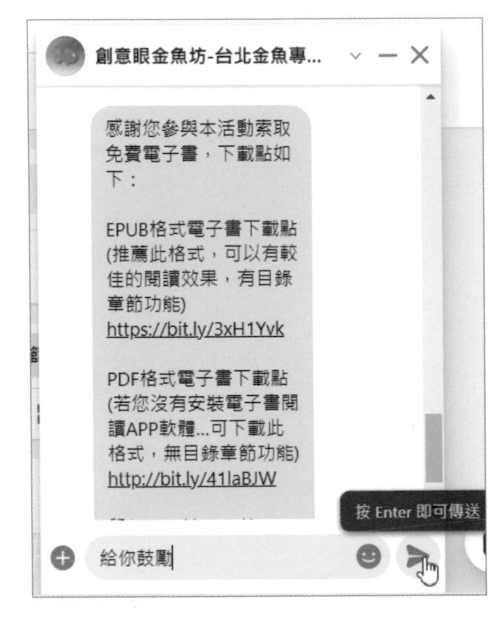

之後如果要停止自動回應的功能，可以回到 CHATISFY 後台關閉「狀態」；如果想要修改回應內容，或是要選擇其他篇文章再辦活動，則可以點選「功能」底下的筆形編輯符號，進行內容的修改或變更其他篇貼文。

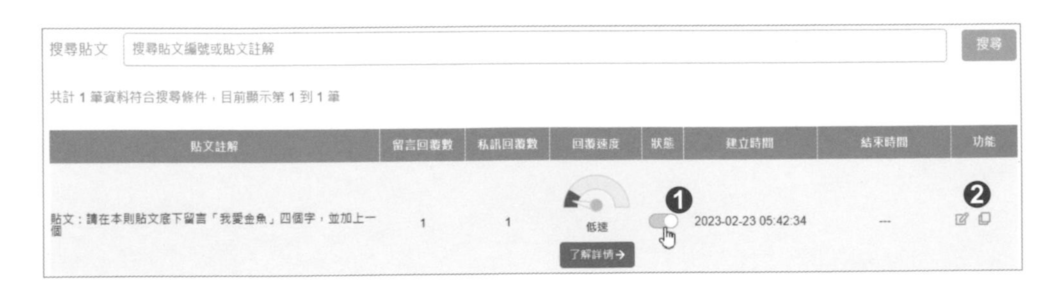

只要用心製作電子書，內容有符合受眾的需求，就會吸引適合的粉絲前來留言索取，例如筆者在此範例將電子書的封面與部分內容截圖放在這則貼文中，讓粉絲們看到「好料在這裡」，所以在貼文發佈不到一天的時間裡就已經吸引了 180 多則索取電子書的留言，未來如能搭配其他管道導引更多流量，將可長遠的累積更多粉絲。

> 如果升級成 CHATISFY 的付費方案，就可以將本小節介紹的「留言就送電子書」活動，利用同樣的模式套用在某則 IG 貼文裡。

9.6 LINE 官方帳號提供贈品設定

我們可以把前面製作完成的電子書，當作是加入 LINE 官方帳號的好友禮，提高網友加入的意願。

請登入前面第七章介紹過的「LINE Official Account Manager」電腦版管理後台 https://manager.line.biz，點選上方選單「主頁」選擇「聊天室相關」/「加入好友的歡迎訊息」，在裡面輸入免費電子書下載網址後，按下「儲存變更」鈕。

屆時新加入的好友就會看到如下圖畫面。

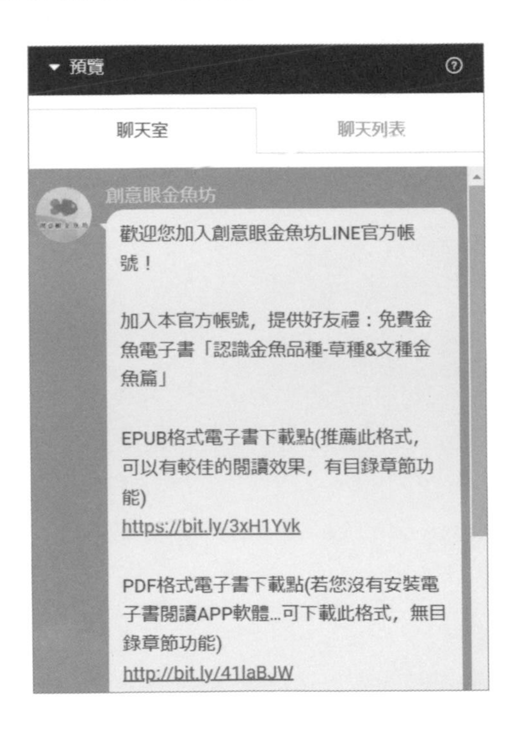

另外一個利用電子書當作加入誘因的方式，則是在自己經營的各平台裡宣傳「只要加入 LINE 官方帳號，輸入通關密語，就可以得到免費電子書」，也可以

用發送訊息的方式，將通關密語發送給已加入原本 LINE 官方帳號的舊好友。

點選上方選單「主頁」，選擇「自動回應訊息」/「自動回應訊息」，按下右上方的「建立」鈕。

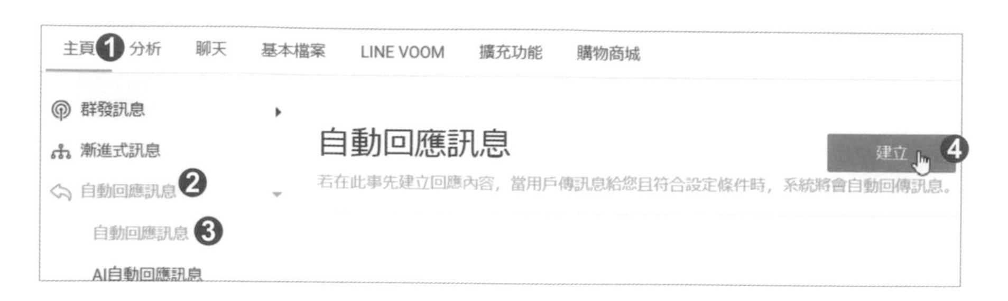

在「標題」欄位輸入本活動名稱，「狀態」設定為開啟，勾選「設定關鍵字」，並將通關密語的字詞「新增」到關鍵字欄位裡，在底下的文字框輸入免費電子書下載網址後，按下「儲存」鈕。

之後在 LINE 官方帳號裡留言此關鍵字，系統就會自動回覆電子書下載網址的訊息了。

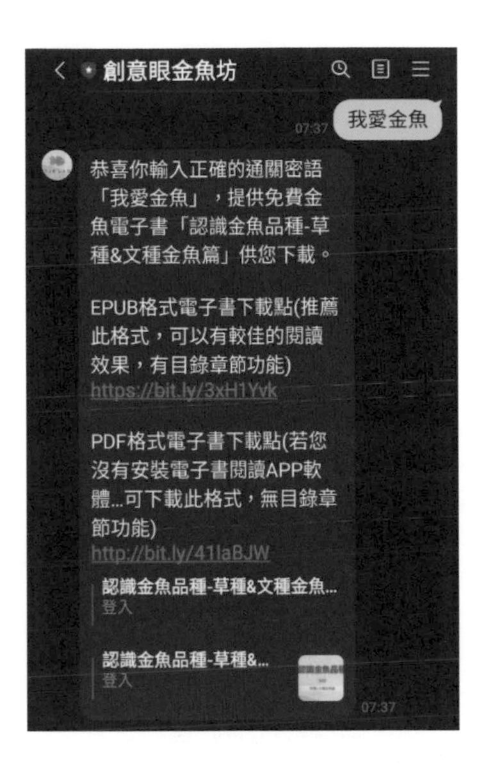

第一次學數位行銷就上手--第二版｜SEO x FB x IG x Pinterest x YouTube x LINE 整合大作戰

作　　者：創意眼資訊有限公司 蘇東偉
企劃編輯：江佳慧
文字編輯：江雅鈴
設計裝幀：張寶莉
發 行 人：廖文良

發 行 所：碁峰資訊股份有限公司
地　　址：台北市南港區三重路 66 號 7 樓之 6
電　　話：(02)2788-2408
傳　　真：(02)8192-4433
網　　站：www.gotop.com.tw
書　　號：ACV046500
版　　次：2023 年 06 月二版
建議售價：NT$480

國家圖書館出版品預行編目資料

第一次學數位行銷就上手：SEO x FB x IG x Pinterest x YouTube x LINE 整合大作戰 / 蘇東偉著. -- 二版. -- 臺北市：碁峰資訊, 2023.06
面；　公分
ISBN 978-626-324-537-2(平裝)
1.CST：網路行銷　2.CST：電子商務　3.CST：網路社群
496　　112008386

讀者服務

- 感謝您購買碁峰圖書，如果您對本書的內容或表達上有不清楚的地方或其他建議，請至碁峰網站：「聯絡我們」\「圖書問題」留下您所購買之書籍及問題。(請註明購買書籍之書號及書名，以及問題頁數，以便能儘快為您處理）
http://www.gotop.com.tw

- 售後服務僅限書籍本身內容，若是軟、硬體問題，請您直接與軟體廠商聯絡。

- 若於購買書籍後發現有破損、缺頁、裝訂錯誤之問題，請直接將書寄回更換，並註明您的姓名、連絡電話及地址，將有專人與您連絡補寄商品。